AF391524

LE CODEX D'ARCHIMÈDE

Reviel Netz
William Noel

LE CODEX D'ARCHIMÈDE

Les secrets du manuscrit le plus célèbre de la science

Traduit de l'anglais par Carole Delporte

JC Lattès

17, rue Jacob 75006 Paris

Titre de l'édition originale
THE ARCHIMEDES CODEX
REVEALING THE SECRETS OF
THE WORLD'S GREATEST PALIMPSEST
Publiée par Weidenfeld & Nicolson,
The Orion Publishing Group Ltd, Great Britain.

ISBN : 978-2-7096-2935-5

*Ce livre est dédié à Lynn, Maya, Darya, Tamara
et à Ioannes Myronas.*

Préface

Nicetas Choniates, frère de l'archevêque d'Athènes, fut le témoin de la plus grande calamité qui frappa le monde de la connaissance. En avril 1204, les soldats du Christ, en mission pour libérer Jérusalem, stoppèrent leur périple tout près de leur but et saccagèrent Constantinople, la plus riche cité d'Europe. Nicetas livra à la postérité un témoignage du carnage. Le fabuleux trésor de la grande église Sainte-Sophie (Sainte Sagesse) fut réduit en pièces et distribué aux soldats. Des mules, introduites au cœur du sanctuaire, emportèrent le butin. Une prostituée, maîtresse des incantations et des poisons, prit place sur le siège du Patriarche et dansa en chantant un air obscène. Les soldats capturèrent et violèrent les nonnes qui avaient consacré leur vie à Dieu. « Oh, Dieu Immortel, s'écria Nicetas, combien sont grandes les afflictions des hommes ! » L'atroce réalité de la guerre médiévale avait anéanti Constantinople et le foyer d'un immense empire avait vacillé.

La cité comptait bien plus de livres que d'habitants. C'était la première fois que Constantinople était pillée depuis sa fondation, 874 ans auparavant par Constantin le Grand, empereur de Rome, en 330 apr. J.-C. Ses habitants se considéraient toujours comme Romains et la ville recelait un héritage inestimable : des milliers de livres du monde antique. Parmi ces merveilles se trouvaient des traités écrits par le plus grand mathématicien de l'Antiquité et l'un des plus grands penseurs qui ait jamais existé. Il donna une approximation de la valeur de pi, développa la théorie des centres de gravité et posa les bases du calcul, 1800 ans avant Newton et Leibniz. Son nom était Archimède. Alors que des milliers de livres avaient péri dans le saccage de Constantinople, trois livres contenant les textes d'Archimède survécurent.

Parmi ces trois livres, le Codex B fut le premier à disparaître. La dernière fois qu'on en entendit parler, il se trouvait dans la bibliothèque du Pape à Viterbo, au nord de Rome, en 1311. Ensuite, le Codex A fut perdu à son tour. On le vit pour la dernière fois en 1564 dans la bibliothèque d'un humaniste italien. C'est grâce à des copies de ces manuscrits que des maîtres de la Renaissance tels que Léonard de Vinci et Galilée prirent connaissance des travaux d'Archimède. Mais Léonard, Galilée, Newton et Leibniz ignoraient tout du troisième manuscrit. Il contenait deux textes extraordinaires d'Archimède qui ne se trouvaient ni dans le Codex A ni dans le Codex B. En comparaison de textes de cet acabit, les mathématiques de Léonard de Vinci s'apparentaient à des jeux d'enfant. 800 ans après la débâcle de Constantinople, ce troisième livre, le Codex d'Archimède, connu sous le vocable de Codex C, refit surface.

Voici l'histoire véritable de ce manuscrit unique et des traités qu'il renferme. Ce livre relate l'épopée de ces précieux textes qui ont traversé les siècles, leur découverte, leur nouvelle disparition et enfin, leur redécouverte par un homme éminent. C'est également l'histoire de sa restauration minutieuse, des technologies de pointe et du prodigieux travail d'érudition qui permirent de remettre en lumière ces textes oubliés.

Quand ils se mirent à l'ouvrage en 1999, les membres de l'équipe chargés d'étudier le manuscrit étaient loin de se douter des trésors qu'ils allaient découvrir. À la fin de leurs travaux, ils avaient entièrement redécouvert des textes anciens et modifié le cours de l'histoire des sciences.

1.

Archimède en Amérique

Archimède à vendre

New York, New York

Felix de Marez Oyens. Quel magnifique patronyme ! Je ne connais pas cet éminent spécialiste, mais je l'ai vu une fois à la télévision. Son nom et son maintien reflètent toute la distinction de cet homme de renommée internationale qui dispense avec naturel de précieux enseignements. Un homme de goût, assurément, au jugement sûr, et d'une grande intégrité. Il a manifestement de grandes connaissances livresques et est passé maître dans l'art de vendre des livres. Ce n'est pas sans raison qu'il fut nommé directeur du département des livres et manuscrits de la société de vente aux enchères Christie's, à New York.

Le 29 octobre 1998, Felix eut une journée particulièrement chargée. Il la consacra à la vente de la dernière partie de l'extraordinaire collection de livres de sciences et de médecine de Haskell F.

Norman. Parmi les cinq cent un lots présentés se nichaient quelques pièces d'exception. Dans la matinée, il vendit la thèse de doctorat de Marie Curie, thèse dédiée à Ernest Rutherford, l'homme qui a découvert la structure nucléaire de l'atome ; une édition originale de *L'Origine des espèces* de Darwin ; une copie de la publication d'Einstein sur la relativité restreinte, parue en 1905. Dans l'après-midi, d'autres livres phénoménaux étaient sur la sellette : la copie de l'édition originale du *Traité d'électricité et de magnétisme* de James Clerk Maxwell, que J. J. Thompson, l'inventeur de l'électron, avait reçu en prix ; la première publication de Wilbur Wright sur le premier vol motorisé à Kitty Hawk, en Caroline du Nord ; *On the Principles of Geometry* (*Les Principes de la géométrie*), de Nicolai Lobatchevski, premier texte publié sur la géométrie non euclidienne. Tous de grands livres, et un grand jour pour Felix.

Entre les sessions du matin et de l'après-midi fut intercalée la vente aux enchères d'un livre unique. Ce n'était pas un livre imprimé mais manuscrit, qui n'appartenait pas à Norman. En fait, l'impressionnant catalogue que Felix avait réalisé pour l'occasion, avec le superbe nom de code « Eureka – 9058 », ne reflétait guère le livre auquel il était consacré. Celui-ci ne ressemblait en effet en rien à un grand livre. Noirci par les flammes, rongé par la moisissure, il était à peine lisible. Pour couronner le tout, la veille, le Patriarche grec orthodoxe de Jérusalem avait déposé une plainte à l'encontre de Christie's auprès de la cour de justice du district sud de New York, présidée par le juge Kimba Wood. Le Patriarche arguait que le manuscrit avait été volé dans l'une de ses bibliothèques. Christie's avait malgré tout obtenu le droit de le vendre aux enchères le lendemain, mais il était évident que la bataille juridique à propos du véritable propriétaire du livre se poursuivrait bien après la vente. Malgré son fabuleux catalogue, le livre serait difficile à vendre. Qui voudrait d'un manuscrit illisible, à l'aspect aussi épouvantable, et qui plus est au cœur d'une bataille juridique ? Cependant, à 14 heures, Felix était déterminé à le vendre pour une somme astronomique et il établit le montant de réserve à huit cent mille dollars.

Felix était persuadé que le livre était d'une grande valeur car, sous les prières chrétiennes du XIIIe siècle, affleuraient les mots d'un homme légendaire, d'un génie des mathématiques : Archimède de Syracuse. Incomplet, endommagé et palimpseste, ce manuscrit était le dernier manuscrit encore existant d'Archimède. C'était le seul qui contenait *Des corps flottants* – peut-être son traité le plus célèbre – en grec ancien, ainsi que deux textes extraordinaires – le traité révolutionnaire de la *Méthode* et l'amusant *Stomachion*. On pouvait à peine les déchiffrer, mais comme Felix l'avait très justement fait remarquer, les techniques numériques actuelles résoudraient ce problème. Le manuscrit contenait d'autres textes effacés, mais eux aussi étaient pratiquement invisibles. Personne n'était en mesure de les lire et personne n'y prêtait beaucoup d'intérêt. Ce qui importait avant tout, c'était la matière extrêmement abîmée qui nous restait de l'esprit d'un grand homme. Si c'était un grand jour pour Felix, c'était un jour encore plus grand pour l'histoire des sciences.

La salle des ventes des bureaux de Christie's se trouvait à l'angle de Park Avenue et de la 59e rue. Elle était décorée de grandes peintures contemporaines, qui offraient un cadre somptueux au manuscrit. Le manuscrit lui-même était fixé sur un pupitre, dans une cage sécurisée, à la droite de l'estrade. Les journalistes arrivèrent quelques minutes avant la vente. Ils se tenaient dans le fond de la salle avec leurs appareils photo, l'objectif pointé sur le livre, dans le vain espoir de le rendre aussi photogénique que les peintures de la salle. Les rangs les plus éloignés de l'estrade étaient pleins. S'y étaient installés des universitaires, tels que le professeur de mathématiques de West Point, Fred Rickey, un passionné d'Archimède très intéressé par le sort qui serait réservé au manuscrit, mais qui n'avait pas les moyens de se l'offrir. Les premiers rangs, réservés aux acquéreurs potentiels, étaient toujours dramatiquement vides. Felix devait sans doute être un peu inquiet. Mais il était heureux. Son chiffre porte-bonheur était le 2, car la valeur d'un objet sur le marché est toujours déterminée par le désir fervent de plus d'une personne à l'acquérir.

L'une des personnes qui voulaient désespérément acquérir le manuscrit était Evangelos Venizelos, le ministre de la Culture grec. Désireux de le rendre à son pays, il avait publiquement annoncé que la Grèce était dans l'obligation morale, historique et scientifique d'acquérir le manuscrit. À la dernière minute, il organisa un consortium pour l'acheter, et le consul général de Grèce à New York, M. Manessis, fut dépêché à la vente aux enchères. Il était assis au premier rang avec un associé, du côté gauche de la salle.

Juste derrière M. Manessis se trouvait un homme qui espérait bien le décevoir – Simon Finch, un acquéreur de livres anciens venu de Londres. Si l'idée que vous vous faites d'un vendeur de livres correspond à celle d'un gentleman anglais à lunettes, alors réfléchissez-y à deux fois. Finch ne ressemble en rien à cette description. Âgé de quarante-cinq ans environ, il ressemble davantage à une rock-star qu'à un amateur de livres, et il vend des livres aussi bien aux rock-stars qu'à des bibliothèques. Finch est le genre d'homme qu'on trouve facilement dans des foires aux livres, vêtu d'un costume Vivienne Westwood, avec une barbe de trois jours et les cheveux en bataille. Il portait aujourd'hui une paire de chaussures de daim bleu. Finch est un romantique, voilà pourquoi il est dans le business des livres. Si l'alliance de l'Histoire et de la grandeur ne vous semble pas une idée romantique, Finch vous dira que c'est parce que vous n'avez jamais tourné les pages d'un grand livre. Cinq minutes plus tard, vous pourriez être un acheteur potentiel. Venu pour enchérir sur le Palimpseste contenant les traités d'Archimède, Finch arborait son air le plus mystérieux. Personne ne savait pour le compte de qui il travaillait ni combien cette personne était prête à payer pour cette acquisition.

À 14 heures, le duel commença, avec Francis Whalgren, de Christie's, à l'arbitrage. Le prix de réserve de huit cent mille dollars fut rapidement atteint, et l'enchère dépassa le nombre clé de un million de dollars. Dès que la délégation grecque levait son panneau – le n° 176 –, Finch contre-attaquait en présentant le sien en réponse – le n° 169. Les Grecs étaient au téléphone, prenant des instructions, et chaque fois que la somme augmentait, il leur fallait un peu plus de temps pour surenchérir. Finch augmentait toujours la mise. Le consul général approuva la proposition de un million neuf cent mille dollars. Aussitôt, Finch accepta la mise portée à deux millions de dollars. Wahlgren observa le consul général, en attente d'une offre supérieure aux deux millions de dollars proposés. Les Grecs étaient au téléphone, collectant désespérément de l'argent. Après ce qui parut une éternité, Wahlgren abaissa son marteau.

— Deux millions de dollars, adjugé, dit-il. Au n° 169.

Les Grecs avaient perdu. Le livre avait été acheté par le client inconnu de Finch. Avec les frais, le Palimpseste d'Archimède avait été acquis pour la somme de deux millions deux cent mille dollars.

Ce seul livre fut vendu pour un peu moins de la moitié de la somme totale des cinq cent un lots de la collection de Norman. Pas étonnant que cette histoire fît parler d'elle dans la presse. Le jour suivant, le rôle de Finch fut exposé en première page du *New York Times*, piquant la curiosité de tout un chacun. Il était le mandataire non pas d'une université ou d'une bibliothèque, mais d'un particulier. Mais Finch refusa de révéler son nom. Il se contenta d'admettre que l'acheteur était un citoyen américain qui n'était pas « Bill Gates ». Felix de Marez Oyens avait montré le livre à Finch et à l'acheteur avant la vente. Felix l'avait décrit comme un « vieux bouquin sale » et rapporté à son bureau dans un emballage de papier brun. Ce n'était pas dans les habitudes de Felix, mais cela avait marché. Peu importait l'identité de cet acheteur, il était si déterminé à acheter le livre que, contrairement à de nombreuses éminentes institutions, il était prêt à braver un gouvernement et un leader religieux, ainsi qu'à payer rubis sur l'ongle, pour avoir le privilège de posséder un livre ancien, moisi, illisible et soumis à un contentieux juridique. Était-il une sorte de fou décidé à conserver ce savoir secret pour lui-même ? Felix pouvait se réjouir, mais de nombreuses personnes s'étaient senties lésées. Si le passé du Palimpseste s'avérait obscur, son avenir paraissait dangereusement incertain.

BALTIMORE, MARYLAND

Mon nom est Will Noel et je suis conservateur au musée d'art Walters de Baltimore, dans le Maryland. Le Walters, comme chacun sait, est un grand musée américain, dessiné selon le modèle d'un palais de la Renaissance génois. Imaginez un grand escalier de marbre, une cour centrale entourée de colonnes et vous voyez le topo. Il fait partie d'un ensemble de beaux édifices regroupés autour de la place arborée Mount Vernon, dans le centre-ville de Baltimore. Au centre du square s'élève un immense pilier surmonté d'une statue de George Washington. Si nous étions au cœur de Londres, ce square serait envahi par les touristes, les musiciens de rue et les étudiants. Mais, située dans le centre-ville de Baltimore, la place Mount Vernon est généralement déserte, ce qui lui confère une sorte de morosité, que le flot de la circulation vient à peine troubler. À l'intérieur de ce bâtiment se trouve la magnifique collection de William et Henry Walters, père et fils. Dans un beau geste de civisme et de philanthropie, Henry a fait don de la collection à la ville de Baltimore en 1934. Le musée a peu de visiteurs, pourtant il abrite cinquante-cinq siècles d'art et recèle de véritables chefs-d'œuvre dans bien des domaines. Thomas Hoving, le directeur du Metropolitan Museum of Art de New York, en a dit : « Pièce après pièce, c'est le plus grand musée d'art des États-Unis. »

Au cœur de cette institution, mon rôle est de faire des recherches et de tirer des enseignements de la magnifique collection de manuscrits et de livres rares. On touche ici à la légende et à l'Histoire. Ces livres s'échelonnent entre 300 ans av. J.-C. et 1815, depuis un *Livre des Morts* égyptien jusqu'aux *Mémoires* de Napoléon. La majorité datent du Moyen Âge et sont superbement illustrés. Parmi les autres pièces fabuleuses de la collection des Walters, on peut citer les sarcophages romains et des peintures de Hugo van der Goes, Raphael, Le Greco, Tiepolo et Manet.

Gary Vikan, directeur du Walters, est mon patron. Plusieurs semaines avant la vente, j'ai parlé à Gary du Palimpseste d'Archimède. Me tenir au courant des ventes qui ont lieu à New York fait en effet partie de mes attributions. J'avais éveillé la curiosité de Gary et le lendemain de la vente, lorsque je suis venu travailler, il m'a interpellé dans l'immense escalier de la demeure qui avait autrefois appartenu aux Walters en brandissant le *New York Times* : « Will ! Pourquoi n'essaierais-tu pas de savoir qui a acheté le Palimpseste d'Archimède ? On pourrait peut-être l'emprunter pour une exposition ? »

Cela me semblait une étrange idée. Après tout, le musée Walters est un musée d'art – il est dédié à des œuvres que l'on peut admirer. Or que peut-on admirer dans le Palimpseste d'Archimède ?

J'envoyai un mémo à Gary pour m'assurer que c'était bien ce qu'il attendait de moi. Quelques jours plus tard, il me retourna mon mémo avec un gribouillage caractéristique d'un directeur : « N'y passe pas trop de temps. » Il était évident que je devais malgré tout tenter ma chance. Je n'avais pas plus de pistes que quiconque. Simon Finch était le seul nom que j'avais en ma possession, aussi demandai-je à Kathleen Stacey, la bibliothécaire en chef du musée, de trouver son adresse électronique sur Internet. Puis j'ai envoyé le mail suivant à Finch :

Cher Monsieur Finch,

Je suis conservateur des manuscrits au musée d'art Walters, à Baltimore. Le Walters possède huit cent cinquante manuscrits médiévaux, mille trois cents incunables et environ mille cinq cents livres imprimés après 1500. La plupart de ces ouvrages sont illustrés et ont été réunis par Henry Walters entre 1895 et 1928...

Nous avons un programme d'acquisitions actif, même si nos fonds sont limités. Nous avons par exemple récemment acquis un magnifique manuscrit éthiopien du XVIe siècle auprès de Sam Fogg. D'une manière générale, je suis très intéressé par votre catalogue et vous serais très reconnais- sant si vous vouliez bien m'ajouter à votre mailing list.

Cela dit, je vous écris pour une raison plus spécifique. Le directeur du musée Walters, le Dr Gary Vikan, est un spécialiste de la Grèce et il est fasciné (tout comme moi) par le Palimpseste d'Archimède. Le Dr Vikan se demandait s'il serait envisageable de mettre le manuscrit à la disposi- tion du musée pour une courte période de temps. Je ne sais pas si cette idée pourrait intéresser le moins du monde l'acquéreur du volume. Mais si vous pensez que c'est possible, je vous serais très reconnaissant de bien vouloir lui en faire la sug- gestion. Le musée Walters possède un vaste pro-

gramme d'expositions. Nous avons récemment exposé des œuvres du Vatican. Monet a été l'objet d'une exposition au début de l'année, et les Arts de Georgie sont prévus pour 1999. Si le propriétaire du Palimpseste souhaite faire connaître son manuscrit au grand public, le musée Walters pourrait lui paraître l'endroit approprié.

Je vous prie d'excuser la formalité de ce message. C'est une simple idée, mais de notre point de vue, elle est très excitante, étant donné l'extraordinaire valeur culturelle du codex. Quoi que vous en pensiez, comme je le disais, je serais heureux de recueillir vos impressions et de recevoir votre catalogue.

En vous remerciant par avance pour votre temps,

William Noel
Conservateur du département des manuscrits et livres rares du Walters.

J'ai déplacé le curseur vers le haut de mon écran et j'ai cliqué sur la touche *envoi*. La minute d'après, j'avais totalement oublié ce message. Honnêtement, j'avais très peu de chances d'obtenir une réponse. J'étais persuadé que mon message serait sans suite. De plus, j'avais des notices à écrire pour une exposition sur des manuscrits hollandais enluminés.

Cela dit, j'avais fait mon travail.

Quoi de plus simple que l'envoi d'un message électronique ? Inutile d'aller jusqu'à la boîte aux lettres, de chercher un timbre, une enveloppe, de déchiffrer l'écriture manuscrite. Les mails surgissaient sur votre écran d'ordinateur tandis que vous étiez plongé dans vos tâches quotidiennes. Certains messages, tels des petits terroristes électroniques, pouvaient vous exploser à la figure et changer le cours de votre vie.

Trois jours après l'envoi de mon mail à Finch, c'est exactement ce qui m'arriva. J'étais en train d'écrire avec entrain une notice pour un livre enluminé par le Maître des grisailles de Delphes quand mon ordinateur émit un son familier – *bing ! vous avez un message*. Il émanait de Sam Fogg. Je cliquai sur le clic gauche de ma souris avec fébrilité.

Cher Will,

Je vous écris à propos de votre message à Simon Finch au sujet du Palimpseste. Je pense que l'acquéreur du Palimpseste est intéressé par l'idée de confier le livre d'Archimède au Walters. Je lui ai déjà suggéré de venir visiter le musée avec moi en janvier. Peut-être pourrions-nous en discuter bientôt par téléphone ?

Cordialement

Sam Fogg

Immobile sur mon siège, je fermai les yeux, la tête dans les mains, et me balançai doucement en essayant d'oublier les nœuds de mon l'estomac. Puis je pris le téléphone et composai un numéro. Un numéro que je connaissais presque par cœur.

En effet, je connaissais bien Sam Fogg. À l'époque où j'étais un jeune diplômé vivotant péniblement à Camden, à Londres, j'avais fait quelques recherches pour son compte. Devenu conservateur aux États-Unis, je pouvais me permettre d'acquérir un manuscrit par son entremise. Sam est l'un des personnages les plus hauts en couleur du monde de l'art. Sa célébrité est nourrie de plusieurs exploits : la vente de panneaux de plafond peints de la chambre d'Henri VIII d'Angleterre à Westminster au British Museum ; celle d'un feuillet d'une miniature de Jan Van Eyck, extrait du chef-d'œuvre *Les Heures de Milan-Turin*, au musée J. Paul Getty ; l'achat d'un Rubens pour la coquette somme de quarante millions de livres. Sam est un homme sexy, intelligent, à qui tout réussit. Je n'ai qu'un vague souvenir de notre conversation, mais Sam a dû me dire que Simon Finch l'avait appelé parce que j'avais mentionné son nom dans mon mail.

Je pris aussitôt un billet d'avion pour Londres. Avant de partir, je discutai de la stratégie à adopter avec Gary. D'après lui, Simon Finch et Sam Fogg étaient une seule et même personne. Je n'avais pas cette impression. Et deux jours plus tard, je pouvais le prouver : je déjeunais en effet avec Simon Finch et Sam Fogg chez Brown's, un restaurant sur Maddox Street, à Londres. C'est au cours de ce déjeuner que je découvris le nom du propriétaire du Palimpseste. Il était en fait présent à la vente aux enchères, mais il s'était tenu à l'écart de la compétition et n'avait pas été reconnu par la presse. Cette histoire l'amusait d'ailleurs beaucoup. Il connaissait parfaitement le passif de l'objet qu'il avait acquis et souhaitait le mettre en lieu sûr, dans un endroit propre à sa restauration et à son étude approfondie. Comme il tenait beaucoup à son anonymat, je le désignerais dans nos futures correspondances écrites comme « M. B. ». Nous étions convenus, avec Sam Fogg et M. B., qu'ils visiteraient le musée Walters en janvier.

C'était tout simplement parfait. Restait un tout petit problème : je ne savais que très peu de chose d'Archimède et de son livre. Mon frère Rob avait écrit un jour une histoire à propos d'un palimpseste corné, aussi avais-je l'impression vague et romantique que les palimpsestes renfermaient de fabuleux secrets que l'on ne pouvait découvrir que si l'on avait une intelligence hors du commun. Mais c'était tout ce dont je me souvenais. J'avais besoin de faits concrets et d'une carte de la Méditerranée. Il me semblait qu'Archimède était né à Samos, mais où se trouvait Samos au juste ? Il me fallut quelques jours pour découvrir qu'en réalité, Archimède était né en Sicile. Que dire ? J'avais beaucoup à apprendre. De plus, je commençais seulement à me documenter. C'était au mois de novembre. J'avais deux mois pour faire en sorte de ne pas passer pour un inculte.

À environ 11 heures du matin, le 19 janvier 1999, M. B. et Sam se sont présentés au musée. Je les ai accueillis à l'entrée. Sam était d'humeur joviale, comme toujours. M. B. restait parfaitement silencieux. Nerveux, je les conduisis dans la salle des manuscrits, un lieu sécurisé, à la température régulée, qui servait aussi bien de bureau que de bibliothèque à plusieurs centaines de trésors médiévaux. Je m'entretins avec Sam et M. B. durant environ une heure, après quoi nous allâmes déjeuner avec Gary. J'avais du mal à mesurer la dimension de l'homme. Je savais qu'il était retraité, riche – comme Crésus – et qu'il aimait la bonne chère. C'était également un amateur de livres, mais je n'en appris guère davantage.

J'avais réservé une table dans une institution de Baltimore – Marconi's –, un restaurant qui se trouvait à quatre rues du musée Walters, sur West Saratoga Street. Survivance de l'ancien Baltimore chic, ce restaurant était prisé pour sa nourriture fine, merveilleusement proportionnée, que l'on dégustait dans une jolie salle décorée de panneaux de bois. Sur le chemin, Sam ouvrit la marche avec Gary tandis que je cheminais aux côtés de M. B., tel un chiot nerveux essayant de ferrer le plus gros poisson de sa petite carrière. Je me souviens l'avoir remercié pour son extraordinaire acquisition et lui avoir dit qu'il était fort généreux de sa part d'avoir envisagé de mettre son précieux trésor en dépôt dans notre musée. Sa réaction me donna un premier aperçu de la personnalité particulière de M. B. Il me répondit que ne n'était pas une simple supputation, car le manuscrit était déjà en dépôt. Incrédule, je lui demandai des éclaircissements. Il m'expliqua avec simplicité qu'il avait laissé le manuscrit dans un sac sur mon bureau. J'avalai ma salive avec difficulté. Comme l'administrateur du musée ne tarderait pas à le faire remarquer, ce procédé n'était pas du tout conforme au protocole d'admission des objets de valeur – une valeur de plusieurs millions de dollars ! Je répondis sans réfléchir : « Formidable ! » Et quelle bonne idée j'avais eue de fermer mon bureau à clé avant de sortir, ajoutai-je pour moi-même.

Le déjeuner fut très cordial, mais un peu longuet à mon goût. Certes, M. B. appréciait la bonne chère mais il aimait aussi prendre son temps. Je brûlais de retourner au musée pour examiner le manuscrit. Je me serais bien contenté d'un plat unique. Mais M. B. avait envie d'une glace au chocolat. Je ne tenais pas en place, mais je ne pouvais priver M. B. de ce petit plaisir. Enfin, le déjeuner se termina et on demanda l'addition. Gary voulut payer avec sa carte de crédit. Nous étions à Baltimore. Marconi's ne prenait pas la carte American Express. Je payai donc en liquide. Nous regagnâmes ensuite le musée à pied. En chemin, je m'excusai auprès de mes hôtes et filai acheter un paquet de cigarettes. Je n'en avais pas fumé une seule depuis trois heures et j'étais si nerveux que j'en fumai deux en cinq minutes. Puis je les rattrapai, juste à temps pour déverrouiller la porte de la salle des manuscrits.

Un sac de couleur bleue se trouvait sur mon bureau. Sur le côté, une paire de ciseaux blancs et, en dessous, les mots GIANNI CAMPAGNA, MILAN. J'ouvris la fermeture Éclair du sac et en sortit un coffret de couleur brune. Sur le dos, en lettres dorées, apparaissait : LE PALIMPSESTE D'ARCHIMÈDE. J'appelai ma collègue Abigail Quandt, restaurateur en chef du département des manuscrits et livres rares au Walters. Ensemble, nous ouvrîmes le coffret. À l'intérieur se trouvait un livre épais de petite taille. La couverture de cuir était abîmée et couverte de taches. Il y avait des traces de peinture rouge sur la couverture du dessus ainsi qu'un étrange clou argenté. Abigail plaça le livre sur une table, entre deux panneaux de bois recouverts de velours. Les panneaux empêchaient le livre de s'ouvrir en grand, ce qui aurait exercé une tension inutile sur la reliure et les pages. Elle l'entrouvrit juste assez pour que nous puissions en observer l'intérieur. Elle maintint le livre ouvert en posant précautionneusement un « serpent de livre » sur le bord des pages. (Ces « serpents » sont en fait des rubans lestés utilisés pour les rideaux. On les trouve chez John Lewis, un magasin sur Oxford Street, à Londres. Ils sont d'une grande utilité pour maintenir les livres médiévaux ouverts en toute sécurité.)

M. B., Gary et moi observâmes le livre par-dessus l'épaule d'Abigail. Au début, je ne vis rien. Puis, lentement, ma vision s'ajusta. Et alors, une pensée effarante frappa mon esprit. J'observais l'unique clé qui permettait de pénétrer l'esprit d'un génie décédé 2200 ans auparavant. J'y voyais à peine et je n'aurais pu le déchiffrer, et encore moins le comprendre, mais il était bel et bien sous mes yeux.

Après quelques minutes, je me rendis compte que l'heure n'était plus à la stupéfaction. Le manuscrit serait examiné sous toutes les coutures bien assez tôt.

L'administratrice du musée, Joan Élisabeth Reid, avait préparé un reçu pour le dépôt du livre de M. B. Je le remis à son propriétaire, puis je notai soigneusement son adresse électronique. Le mail était son mode de communication préféré.

Je pris congé de M. B. à l'entrée principale du musée, sur North Charles Street. Puis je retournai précipitamment dans la salle des manuscrits, où Sam m'attendait, et je le serrai fort dans mes bras, oubliant, dans un moment d'excitation fébrile, que nous étions sous l'œil vigilant des caméras de surveillance du musée et que l'équipe de la sécurité du Walters épiait le moindre de nos mouvements.

Deux jours plus tard, je reçus une lettre du propriétaire du Palimpseste contenant un chèque pour le Walters. La somme était suffisamment importante pour susciter l'attention du musée et m'octroyer une augmentation.

Au secours d'Archimède

M. B. m'avoua qu'il avait acheté un livre horrible. Comme il l'avait payé plus de deux millions de dollars, je pris sa réflexion pour une boutade. Mais j'avais tort. À présent que je l'avais entre les mains, j'étais obligé de reconnaître qu'il n'avait pas menti. Le manuscrit était horrible ! Et tout petit, de la taille d'une boîte de sucre standard. Quand je l'ouvris, je vis que les pages étaient marbrées de brun. Des zébrures causées par l'eau ornaient les pages ouvertes. Celles-ci étaient sensiblement plus claires au milieu que sur les côtés, maculés de taches. Quant aux coins, ils étaient noircis, comme s'ils avaient été léchés par les flammes.

Cette description physique n'étant pas très utile, laissez-moi vous en donner une définition étymologique. Il s'agit d'un manuscrit ou plutôt, selon les termes techniques consacrés, d'un *manuscrit codex*. Dérivé du latin *manu* (à la main) et *scriptus* (écrit), un *manuscrit* est entièrement écrit à la main. Il est fondamentalement différent des innombrables livres imprimés. Il est unique. D'autres manuscrits pouvaient contenir les mêmes textes. Mais à l'époque, je savais déjà que c'était le seul manuscrit à contenir encore la *Méthode*, le *Stomachion* et *Des corps flottants* d'Archimède en grec.

Ensuite, ce manuscrit était un *palimpseste*. Dérivé des termes grecs *palin* (de nouveau) et *psan* (frotter), ce terme signifiait que le parchemin utilisé avait été frotté à plusieurs reprises. Comme nous le verrons, pour créer un parchemin, il faut gratter la peau d'un animal. Et si on veut réutiliser du parchemin qui a déjà servi, il faut gratter une nouvelle fois la peau, afin d'effacer le texte inscrit et pouvoir réécrire par-dessus.

Le manuscrit palimpseste comportait 174 folios. Dérivé du latin *folium* (feuille), une *feuille* a un endroit et un envers – un recto et un verso – équivalents à nos feuilles modernes. Les folios étaient numérotés de 1 à 177 mais, mystérieusement, trois numéros étaient manquants. J'espérais que M. B. était au courant qu'il manquait trois folios à son manuscrit.

Le manuscrit est aujourd'hui appelé le « Palimpseste d'Archimède », mais cela prête un peu à confusion. Ne nous trompons pas : il s'agit d'un livre de prières. Le manuscrit ressemble à un livre de prière, il en a même l'odeur. Et ce sont des prières que vous pouvez lire sur ses folios. Il est appelé le « Palimpseste d'Archimède » parce qu'il est en partie composé de folios extraits d'un ancien manuscrit contenant les traités d'Archimède. Mais souvenez-vous : le texte d'Archimède a été gratté. Notez également que les scribes ont utilisé des folios empruntés à plusieurs autres manuscrits anciens, tout comme celui d'Archimède.

Au moment de la vente, personne n'avait la moindre idée du contenu exact de ces folios. Ils semblaient en fait provenir de plusieurs manuscrits différents, dont un d'Archimède. Par exemple, alors que les textes d'Archimède étaient écrits sur deux colonnes, d'autres textes ne couvraient qu'une seule colonne ; les folios possédaient un nombre de lignes variable et l'écriture, quand elle n'était pas invisible, était parfois très différente.

M. B. avait acheté plusieurs livres en un seul. Enfin, j'en suis arrivé à la conclusion que le Palimpseste d'Archimède avait été nommé ainsi parce que personne n'était en mesure d'identifier les autres textes du manuscrit et que les textes d'Archimède étaient considérés comme bien plus précieux que les prières écrites par-dessus.

Mais en vérité, ce « Palimpseste d'Archimède » était-il réellement si rare ? Je commençai à me renseigner et me rendis compte que le livre de M. B. suscitait des réactions divergentes. Même s'il avait été acquis pour deux millions deux cent mille dollars lors de la vente aux enchères, en vérité, seules trois parties s'étaient battues pour l'obtenir : le Patriarche grec, le gouvernement grec et M. B. Aucun d'eux ne connaissait vraiment l'œuvre d'Archimède. Comment se faisait-il, me demandai-je, qu'aucune institution académique ne se fût suffisamment intéressée à la question pour entrer en lice ? Je découvris que de nombreux savants doutaient qu'on pût tirer grand-chose de ce livre. Tous se rappelaient qu'un certain Heiberg avait découvert le manuscrit en 1906 et en avait fait une étude approfondie. Il était peu probable qu'il ait omis quoi que ce soit de crucial, plaidaient-ils. M. B., ajoutaient-ils, avait acheté une relique et non un livre qui pourrait faire progresser la science.

Cela dit, M. B. m'avait confié sa relique et je n'avais d'autre choix que de considérer sa nouvelle acquisition avec le même soin que lui. Son livre avait manifestement besoin de trois choses. D'abord, comme il tombait littéralement en morceaux, il devait être soigneusement restauré ; ensuite, puisque personne n'était capable de lire le texte correctement, il devait être livré aux mains expertes des spécialistes de l'imagerie ; enfin, si, par le plus grand des hasards, Heiberg avait omis quelques lignes cruciales, il devait être lu par des experts.

Je savais que M. B. ferait appel aux plus grands spécialistes. C'était une bonne chose, car son livre était une telle épave qu'il avait besoin des soins les plus attentifs – les meilleurs restaurateurs, les techniques d'imagerie les plus avancées et les universitaires les plus qualifiés. Je n'entrais dans aucune de ces catégories et me demandais si j'étais la personne idéale pour prendre soin du livre de M. B.

Je suis un homme extrêmement maladroit. Un jour, j'ai eu en main un Kodak instantané, mais voilà bien longtemps que je l'ai perdu. Je suis expert en latin, pas en grec. Et mon domaine de prédilection est les manuscrits religieux, pas les ouvrages de mathématiques. Je m'y connais assez en beaux livres, pas du tout en livres horribles. Et encore moins s'ils sont illisibles !

Que M. B. m'ait choisi, parmi tant de gens, pour prendre soin de son livre me semblait un tant soit peu absurde. Mais M. B. connaissait mes limites. Mon travail, comme il l'avait compris bien mieux que moi à l'époque, n'était pas d'accomplir des miracles, mais de trouver les personnes pour le faire. Mais comment allais-je remplir cette mission ?

LE CHEF DE PROJET

Le 16 juillet 1999, le *Washington Post* publia un article sur le Palimpseste. Abigail et moi avions reçu de nombreux mails après sa parution. Certains messages étaient totalement ahurissants. (Au petit-fils non reconnu de Raspoutine, je peux seulement dire que je n'ai encore trouvé aucune preuve dans le Palimpseste d'Archimède corroborant sa glorieuse ascendance.) Mais concentrons-nous sur les messages qui nous ont paru plus utiles. Voici le plus intéressant d'entre eux.

Chers Dr Noel et Quandt,

J'ai lu avec intérêt l'article du Washington Post. *Félicitations ! Cette découverte met notre travail en perspective. Notre département des renseignements possède des équipements susceptibles de vous être utiles. Nous avons également une série de contacts dans le domaine de l'imagerie qui devrait vous intéresser. Si vous voulez en discuter, n'hésitez pas à me contacter.*

Quoi qu'il en soit, votre projet paraît fabuleux. Bonne chance.

Bien cordialement
Michael B. Toth
Directeur de la police nationale
National Reconnaissance Office

Le NRO (National Reconnaissance Office) n'était plus une entité secrète, mais elle l'était restée longtemps. M. B. m'avait expliqué que la seule raison qui les avaient poussés à se montrer au grand jour était que les gens ne comprenaient pas comment des centaines de voitures pouvaient disparaître dans un si petit immeuble. La réponse était que la majeure partie du building - centre nerveux du programme américain de reconnaissance spatiale - était souterraine.

Maintenant, vous pouvez trouver des détails de cette organisation sur Internet : grâce à son travail avec la CIA et le Département de la Défense, le NRO peut prévenir d'éventuels troubles n'importe où dans le monde, aider à la planification d'opérations militaires ou bien contrôler l'environnement. Sa mission est de développer et de mettre en œuvre des systèmes de reconnaissance spatiale uniques et innovants et de participer à des activités liées aux renseignements généraux essentiels pour la sécurité nationale américaine. Lecteur passionné des romans de John Le Carré, j'avais toujours été fasciné par le monde de l'espionnage. Tout cela était vraiment très excitant.

J'appelai M. Toth. Je fus tenté de lui proposer de rester en ligne un instant, le temps de mettre le livre sur le toit du musée et qu'il pointe un satellite dans sa direction – ainsi, notre travail ne prendrait que quelques minutes. Mais je l'invitai à faire le déplacement depuis Washington à Baltimore. J'espérais qu'il aurait un gadget planqué dans sa poche arrière, ou dans sa montre, capable de régler mon problème. Mais à ma grande déception, il m'apparut clairement qu'aucune agence gouvernementale ne pourrait nous aider à analyser le Palimpseste par imagerie. Comme il s'agissait d'une propriété privée, l'argent des contribuables américains ne pouvait être dépensé dans cette optique. Mike me dit qu'il serait néanmoins heureux de m'aider à titre bénévole. Privé de ses jouets sophistiqués, Mike me semblait beaucoup moins utile, mais j'eus la sagesse de ne pas contrarier cet homme si sûr de lui.

Il s'avéra que Mike était un expert en systèmes de haute technologie, y compris en systèmes d'imagerie, en particulier dans l'installation de ce qu'il appelait « les programmes à risques ». C'était un étonnant coup du sort. J'avais apparemment trouvé un Américain dont le métier était de me dire avec exactitude dans quel pétrin je me trouvais. Il avait dû voir des choses plus graves qu'un manuscrit endommagé, mais il paraissait bien décidé à m'aider. J'étais un universitaire, spécialiste des manuscrits liturgiques enluminés de Canterbury, en Angleterre, autour de 1020. J'avais certaines compétences. Je pouvais par exemple réciter le *Livre des Psaumes* à rebours et la liste des rois et des reines d'Angleterre dans l'ordre, depuis Hengist jusqu'à Henri VIII. Mais ces aptitudes ne m'aidaient en rien à mener à bien un projet d'envergure, avec des budgets élevés, une haute technicité et un calendrier établi, afin de livrer au monde et à son propriétaire le cœur de l'œuvre d'Archimède. Bon sang ! J'avais besoin d'un consultant, et de préférence d'un homme qui, j'aimais à le croire, avait pressé le bouton de lancement d'une navette spatiale.

Mike, comme la plupart des gens qui voulaient s'investir dans ce projet, était bénévole. Il ne réclamait pas d'argent et ne voulait pas que son département récolte les honneurs de la presse. En fait, tout son travail sur Archimède s'effectua par l'intermédiaire de la compagnie de son père, R. B. Toth Associates, et c'était à présent sous couvert de cette société qu'il se présentait. Avec Mike à bord, chacun avait un rôle précis, ou du moins c'était l'impression que j'avais. M. B. devint « l'autorité sélective » (la manne décisionnaire) ; Abigail devint « le chemin critique » (tout dépendait de la restauration du manuscrit) ; les spécialistes étaient les « utilisateurs finaux » (ils décidaient de ce qui était le mieux pour le livre) ; les ingénieurs en imagerie étaient les « valeurs ajoutées » (ils faisaient la différence). Et moi ? Mike me donna le titre pompeux de « directeur de projet ».

L'AUTORITÉ SÉLECTIVE

Je connais le propriétaire du Palimpseste d'Archimède. Et même très bien. Si vous ne le connaissez pas encore, alors ne cherchez pas à savoir qui il est. J'ai dit à la presse qu'il valait mieux pour les journalistes qu'il reste une énigme. Et aux curieux qu'ils feraient mieux de s'occuper de leurs affaires. Ceux qui le côtoient considèrent que c'est un homme loyal, généreux, prévenant et éclairé. Le style de ses mails est pour le moins concis, mais c'est une question d'habitude.

Lorsque le Palimpseste d'Archimède fut vendu, certains universitaires se sentirent floués que le livre réintègre une collection privée. Mais si Archimède avait signifié davantage aux yeux du monde, les institutions publiques se seraient démenées pour l'acquérir. Archimède n'avait finalement pas autant d'importance. Les institutions s'étaient rapidement retirées de la course aux enchères. Si vous pensez que c'est une honte, sachez que je partage votre sentiment. Nous vivons dans un monde où la valeur des choses est avant tout numéraire. Si vous vous inquiétez du devenir de notre héritage, soyez prêt à en payer le prix. Désolé.

L'acquisition du manuscrit par un collectionneur privé aurait pu être une « mauvaise chose », d'un point de vue pratique, si le livre n'avait été traité avec le plus grand soin et si les spécialistes n'avaient pu l'étudier. N'importe quel particulier aurait pu simplement le cacher dans son grenier.

Ces inquiétudes étaient fondées, étant donné l'état déplorable dans lequel nous l'avait livré la dernière collection privée. J'espère démontrer, à la fin de ce livre, si ce n'est à la fin de ce chapitre, que ce précieux manuscrit a été l'objet des plus grands soins et qu'il a été remis entre les mains des plus éminents experts.

Une autre source d'inquiétude résidait dans l'incertitude de son avenir. En effet, quand notre travail serait terminé, le manuscrit retournerait aux mains de son propriétaire, et je n'avais aucune idée de ce qui lui arriverait. Mais la meilleure façon de prédire l'avenir est d'observer le passé et, depuis sept ans, le propriétaire du manuscrit s'est comporté de façon responsable et a fait montre d'une grande générosité.

Qu'est-ce que j'entends par là ? Eh bien, M. B. a toujours été passionné par le Palimpseste d'Archimède et s'est montré très concerné par les objectifs de notre projet. Fin connaisseur de livres, il possède une remarquable bibliothèque. Il a pris toutes les décisions importantes concernant le manuscrit, mais jamais sans nous consulter au préalable, ni sans examiner les propositions que je lui soumettais. Qui plus est, il a financé tous les travaux nécessaires. Le projet n'a jamais souffert d'un manque de moyens. Les paléographes, les humanistes et les mathématiciens doivent beaucoup au propriétaire du Palimpseste d'Archimède.

LE CHEMIN CRITIQUE

La priorité était la restauration du manuscrit. Quoi qu'il pût arriver ensuite, le manuscrit devait être mis en sécurité. Ce n'était pas mon domaine. Aussi, dès l'arrivée du manuscrit, Abigail Quandt le prit entièrement en charge.

Abigail jouissait d'une réputation internationale en matière de restauration des manuscrits médiévaux. Elle avait travaillé sur les plus célèbres manuscrits du monde, tels que les *Manuscrits de la Mer Morte* et l'un des chef-d'œuvres du Moyen Âge – le *Livre d'heures* de Jeanne d'Evreux, du Metropolitan Museum of Art. Abigail a été formée à Dublin par Tom Cains, restaurateur en chef au Trinity College de Dublin, et en Angleterre, par Roger Powell, qui s'est chargé du *Livre de Kells*. Elle était au Walters depuis bien plus longtemps que moi – depuis 1984. J'étais le nouveau venu.

Abigail faisait partie intégrante de l'avenir d'Archimède et pour toutes les décisions concernant la préservation du manuscrit – et il y en eut de nombreuses – son avis était toujours le plus respecté. J'avais à mes côtés une collègue d'exception. Plus important, j'étais convaincu qu'Archimède était entre les mains les plus expertes. Je pouvais donc me reposer sur elle et me consacrer à d'autres dossiers.

Les utilisateurs

Je reçus de nombreuses offres d'aide au déchiffrement du Palimpseste, toutes faites par d'enthousiastes contributeurs. Certaines étaient particulièrement passionnées (c'est un euphémisme). J'essayai de ne pas me montrer trop déplaisant tout en réfléchissant à une stratégie. Le manuscrit était si fragile que je ne pouvais pas laisser n'importe qui s'en approcher. Je devais trouver les deux ou trois personnes qui parviendraient à éditer les textes au mieux, afin de les publier ensuite. Le tout était de dénicher ces quelques perles rares.

Gary Vikan me conseilla de me mettre en contact avec Nigel Wilson, du Lincoln College, à Oxford. C'était un choix évident, pour deux raisons. La première était qu'il connaissait le livre mieux que personne, car il avait participé à l'élaboration du catalogue en vue de la vente aux enchères de Christie's. Christie's lui avait demandé de réaliser ce catalogue pour la même raison que je voulais qu'il travaille dessus : ses compétences paléographiques (décryptage de manuscrits) et philologiques (analyse de textes) étaient légendaires. Je lui écrivis le 25 janvier 1999 en lui expliquant que si nous voulions rendre justice au manuscrit, nous avions besoin d'un spécialiste distingué, un grand connaisseur du sujet capable de nous conseiller, et il était le seul à pouvoir remplir ce rôle à la perfection. S'il le souhaitait, bien entendu. Nigel accepta aussitôt de nous aider. Il devint même bien plus qu'un simple conseiller.

Ensuite, j'appelai un ami particulièrement discret, responsable des manuscrits et des archives à la bibliothèque de l'université de Cambridge, et lui exposai mon problème. Il me conseilla de me mettre en relation avec Patricia Easterling, professeur de grec à l'université de Cambridge. C'était une personnalité de bien plus grande envergure que moi, mais rien n'était trop beau pour Archimède, pensai-je.

Je lui téléphonai et lui demandai qui serait la personne la plus à même d'étudier le Palimpseste d'Archimède. Je la rencontrai au début du mois de mars 1999 dans le salon de thé de la bibliothèque universitaire et elle me suggéra de contacter Reviel Netz, l'homme chargé de la traduction anglaise d'Archimède pour Cambridge University Press. Netz, m'expliqua-t-elle, serait plus intéressé que quiconque par le projet.

Alors que la plupart des spécialistes se montraient sceptiques quand aux découvertes susceptibles d'être faites dans les textes, tous s'accordaient à dire que l'intérêt du manuscrit résidait dans la présence de diagrammes, et Netz semblait tout particulièrement friand de diagrammes (et encore plus après cela). Netz travaillait à l'Institut de technologie du Massachusetts. Je lui écrivis un mail, puis je lui parlai au téléphone. Pat Easterling avait raison.

— Oui, me dit-il avec enthousiasme. Je dois absolument voir les diagrammes, surtout ceux de *De la sphère et du cylindre*.

Tels furent ses premiers mots. Je n'en suis pas tout à fait sûr car il avait un accent israélien prononcé. Il était un peu insistant, aussi décidai-je de ralentir les choses. Je lui brossai alors un tableau général de notre projet, de la façon dont il pourrait y être intégré, sans toutefois lui donner la moindre certitude.

Quand je vins le chercher à l'aéroport de Baltimore quelques jours plus tard, je compris aussitôt que son insistance était due à la peur et à l'excitation. Je fis de mon mieux pour apaiser ses craintes. Oui, le Walters était un lieu d'excellence. Non, le Palimpseste n'était pas là-bas pour une simple visite. Oui, il pourrait y jeter un coup d'œil – peut-être même le lendemain – mais il devait être très précautionneux. Non, je ne comptais pas le montrer à n'importe qui.

Le jour suivant, je découvris à qui j'avais affaire. Reviel Netz savait que le coffret du Palimpseste contenait une machine à remonter le temps jusqu'au IIIe siècle av. J.-C., à l'époque d'Archimède de Syracuse. Il m'expliqua l'importance des diagrammes mieux que personne. Convaincu que j'étais conscient de la lourde responsabilité qui m'incombait, il m'accorda sa sympathie. Il savait que je me consacrerais au bien du livre, même si je ne le comprenais pas et quitte à ce que cette longue et pénible tâche me tienne éloigné de mes propres recherches durant plusieurs années. Bien. Il était de mon côté. Sans doute parce que j'étais du côté d'Archimède.

Contrairement à moi, Reviel ne trouva pas le manuscrit affreux – son apparence lui importait peu. Il observa le Palimpseste avec un respect mêlé de crainte et il se sentit intimidé par l'ampleur de la tâche. Ses doutes s'envolèrent néanmoins lorsqu'il apprit qu'il travaillerait main dans la main avec un collègue de la trempe de Nigel Wilson. Reviel me fit également une autre suggestion. Il pensait qu'il était important d'embaucher une personne pour travailler sur les textes des autres auteurs du palimpseste. Il voulait savoir qui tenait compagnie à Archimède dans le livre de prières. C'était une bonne idée.

Reviel proposa le nom de Natalie Tchernetska, une Lettone qui préparait une thèse sur les palimpsestes grecs au Trinity College de Cambridge. Pat Easterling était son maître de recherches. Le monde était petit. Je la rencontrai dans les bureaux de Pat Easterling au Newnham College durant l'été 1999. Elle était parfaitement qualifiée. Tel était le cœur de l'équipe académique qui était sur le point de brosser un tout nouveau portrait du plus grand mathématicien de l'Antiquité et de révéler au monde les fabuleux secrets du palimpseste.

La valeur ajoutée

Un jour d'août 1999, j'étais assis à côté d'Abigail, face à Mike Toth. Nous devions trouver les personnes idéales pour l'imagerie du Palimpseste. C'était très intimidant. L'ampleur de la tâche me donnait des frissons – une ampleur que, en raison de mon ignorance, j'étais incapable de mesurer précisément. Mike proposa de mettre plusieurs équipes en compétition. La meilleure aurait la responsabilité de l'imagerie. Cela représentait beaucoup trop de travail à mon sens, mais Mike insista. Nous pourrions comparer les différents procédés d'imagerie susceptibles d'être utilisés pour le traitement du livre et ce principe créerait une émulation entre les participants. Ils feraient leur possible pour réduire les coûts tout en proposant des techniques performantes, dans l'espoir de remporter la mise. C'était parfaitement censé, plaidait-il.

À mes yeux, c'était une pratique digne de la recherche aérospatiale. Puis Mike me parla pour la première fois de l'appel d'offres. L'appel d'offres est aujourd'hui pour moi un outil très banal. C'est un document dans lequel on expose un problème et on appelle les équipes intéressées par le projet à trouver une solution.

Abigail rédigea l'appel d'offres. Ce fut l'un des documents les plus brillants et les plus approfondis qu'elle écrivit au cours du projet. L'objectif était simple : livrer à la postérité une sauvegarde numérique des écrits des cent soixante-quatorze folios du Palimpseste d'Archimède. Venaient ensuite les contraintes : comme le manuscrit était très fragile, tout traitement serait supervisé par Abigail elle-même et son équipe. Le document décrivait les étapes du projet. Après la phase de compétition, le manuscrit serait démantelé, puis le candidat retenu devrait numériser entièrement le manuscrit. La proposition tenait sur six pages. En réponse à l'appel d'offres, nous reçûmes six réponses. Sur les six, trois furent soumises à M. B., qui en retint finalement deux. La compétition pouvait commencer.

La première équipe était composée de Roger Easton, membre du Centre d'imagerie scientifique Chester F. Carlson à l'Institut technologique de Rochester, et Keith Knox, scientifique qui travaillait à l'époque au Centre d'imagerie digitale et technologique Xerox, également situé à Rochester. Il travaille aujourd'hui pour Boeing, à Hawaï. Keith, avec le concours de Brian J. Thompson, avait eu son heure de gloire en développant et en brevetant une méthode – l'algorithme Knox-Thompson – qui permettait de récupérer les images de photographies télescopiques dégradées par l'atmosphère.

Récemment, Roger et Keith avaient formé une équipe avec feu Robert H. Johnson pour traiter des textes endommagés, à l'instar d'un palimpseste de la bibliothèque de l'université de Princeton et de plusieurs fragments des *Manuscrits de la Mer Morte*. Leurs travaux avaient été commentés sur la BBC et l'American TV. En outre, ils avaient déjà travaillé sur le Palimpseste, car la belle-sœur de Keith connaissait Hope Mayo, qui avait aidé Nigel à préparer le catalogue pour la vente de Christie's. Certaines de leurs images étaient déjà dans le catalogue. Roger, Keith et Johnston étaient donc des valeurs sûres.

La seconde équipe était celle de l'université Johns Hopkins et était formée, en réalité, par un seul homme, William A. Christens-Barry. Bill n'est pas un scientifique spécialiste de l'imagerie, encore moins un photographe. Il est physicien. À l'époque où nous l'avons rencontré, il travaillait au Laboratoire de physique appliquée de l'université Johns Hopkins. Ce laboratoire emploie environ mille ingénieurs, techniciens et scientifiques. Son objectif principal est le développement de projets financés par des agences fédérales. Il opère principalement pour l'US Navy et la NASA. Les scientifiques du LPA participent à un large éventail de traitements de données et d'analyses dans l'intérêt de leurs sponsors, notamment des images du ciel, des océans et de l'espace. Le laboratoire développe également un second pôle d'activités qui n'entre pas dans le domaine de la défense et de l'aérospatial. La majorité des recherches de Bill avaient trait aux problèmes biologiques et à la science médicale, en particulier tout ce qui touche au cancer. Un lieu impressionnant. Un homme impressionnant. Sa proposition était truffée d'idées auxquelles aucun autre n'avait pensé.

LE DIRECTEUR DE PROJET

Toutes ces personnes avaient des rôles bien définis. Quel était le mien ? J'étais le factotum d'Archimède. La manne organisatrice de l'ensemble. Je me trouvais au beau milieu de cet extraordinaire projet. Comme me l'avait fait remarquer Mike, ma position était celle d'un équilibriste. Et j'allais rester un moment en équilibre sur un fil. Contrairement aux autres, je n'avais aucune qualification particulière. J'étais le type sympathique qui aimait les livres. Néanmoins, et même si c'était plus dû à la chance qu'à une mûre réflexion, j'avais parlé à la bonne personne au bon moment, et j'avais pris les choses en main. À la fin de l'année, le programme était défini et j'avais recruté les personnes clés du projet. Je pouvais expliquer l'objectif de ce grand projet, mais je n'aurais su dire pourquoi j'en étais le leader. Et pour toutes les questions subsidiaires, je renvoyais les curieux auprès de Reviel Netz.

2.

Archimède à Syracuse

Archimède est le plus grand scientifique de tous les temps. Cette conclusion découle de l'analyse qui va suivre. Le célèbre philosophe britannique A. N. Whitehead a dit un jour : « La meilleure description d'ensemble de la tradition philosophique européenne est qu'elle consiste en une série de références à Platon. » Ce jugement peut paraître méprisant, mais en fait, il est plutôt censé. Les successeurs de Platon, tels qu'Aristote, s'employèrent avant tout à réfuter ou affiner ses arguments. Par la suite, les philosophes débattaient pour déterminer qui, de Platon ou d'Aristote, ils devaient prendre pour modèle. Ainsi, toute la philosophie occidentale qui s'ensuivit était l'héritage de Platon.

Si j'applique un raisonnement analogique au domaine mathématique, je suis tenté de dire ceci : « La meilleure description d'ensemble de la tradition européenne scientifique consiste en une série de références à Archimède. » Il nous suffit de nous reporter au livre qui a le plus influencé la science moderne, le *Discours concernant deux sciences nouvelles* de Galilée. Cet ouvrage fut publié en

1638. Archimède était alors décédé depuis exactement 1850 ans, ce qui constitue une très longue période. Pourtant, il doit beaucoup à Archimède. Galilée mettait en avant deux grands systèmes scientifiques : un système statique (le comportement des objets au repos) et un système dynamique (le comportement des objets en mouvement). Pour le système statique, les outils principaux de Galilée sont les centres de gravité et la loi de l'équilibre. Ces deux concepts, Galilée les emprunte – explicitement et avec déférence – à Archimède. Pour le système dynamique, les outils principaux de Galilée sont l'approximation des courbes et les proportions entre les durées et les mouvements, deux notions qui, cette fois encore, découlent directement des travaux d'Archimède. Aucune autre autorité n'est aussi souvent citée, ni avec autant d'admiration. Galilée reprend essentiellement là où Archimède s'était arrêté et poursuit le chemin tracé par son prédécesseur grec.

C'est vrai de Galilée, mais aussi d'autres figures majeures de ladite « révolution scientifique », tels que Leibniz, Huygens, Fermat, Descartes et Newton. Tous étaient des héritiers d'Archimède.

Avec Newton, la science issue de la révolution scientifique atteint son apogée, dans une parfaite dimension archimédienne. En se fondant sur d'élégants principes premiers appliquant la géométrie pure, Newton déduit les lois qui régissent l'univers. Toute la science qui en découlera par la suite est née du désir de généraliser les méthodes newtoniennes – donc archimédiennes.

Les deux principes que les auteurs de la science moderne ont hérité d'Archimède sont :

• Les mathématiques de l'infini

• L'application de modèles mathématiques au monde physique

Grâce au Palimpseste, nous en savons aujourd'hui beaucoup plus sur ces deux grands aspects des réalisations d'Archimède.

Les mathématiques de l'infini et l'application de modèles mathématiques au monde physique sont intimement liées. Et ce parce que la réalité physique consiste en un ensemble de forces élémentaires infiniment petites agissant simultanément. En conséquence, pour déterminer les effets de telles forces, nous devons additionner un nombre infini de « forces élémentaires », chacune étant infiniment petite. Ceci est surprenant : on pourrait penser que les mathématiques de l'infini sont un concept fantaisiste, sans application pratique (après tout, on pourrait se dire qu'il n'y a pas d'infini dans le monde ordinaire). Mais il s'avère que les mathématiques de l'infini sont l'un des outils les plus pratiques de la science, si crucial qu'il est souvent simplement appelé « le calcul ». L'application des mathématiques au monde physique, via le calcul – c'est, pour résumer, la science moderne. Newton, en particulier, utilisa le calcul, dans une forme implicite, pour déterminer le mouvement des planètes – un magnifique résultat, source d'inspiration pour toutes les sciences futures avec, à la base, l'application des visions d'Archimède.

Ainsi, Archimède nous conduit, plus que tout autre, à la formation du calcul et, comme il est le pionnier de l'application des mathématiques au monde physique, il apparaît en effet que la science occidentale n'est rien d'autre qu'une série de références à Archimède. Cela nous amène à la conclusion qu'Archimède est le plus grand scientifique de tous les temps.

L'influence d'Archimède n'est pas confinée au contenu de sa science : ses écrits possèdent une qualité toute particulière. De tout temps, ses lecteurs ont été agréablement surpris par des combinaisons inattendues. Les rapprochements subtils et surprenants étaient la patte d'Archimède et son écriture personnalisée a considérablement influencé ses successeurs. Nombre de mathématiciens, directement ou non, tentèrent d'imiter le style d'Archimède, mêlant surprise et élégance, de sorte que l'exemple du savant a façonné notre vision du texte mathématique.

Dans les chapitres suivants, j'essayerai d'expliciter non seulement le contenu des travaux d'Archimède – sa contribution au calcul et aux mathématiques appliquées au monde physique –, mais aussi son style. Tous deux sont dignes de notre admiration.

J'ai progressivement été amené à apprécier ces deux aspects des réalisations d'Archimède – le contenu et le style – en travaillant sur le Palimpseste. Une découverte majeure, réalisée en 2001, nous a démontré pour la première fois combien Archimède était proche du concept moderne d'infini. Une autre découverte fondamentale, en 2003, nous a conduits à revoir entièrement notre conception du style d'Archimède. Tel fut notre travail sur le Palimpseste : un laborieux déchiffrement, page après page (ou le plus souvent image après image). Les lettres formaient des mots, les mots formaient des phrases. En général, nous n'apprenions rien de neuf. Parfois, nous faisions des découvertes d'une grande signification historique. Puis – à deux reprises – nos trouvailles ont fait trembler les fondations de l'histoire des mathématiques.

Je n'aurais jamais cru que je m'attellerais moi-même à l'étude laborieuse du Palimpseste. Le travail d'édition des textes les plus importants de l'Antiquité, fondé sur la transcription de manuscrits médiévaux, avait largement été réalisé au XIXe siècle. Bien sûr, on pouvait toujours effectuer de petites améliorations ou éditer des auteurs mineurs, mais peu de gens faisaient aujourd'hui ce type de travail. En partie parce qu'aujourd'hui, la plupart des auteurs importants étaient déjà édités. Le climat intellectuel actuel est très différent de celui qui régnait au XIXe siècle. De nos jours, les gens sont moins intéressés par les détails des textes que par les synthèses qui en sont faites. Une thèse de lettres classiques correspond généralement, à notre époque, à une sorte de réflexion théorique fondée sur les textes connus, plutôt qu'à une extension des textes eux-mêmes. La « théorie » est plus recherchée. Dit crûment, vous n'êtes pas près de décrocher un job si votre doctorat porte uniquement sur l'édition de textes. Ce n'est pas forcément une mauvaise chose. Les érudits du XIXe siècle ont réalisé un travail impressionnant et nous leur devons énormément, mais leurs écrits étaient souvent très ennuyeux (essentiellement en latin, d'ailleurs) et parfois même naïfs, par manque de dimension critique et de réflexion théorique.

Notre compréhension du monde antique a été amplement approfondie et enrichie par des idées venues de l'anthropologie culturelle, de la poétique générale ou de la linguistique. Ma propre thèse de doctorat, préparée à Cambridge sous la direction de Sir Geoffrey Lloyd – le doyen du département de Science grecque –, est représentative de cette tradition moderne. J'ai beaucoup été influencé par l'application de l'anthropologie à l'étude de la pensée grecque menée par Geoffrey Lloyd, ainsi que par sa méthode comparative (où il mettait en regard science grecque et science chinoise).

Mon premier livre, *The Shaping of Deduction in Greek Mathematics : A Study in Cognitive History* (*La Visualisation de la déduction dans les mathématiques grecques : une étude en histoire cognitive*), appliquait des idées issues spécifiquement de la science cognitive (et réciproquement, j'avais l'espoir que les cogniticiens utiliseraient les connaissances provenant des historiens). Tout au long de mon ouvrage, mon objet était de disséquer l'expérience mathématique : comment s'inscrit-elle dans notre esprit ? J'étais persuadé qu'il fallait être capable de lire les mathématiques dans une traduction fidèle, qui reproduise scrupuleusement le style et les formulations de l'auteur, afin de comprendre la façon dont les anciens pensaient leur science.

Aujourd'hui, le plus grand scientifique de tous les temps n'avait jamais été traduit en anglais. D'Archimède, il n'existait que la paraphrase pauvre de T. L. Heath en 1897, qui ignorait tout bonnement le langage mathématique d'Archimède. Dès lors, je décidai de produire une nouvelle traduction, avec un commentaire nourri de ma propre vision des mathématiques grecques.

J'allais faire bien plus qu'une simple traduction d'Archimède. J'étais l'un des nombreux universitaires qui commençaient depuis peu à s'intéresser à l'aspect visuel de la science. J'ai fait remarquer qu'à certains égards, l'érudition du XIXe siècle pouvait paraître démodée, notamment en ce qui concerne l'édition des textes. Les érudits du XIXe siècle étaient si attentifs aux mots qu'ils en avaient oublié les images. Si vous ouvrez une édition de cette époque, vous constaterez que les diagrammes représentés n'ont aucun rapport avec ceux des manuscrits originaux. Ces diagrammes représentent la vision propre de l'éditeur. Je fus choqué par cette découverte et me posai la question : pouvais-je réaliser, pour la première fois, une édition fidèle des diagrammes ? Je savais que cela m'obligerait à me rendre dans toutes les bibliothèques recelant les divers manuscrits d'Archimède. Je cherchai la localisation de ces manuscrits. Je découvris qu'ils étaient à Paris, Florence, Venise et Rome. Eh bien, pourquoi pas ? Après tout, c'était une bonne idée.

C'était un projet très ambitieux et pas forcément très plaisant. Il y avait environ cent mille mots d'Archimède à traduire. Cent mille mots ! Une lourde tâche. Et comme mes amis me le firent remarquer : comment pallier les lacunes du texte ? Comment procéder, étant donné que la majeure partie du manuscrit n'existe plus ?

À l'époque, personne ne savait où se cachait le Palimpseste d'Archimède, l'unique source *Des corps flottants*, de la *Méthode* et du *Stomachion*, ainsi que des témoignages essentiels de ses autres travaux. Il avait été étudié au début du XXe siècle – puis il avait disparu. Et l'idée qu'il pût réapparaître semblait absurde. Telle fut ma réponse à mes amis : puisque le manuscrit était introuvable, j'allais faire comme s'il n'existait pas. Sinon, rien ne serait jamais mis en œuvre concernant Archimède.

Pat Easterling, professeur de grec à Cambridge et experte en manuscrits grecs, suivit de près mon projet, m'enseignant les bases de la paléographie.

Un jour, je reçus une lettre de sa part. Elle m'apprit que Christie's demandait l'autorisation de photographier une certaine feuille conservée à la bibliothèque de l'université de Cambridge, car il était probable que cette feuille ait été extraite du Palimpseste d'Archimède, manuscrit qu'ils étaient sur le point de vendre.

J'ai nonchalamment mentionné cette information à mes collègues de langues anciennes, supposant qu'ils étaient déjà au courant. Mais tous l'ignoraient. La lettre de Pat Easterling fut une révélation : la nouvelle de la vente imminente du Palimpseste venait de déclencher un séisme au sein du monde académique d'Archimède. Le reste appartient à l'Histoire. Will a déjà raconté sa rencontre avec Pat Easterling et le mail qu'il m'a envoyé. Quant à ma réaction à la lecture de ce mail – à savoir ma jubilation frénétique, mes cris enfantins et pour le moins embarrassants... – je préfère ne pas en parler. Laissons plutôt la parole à Archimède.

Qui était Archimède ?

La seconde guerre punique (218-202 av. J.-C.) était, pour l'Antiquité, comparable à la Seconde Guerre mondiale de notre ère moderne. Ce fut une catastrophe sans précédent, aux proportions gigantesques, qui bouleversa les données géopolitiques du bassin méditerranéen. Un moment, il apparut qu'Hannibal pouvait conquérir Rome – mais Rome résista à l'envahisseur et triompha, devenant si puissante que la Méditerranée tout entière était à sa merci. L'indépendance des États grecs était terminée. La civilisation grecque que représentait Archimède était emplie d'humilité. L'un des tournants majeurs de la guerre fut la chute de Syracuse. La cité grecque qui dominait l'ouest de la Méditerranée commit une grave erreur stratégique en se ralliant aux Carthaginois. En 212, après un siège interminable, son système de défense – mis en place par Archimède et jusqu'alors sans faille – s'effondra et Syracuse succomba à la traîtrise. Et, sans que l'on sût comment, Archimède fut l'une des tragiques victimes.

Ces quelques faits résument ce que nous savons d'Archimède en tant que personnage historique. Nous devrions nous féliciter d'en savoir autant et même d'avoir la chance de pouvoir dater certains événements de l'Antiquité. Après tout, personne, à l'époque, ne s'est écrié : « Archimède est mort en 212 av. J.-C. ! »

Comment obtenait-on des datations durant la période antique ? Par chance, nous possédons plusieurs documents historiques datant de l'Antiquité tels que des annales – qui relatent les événements, année par année (l'auteur romain Tite-Live en est un exemple célèbre). Leur système de datation était différent du nôtre, mais les annales nous fournissent des données astronomiques (telles que des éclipses). On applique alors la physique newtonienne pour calculer les dates de ces événements et déterminer des marqueurs temporels qui nous permettent de bâtir un système d'équivalences entre la datation antique et la datation moderne. Sans ces données astronomiques, aucune correspondance n'aurait pu être établie avec exactitude. C'est grâce aux outils du mathématicien que nous en avons appris davantage sur l'homme lui-même et que nous avons pu dater sa mort.

Ancré dans la mémoire des anciens, le siège de Syracuse fut un événement majeur, relaté dans toutes les annales. Nous savons précisément quand il s'est achevé. La figure d'Archimède lui-même, ingénieur en chef de Syracuse, fit l'objet d'une immense fascination de la part de ses concitoyens, et elle apparaît à maintes reprises dans les récits de l'Antiquité. (Ceci est un autre point de comparaison avec la Seconde Guerre mondiale : pensez à la façon dont Einstein est resté, dans la mémoire collective, comme le « père de la bombe atomique ».)

Nous avons au moins une certitude : nous savons quand Archimède est mort. Mais d'autres éléments biographiques sont beaucoup plus incertains. Les dates d'Archimède inscrites dans les encyclopédies sont : 287-212 av. J.-C. Nous savons d'où vient la date de 212 av. J.-C. Quand est-il de 287 av. J.-C. ? Cette information est fondée sur les assertions d'un auteur grec postérieur, qui mentionne qu'Archimède est mort à l'âge avancé de soixante-quinze ans – une idée intéressante, si ce n'est que l'auteur en question, Johannes Tzetzes, vivait au xxe siècle ! Il tirait cette conclusion d'un poème cancanier et fantaisiste. Ce texte est la source principale de la légende qui raconte qu'Archimède est l'inventeur des miroirs qui ont enflammé les navires ennemis. Assurément, les contemporains d'Archimède auraient relaté une telle histoire, si elle s'était produite. Or Tzetzes était de Byzance, une cité dont la flotte était célèbre pour ses récits de bateaux incendiés. Pour résumer, la fable de Tzetzes n'est rien d'autre que cela – une fable – et il a fait d'Archimède un vieil homme, pour de simples considérations littéraires. Archimède était sans doute assez âgé (comme le dit Polybius, un homme fiable), mais nous n'en savons pas davantage.

Voilà où réside la difficulté : Archimède était si célèbre qu'il se confondait avec la légende. Et à présent, comment distinguer l'histoire de la légende ? C'est tout le problème de l'historien. Jusqu'au XIXe siècle, il était commun de prendre les légendes anciennes pour la réalité. Puis le scepticisme est apparu. Peut-être les historiens actuels sont-ils trop méfiants, mais nous sommes tentés de réfuter presque tout ce que nous savons d'Archimède. A-t-il crié « Eureka ! » ? Moi-même, j'en doute, et laissez-moi vous expliquer pourquoi. Prenons la version la plus célèbre de cette histoire (et aussi la plus ancienne), relatée par Vitruve – un auteur dont les récits sont sujets à caution. Vitruve écrivit son récit environ deux cents ans après la mort d'Archimède et, globalement, ce n'est pas un historien digne de confiance (son livre est un manuel d'architecture, qu'il émaille d'anecdotes historiques).

Voilà toute l'histoire. Archimède est perdu dans ses pensées. Il réfléchit au problème de la couronne. Cette couronne est censée être en or – mais est-ce de l'or massif ? Archimède remarque alors des éclaboussures autour de son bain... Aussitôt après, il sort dans la rue en criant : « Eureka ! Eureka ! » – Eureka... mais quoi, en fait ?

D'après Vitruve, ce cri de joie correspond à l'observation suivante : le volume d'eau déplacé par un corps immergé est égal au volume du corps lui-même. Donc, mettez la couronne dans l'eau, mesurez la quantité d'eau éclaboussée – et vous obtenez le volume de la couronne. Comparez cela à une masse égale d'or pur : produit-elle la même quantité d'éclaboussures ? Plus la couronne est dense, moins elle est volumineuse, et moins il y a d'éclaboussures. Vous savez à présent si la couronne a la densité de l'or massif ou non.

La méthode est judicieuse, mais elle repose sur une observation triviale – essentiellement que « les objets les plus volumineux provoquent les déplacements d'eau les plus importants ». C'est si trivial que ce n'est pas mentionné dans le traité d'Archimède *Des corps flottants* (dont l'unique version grecque encore existante est celle du Palimpseste).

Il m'apparaît que Vitruve – ou sa source précédente – savait qu'Archimède avait découvert quelque chose à propos des corps immergés dans l'eau. Il était également familier des observations triviales et pré-scientifiques (telles que « les objets les plus volumineux provoquent les déplacements d'eau les plus importants »), aussi a-t-il inventé une histoire pour lier les deux faits. Mais il ne connaissait manifestement rien de la science d'Archimède. Tel est le sceau de toutes les légendes concernant le savant, depuis Vitruve à Tzetzes : ce ne sont que des légendes.

Certains éléments de preuve peuvent cependant être rassemblés, esquissant les grandes lignes d'une histoire fascinante. Comme nous le verrons à plusieurs reprises dans ce livre, ces éléments sont extrêmement ténus et se prêtent à moult interprétations. Cela se vérifie pour l'une des données biographiques les plus importantes concernant notre mathématicien. Il s'agit d'un aparté fait par Archimède dans l'un de ses ouvrages les plus surprenants, *L'Arénaire*. Dans ce traité, le savant évoque différentes estimations du ratio entre le Soleil et la Lune. Eudoxus, par exemple, estime que le Soleil est neuf fois plus gros que la Lune et, comme nous l'avons lu dans divers manuscrits, un certain « Pheidias Acoupater » prétendait que le Soleil était douze fois plus grand que la Lune. Cependant, il n'existe aucun lieu ou personnage du nom de « Acoupater ». Le texte dit littéralement *pheidia tou akoupatros*, mais n'oublions pas que, jusqu'à la fin du Moyen Âge, le grec était écrit sans espaces entre les mots. Cela donne du poids à l'hypothèse suivante : si nous séparons les mots différemment (ce que nous sommes autorisés à faire dans l'interprétation du grec ancien) et que nous modifions une seule lettre, le charabia « acoupater » peut parfaitement faire sens. Nous nous autorisons ces corrections car des erreurs ont certainement été commises par les scribes au moment de la copie des textes – les manuscrits sont truffés d'erreurs dues aux scribes. C'est pourquoi plusieurs éditeurs du XIXᵉ siècle ont émis l'idée de relire cette phrase en échangeant le « k » contre un « m », et en ajoutant un espace : *phei-dia tou amou patros*. Ce qui signifie : « Phidias, mon père. » C'est un indice plutôt mince, mais extrêmement important. La correction proposée était si brillante et pertinente qu'elle devait être juste.

Cet indice ténu nous permet de retracer toute la biographie familiale d'Archimède, tout en nous rappelant l'importance et la difficulté de l'étude de manuscrits. Toute notre connaissance du monde antique découle de l'assemblage patient et laborieux de puzzles complexes comme celui-ci. Cette trouvaille est plus importante qu'il n'y paraît – elle nous apprend que le père d'Archimède était astronome et qu'il se nommait Phidias.

C'est un fait selon moi riche de sens. J'étudiai le nom de Phidias dans la période antique et voici deux faits avérés : a. l'art, tout comme le travail manuel en général, était méprisé par les aristocrates de l'époque ; b. Phidias est le nom du plus célèbre artiste de l'Antiquité – le maître sculpteur du Parthénon, au Vᵉ siècle av. J.-C. Maintenant, avec ces deux idées en tête, réfléchissons à l'observation suivante : toutes les personnes du nom de « Pheidias » de l'Antiquité étaient des artisans ou des artistes. La raison en est toute simple : le nom de Pheidias – telle une fière prophétie – était uniquement donné aux enfants des familles d'artistes. Sinon, pourquoi affubler un enfant d'un nom associé au métier mésestimé d'artisan ? Notons également l'idée suivante : le grand-père d'Archimède était un artiste.

Voilà pour les aïeux. À présent, que dire du nom d'Archimède lui-même ? C'est un nom tout à fait unique – et parfaitement approprié à notre savant. Il est composé de deux éléments (comme c'est très souvent le cas pour les noms grecs) : *arche*, ou « principe », « règle », « numéro un », et *medos*, ou « esprit », « sagesse », « sagacité ». Ce qui signifie, si on le lit du début à la fin, « l'esprit numéro un » – une excellente description d'Archimède. Mais il devait probablement plutôt se lire dans l'autre sens (c'était la pratique la plus courante). C'est un nom unique, qui s'apparente à Diomède, avec *dio* (une variante de « Zeus ») au lieu de *arche*. Diomède signifie « l'esprit de Zeus » – ce qui paraît un peu étrange mais est parfaitement censé. Les philosophes grecs des générations suivantes, à commencer par Platon, se tournèrent progressivement vers une sorte de religion monothéiste et scientifique où ils idolâtraient moins les dieux anthropomorphiques de la religion grecque que la beauté et l'ordre du cosmos, son « principe ». Le nom d'Archimède suggère ainsi que Phidias – l'astronome, le père d'Archimède – s'adonnait à une religion qui vénérait la beauté et l'ordre du cosmos. Nous pouvons en déduire un certain nombre de choses sur l'héritage d'Archimède – fondées sur d'infimes éléments de preuve et de nombreuses extrapolations. Le grand-père était un artiste ; le père, un scientifique, un astronome qui s'est tourné vers la religion prônant un cosmos beau et ordonné ; puis le fils – et son œuvre, dans laquelle l'art, la science, la beauté et l'ordre s'épousent harmonieusement

Ses travaux sont bien évidemment la clé qui permet de comprendre Archimède. Les histoires peuvent être des légendes, mais les travaux sont faits pour être lus et, chose surprenante, sous l'apparente aridité des mathématiques, affleure la brillante personnalité d'un génie. Dans ses sciences pures, Archimède continue de faire des éclaboussures. L'art et la science, la beauté et l'ordre : voyons maintenant comment ces principes s'harmonisent dans les travaux d'Archimède.

La science avant la Science

Quand on dit d'Archimède qu'il était un scientifique, on est tenté de l'imaginer avec une blouse blanche, en train d'observer des fioles remplies de liquides colorés. Eh bien, pas du tout. Archimède portait une tunique et étudiait des diagrammes dessinés sur le sable. Ensuite, on pourrait être tenté de voir en lui un homme honnête, entièrement dévoué à la recherche de la vérité. Ce qui était tout aussi illusoire que les fioles bigarrées. Archimède n'était pas un scientifique moderne. Sa science était d'une tout autre nature – une science qui existait bien avant notre « Science » professionnelle, avec une majuscule.

Peut-être la meilleure façon de présenter l'homme est-elle dans l'introduction de son traité

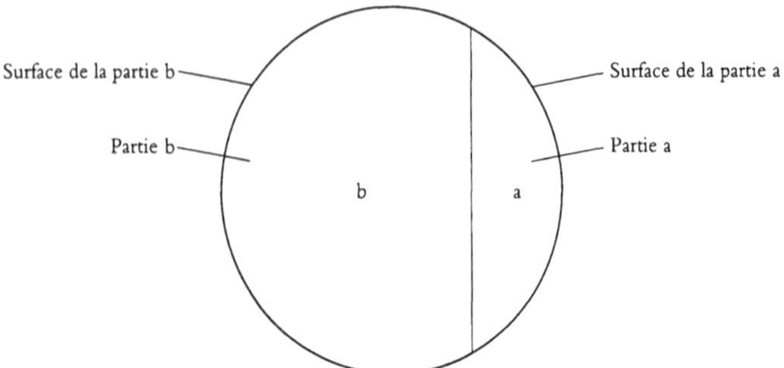

FIGURE 2.1 : *Le canular d'Archimède : une sphère divisée en deux parties.*

Des spirales. Archimède débute son ouvrage sous forme de lettre à un collègue, Dositheus. « Tu te rappelles, lui écrivit Archimède, que j'avais mis en avant plusieurs puzzles mathématiques. J'ai annoncé certaines découvertes et j'ai demandé aux autres mathématiciens de les démontrer par eux-mêmes. Eh bien (remarquez le ton quelque peu triomphant d'Archimède) – pas un n'a réussi ! Puis, continue Archimède, il est temps de révéler un secret : deux de ces découvertes étaient en réalité empoisonnées. » Voici un exemple de démonstration « empoisonnée » du savant : si une sphère est divisée en deux parties et que le ratio entre les deux surfaces est a : b, alors le ratio entre les deux volumes est $a^2 : b^2$ (figure 2.1).

Je voudrais mettre l'accent sur le fait qu'Archimède était parfaitement conscient (ses écrits en donnent la preuve irréfutable) que cette assertion était fausse. Il n'essaie pas de sauver la face rétrospectivement : il envoyait réellement des « lettres empoisonnées », espérant piéger ses amis mathématiciens. Comme il le disait, il agissait ainsi pour que

« ceux qui prétendaient tout découvrir sans donner la moindre preuve soient confondus dans leur tentative de démontrer l'impossible ».

Archimède, comme vous pouvez le constater, n'a pas un caractère amène – et il n'est pas des plus honnêtes. « Joueur » est l'un des adjectifs qui me viennent à l'esprit, ainsi que « rusé ». Ce n'est pas pour rien que les historiens continuent de débattre du sens précis de ses découvertes : il voulait dérouter ses lecteurs. Il se serait sûrement délecté de l'histoire postérieure de ses écrits. La lecture de ses textes nécessitait en effet beaucoup d'effort et de réflexion, et c'était précisément ce qu'il souhaitait.

Le système scientifique à l'époque d'Archimède était radicalement différent de celui que nous connaissons. Il n'y avait alors pas d'universités, pas de chaires scientifiques ou de magazines spécialisés. Il est vrai qu'environ un siècle avant la mort d'Archimède, un certain nombre d'« écoles » avaient été fondées à Athènes, mais elles étaient sensiblement différentes de nos institutions scientifiques modernes. Elles ressemblaient davantage à nos associations actuelles, où des personnes de même sensibilité se rassemblaient pour discuter de sujets importants (généralement plutôt de philosophie que de science).

À Alexandrie, les rois ptolémaïques érigèrent une immense bibliothèque, mais elle n'était pas dédiée à la recherche. Elle était un symbole de la richesse et du prestige royaux. Ainsi, aucune carrière n'était possible dans le domaine scientifique. Et on en retirait bien peu de gloire, d'ailleurs. Après tout, très peu de gens étaient capables de lire des sciences. Le seul chemin de la gloire était – comme toujours dans le monde pré-moderne – via *la poésie*. Si vous vouliez vous faire un nom, vous deviez écrire des poèmes – qui entraient dans la culture populaire (à commencer par *l'Iliade* et *l'Odyssée*, que tout le monde connaissait plus ou moins par cœur).

Dès lors, qui aurait voulu devenir mathématicien ? On ne côtoyait pas ce milieu par hasard. Imaginons que votre père est astronome... alors, vous étiez piégé. C'était une affliction rare. Un jour, je calculai que sur toute la période antique, de 500 ans av. J.-C. à 500 apr., il y eut environ un millier de mathématiciens actifs – disons qu'il en naissait en moyenne un par an. Je dois clarifier dès maintenant l'idée que d'illustres personnages – tels que Pythagore et Thalès – n'étaient pas du tout des mathématiciens. Le « théorème de Pythagore » est un mythe tardif. Les mathématiques sont nées au ve siècle av. J.-C. – à l'ère de Périclès et du Parthénon – avec des auteurs dont nous ne savons que très peu de chose. Le plus important d'entre eux était sans doute Hippocrate de Chios (à ne pas confondre avec le médecin du même nom, originaire de Cos). Tout ce que nous savons de ces auteurs nous provient de commentaires tardifs. Au ive siècle av. J.-C., nous n'étions guère plus avancés : Archytas, grand mathématicien, était l'ami de Platon – mais il ne reste pas la moindre trace de son existence. Eudoxus, qui vécut un peu tard, tomba lui aussi aux oubliettes – mais il est mentionné deux fois, de façon louangeuse, par Archimède. Apparemment, Archimède considérait Eudoxus comme son plus grand prédécesseur ; mais les travaux de cet homme ont aujourd'hui tous disparu.

Les travaux d'Euclide, qui vécut au début du iiie siècle av. J.-C., subirent un sort moins funeste. Par chance, nous possédons un grand nombre de ses écrits. Mais Archimède ne les tenait pas en très

haute estime, car ils ne s'agissait que de mathématiques basiques. Archimède était un mathématicien
avancé, qui écrivait pour des gens capables d'aller
au-delà du simple contenu du traité d'Euclide, *Éléments*. Ces lecteurs se faisaient rares. Archimède
devait avoir un public composé d'une douzaine de
mathématiciens tout au plus, disséminés aux quatre
coins de la Méditerranée, la plupart isolés dans leur
petite cité, attendant impatiemment la prochaine
livraison de lettres en provenance d'Alexandrie (le
centre des échanges) – « y a-t-il quelque chose de
neuf de la part d'Archimède aujourd'hui ? ».

Quand je parle de « lettre » dans l'introduction
Des spirales, il s'agit bien d'une lettre envoyée à un
particulier, au sens littéral. Ces lettres personnali-
sées étaient généralement expédiées au centre
d'Alexandrie, d'où les destinataires les faisaient parvenir dans d'autres contrées par l'intermédiaire de
contacts dévoués. La diffusion des sciences reposait
sur ce réseau d'individus. Archimède ne cessait de
déplorer, dans ses introductions, la mort de son vieil
ami Conon (un éminent astronome). « Il était le seul
capable de me comprendre ! » regrettait le savant.
Dans la plupart de ses lettres, Archimède feignait
l'exaspération : il se plaignait de n'avoir personne à
qui écrire, de ne connaître aucun lecteur éclairé. (Il
en aurait, en temps et en heure. Archimède serait
finalement lu par Omar Khayyam, Léonard de Vinci,
Galilée, Newton. Tels étaient les véritables lecteurs
d'Archimède, ceux sur qui il eut un impact réel. Au
fond de lui, il devait se douter qu'il écrivait pour la
postérité.)

Nombre de ses écrits étaient adressés à Dositheus, dont nous ne savons que très peu de chose.
En nous basant sur son nom, nous avons néanmoins

découvert un élément. Il s'avère qu'à cette époque, presque tous les hommes du nom de Dositheus étaient juifs. (Ce nom était la version grecque de Matityahu ou Matthieu.) Voilà une curieuse découverte : la correspondance entre Archimède et Dositheus est la seule connue de l'Antiquité entre un Grec et un Juif. Cela signifie peut-être que la science est un lieu de croisement des cultures. En mathématiques, après tout, la religion et la nationalité importent peu. Cela, au moins, n'a pas changé.

La quadrature du cercle

Et quelles mathématiques ! Dositheus reçut d'abord un traité sur *La Quadrature de la parabole*. Ensuite, deux livres distincts, *De la sphère et du cylindre*. Puis un ouvrage sur les *Spirales* (celui qui révéla les canulars). Enfin, *Sur les conoïdes et les sphéroïdes*. (Peut-être y en avait-il davantage : ces cinq livres sont les seuls à avoir traversé les siècles.) Les cinq travaux comportent une certaine unité, car ils constituent la pierre angulaire du calcul, même si ce n'était certainement pas ainsi qu'Archimède les considérait. Pour lui, ils étaient tous des variations de l'idée de la quadrature du cercle. Archimède prend un objet délimité par des lignes courbes et l'« égalise » avec un objet plus simple, de préférence délimité par des lignes droites. Apparemment, cette tâche – « encadrer » ou mesurer le cercle – était, pour les mathématiciens grecs, le Saint Graal de la science.

L'idée principale de la mesure dépend de la notion de ligne droite. Ce n'était pas pour rien que les mesures étaient effectuées à l'aide de *règles*.

Mesurer consiste à trouver une unité de mesure et à l'apposer ensuite plusieurs fois de suite à l'objet mesuré. Supposons qu'on veuille mesurer une ligne droite. Par exemple, votre taille – soit la ligne droite tracée entre le sol et le haut de votre tête. On prend alors un segment d'un centimètre de long et on l'appose plusieurs fois de suite sur la droite représentant la taille, sans doute au moins une centaine de fois et probablement moins de deux cents fois, afin d'en obtenir la mesure exacte. Comme cette technique est très rébarbative, nous avons gradué des rubans de mesure qui nous dispensent d'appliquer plusieurs fois la même unité. Mais d'un point de vue conceptuel, il s'agit bien d'appliquer plusieurs fois de suite une même unité.

On procède de la même manière avec une surface, si ce n'est qu'au lieu d'utiliser comme unité de mesure un segment, on se sert d'un carré, que l'on applique autant de fois que nécessaire à la surface mesurée. C'est pourquoi les sols sont littéralement mesurés en « mètres carré ». Les volumes, de la même façon, sont mesurés à l'aide de cubes. Bien sûr, tous les objets ne peuvent pas être mesurés par des carrés ou des cubes. Cependant, les mathématiciens grecs ont fait trois découvertes importantes :

• Toute surface délimitée par des lignes droites peut être divisée en triangles.

• Tout triangle peut être égal à un demi-rectangle.

• Tout rectangle peut être égal à un carré.

La combinaison de ces trois faits signifie qu'il est possible de mesurer n'importe quelle surface délimitée par des lignes droites comme l'équivalent d'une somme de carrés. En procédant par analogie,

Primo, toute surface – quelle que soit la complexité de sa structure – est aisément divisible, comme sur le dessin ci-contre, en triangles.

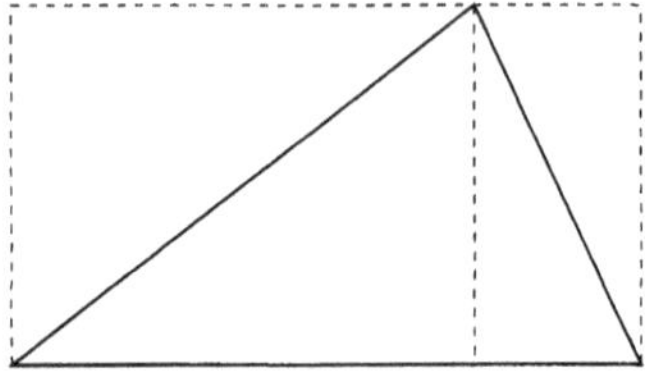

Secundo, tout triangle – peut importe sa forme – est égal à la moitié du rectangle qui l'englobe, grâce à l'application de deux symétries, comme le dessin permet de l'observer.

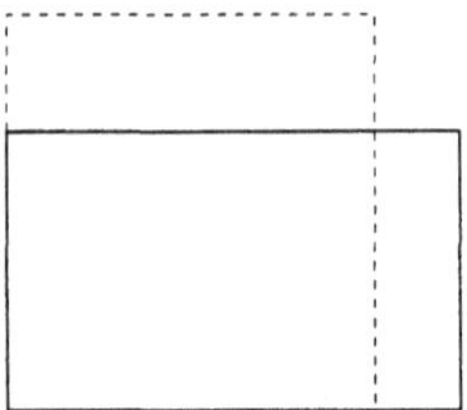

Tercio, tout rectangle peut aisément être transformé en un carré de surface égale, grâce à une réduction et un élargissement proportionnels – une réduction de la longueur et un élargissement de la largeur, avec exactement le même ratio, de sorte que longueur et largeur soient égales.

FIGURE 2.2 : *Comment mesurer une surface délimitée par des lignes droites.*

tous les solides divisibles en pyramides peuvent être mesurés en termes de cubes. C'est aussi simple que cela.

Prenez n'importe quel objet délimité par des lignes droites. Cela peut s'avérer conceptuellement difficile - un Rubik's Cube ou un flocon de neige aux mille paillettes - mais sa mesure, en suivant le même principe, est simple. Prenez, à la place, un

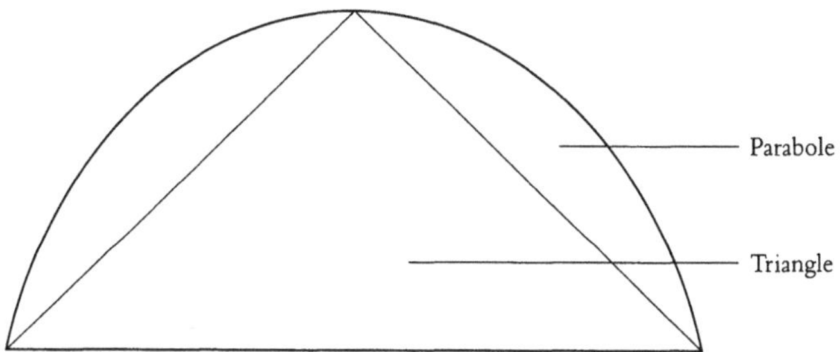

FIGURE 2.3 : *La surface de la parabole est égale aux quatre tiers du triangle.*

objet apparemment aussi simple qu'une balle de base-ball – la sphère la plus ordinaire – et le principe de mesure s'effondre, car il est impossible de diviser une balle de base-ball en une infinité de pyramides ou de triangles. La balle a une surface lisse extrêmement complexe. Archimède s'est employé sans relâche à mesurer de tels objets en partant des outils mathématiques les plus simples.

Dans *La Quadrature de la parabole*, Archimède mesure le segment d'une parabole : elle est égale aux quatre tiers du triangle qu'elle englobe (figure 2.3) – une mesure étonnante, étant donné que la parabole est une ligne courbe. Cela revient un peu à mettre un carré dans un cercle. Dans le même traité, il s'interroge à propos d'une expérience conceptuelle : peut-on imaginer qu'un objet géométrique soit composé de tranches physiques.

Les deux livres sur *De la sphère et du cylindre* établissent le volume d'une sphère. Il s'avère être exactement les deux tiers du cylindre qui l'englobe. Quelle est sa surface ? Elle est de quatre fois son plus grand cercle (figure 2.4). Cet objet récalcitrant – la sphère – finit par obéir à des règles très précises.

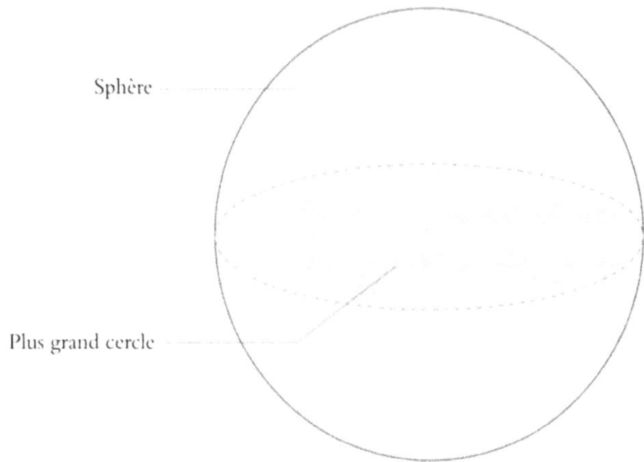

FIGURE 2.4 : *La surface d'une sphère est égale à quatre fois la surface de son plus grand cercle.*

Dans le second livre, Archimède obtient de remarquables résultats, comme, par exemple, trouver le ratio entre des segments sphériques (objet du canular mentionné précédemment).

Dans *Des spirales* et *Sur les conoïdes et les sphéroïdes*, Archimède ne se contente pas de mesurer des objets connus. Il pousse l'expérience plus loin en inventant un objet courbe – un objet complexe, aux contours intuitifs – qu'il s'emploie ensuite à mesurer. La spirale – inventée par Archimède – est ainsi égale à un tiers de la surface du cercle qui l'englobe (figure 2.5). En ce qui concerne les conoïdes (des hyperboles ou des paraboles tournant sur leur axe de façon à délimiter un espace clos) ou les sphéroïdes (des ellipses tournant sur leur axe dans la même but), il existe des mesures plus complexes qu'Archimède définit cependant avec précision (figure 2.6 et 2.7).

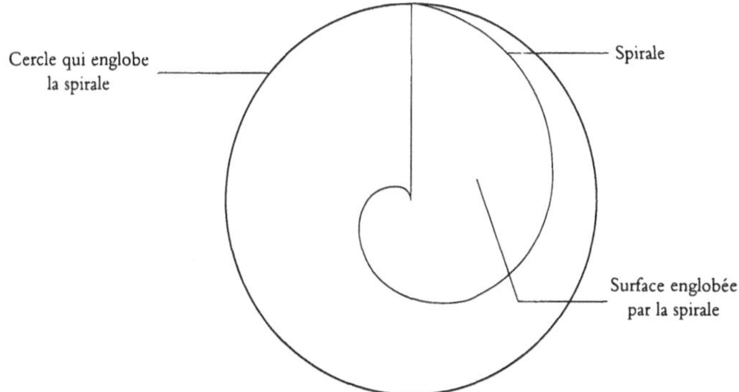

FIGURE 2.5 : *La surface du cercle est égale à trois fois la surface délimitée par la spirale.*

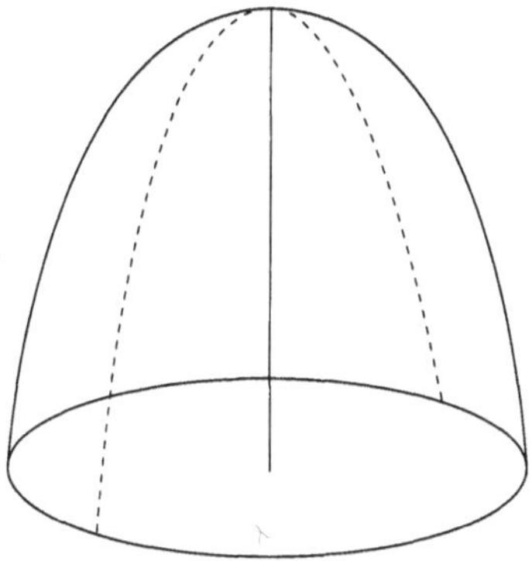

FIGURE 2.6 : *Un conoïde est un solide créé par la rotation d'une hyperbole ou d'une parabole sur son axe.*

C'est l'une des caractéristiques principales de ses travaux. Archimède propose d'abord de réaliser des mesures incroyables. On s'attend alors à quelque tricherie ou astuce – par exemple, qu'il coupe les coins (car sinon, comment mettre un carré dans un cercle ?). Et c'est à ce moment-là que

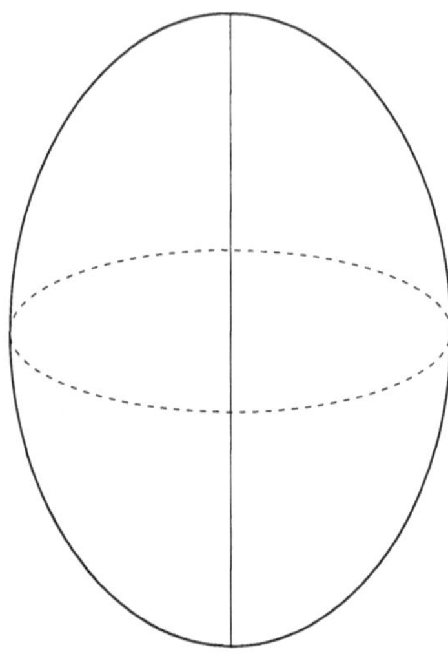

FIGURE 2.7 : *Un sphéroïde est un solide créé
par la rotation d'une ellipse sur son axe.*

son génie nous saisit. Le savant accumule des résultats sans pertinence apparente – des proportions entre ceci et cela ; il élabore des constructions particulières, sans lien direct avec le problème qui nous concerne. Puis, environ au milieu du traité, il nous démontre de quelle manière tous ces résultats s'imbriquent et « Bon sang ! nous exclamons-nous, il est en train de nous prouver la justesse de son analyse, et sans trucages ! ».

Dans chacun de ses travaux se dégagent une originalité et une finesse de raisonnement jamais vues auparavant. Pour toutes ces démonstrations, Archimède se sert des mathématiques de l'infini.

Dialogues imaginaires

Pour effectuer ces mesures, Archimède adopte des chemins détournés surprenants – c'est sa façon préférée de traiter un problème donné.

L'idée générale est la suivante : il applique une combinaison de « preuves indirectes » et d'« infini potentiel ».

La meilleure approche des preuves indirectes et de l'infini potentiel consiste à élaborer des dialogues imaginaires. La preuve indirecte est assez aisée à comprendre – vous l'avez probablement vous-même déjà expérimentée. Il s'agit de convaincre un tiers de la justesse de votre raisonnement. Disons, par exemple, que vous voulez convaincre votre interlocuteur que, quand vous tracez une ligne droite entre deux points placés sur la circonférence d'un cercle, tous les points de cette ligne se trouvent obligatoirement à l'intérieur du cercle. Aucun de vos arguments ne parvient à le persuader. Vous utilisez alors la preuve indirecte. Vous vous rangez à l'avis de votre interlocuteur et partez du principe inverse de votre idée de départ.

« Supposons qu'un point E tombe en dehors du cercle », concédez-vous (figure 2.8). Ensuite, vous suivez la logique de la démonstration, jusqu'à ce que vous parveniez à la conclusion suivante : la droite DZ est à la fois plus petite et plus grande que la droite DE. Mais une droite ne peut être à la fois plus grande et plus petite qu'une autre droite donnée. « Vous voyez – vous vous tournez à présent vers votre interlocuteur imaginaire – j'ai accepté votre énoncé de départ, mais le résultat est absurde. En conséquence, votre énoncé est obligatoirement erroné. Je l'ai prouvé indirectement. » Ce type de

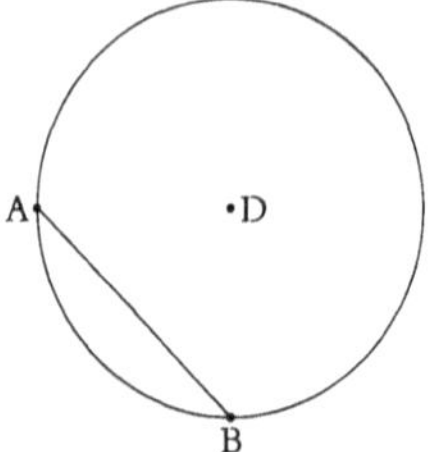

La droite AB ne doit jamais sortir du cercle.

Imaginons que cela se produise, avec la « droite » AEB.

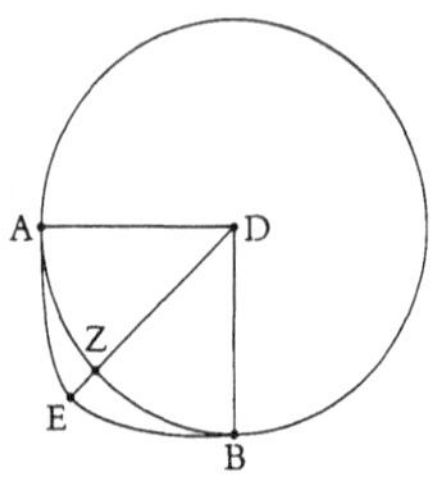

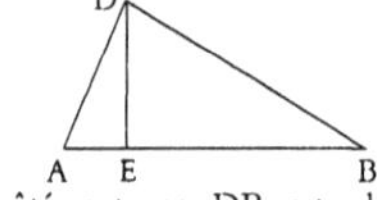

DE est plus grand que DZ, parce qu'il le contient : DE > DZ. DZ est égal à DB (tous deux sont des rayons du cercle), alors que DB est plus grand que DE. (Car dans un triangle tel, le côté externe DB est plus grand que le segment interne DE.) En conséquence, DZ est plus grand que DE : DZ > DE.

À la fois : DZ > DE et DE > DZ ⟶ contradiction !

FIGURE 2.8 : *Preuve indirecte : pourquoi une droite ne sort-elle jamais de son cercle ?*

raisonnement est l'une des marques de fabrique des mathématiques grecques.

L'infini potentiel n'a pas été inventé par Archimède, mais il s'est approprié ce concept dans une série d'applications originales. Vous vous rappelez le problème fondamental de la mesure d'un objet courbe : il ne peut être divisé en une infinité de triangles. Si on trace un nombre fini de triangles à l'intérieur du cercle, il y a toujours une partie de l'objet courbe « laissée de côté ». Maintenant, concentrons-nous sur la taille de cette pièce « laissée de côté ». Archimède développe un mécanisme, extensible à l'infini, d'inscription de triangles à l'intérieur de l'objet courbe. Il vaut mieux le traduire, cette fois encore, par un dialogue imaginaire.

Supposons que l'objet courbe soit rempli de telle sorte que la pièce « laissée de côté » n'est pas plus grosse qu'un grain de sable.

Un critique passe par là et fait remarquer qu'il y a toujours une différence de la taille d'un grain de sable.

— Vraiment ? s'exclame Archimède. Très bien, dans ce cas, je vais appliquer de nouveau mon mécanisme plusieurs fois. À la fin de l'opération, la zone laissée de côté est plus petite qu'un grain de sable.

— Attendez une minute, répond le critique, pas encore satisfait. La surface restante est toujours plus grande que la largeur d'un cheveu.

Archimède, qui ne se démonte pas, applique son mécanisme une nouvelle fois, réduisant la taille de la pièce abandonnée, maintenant plus fine qu'un cheveu.

— Non, non ! s'exclame le critique. La surface est toujours plus grande que celle d'un atome.

Le critique peut penser qu'il a eu le dernier mot, mais Archimède se contente de répéter l'opération.

— Vous voyez, rétorque-t-il au critique, la surface est plus petite que celle d'un atome – et ainsi de suite.

La différence ne cesse de s'amenuiser, de sorte que la pièce restante est plus petite que les surfaces successives données par le critique.

Le dialogue peut se poursuivre indéfiniment. C'est ce que les philosophes nomment l'« infini potentiel ». Nous n'allons jamais aussi loin que l'infini lui-même dans cette démonstration (Archimède ne mentionne jamais des surfaces *infiniment* petites, mais des surfaces qui peuvent être aussi petites que l'on veut). Mais nous nous autorisons à continuer *indéfiniment*. Ce processus, ajouté à la preuve indirecte, permet à Archimède de mesurer les objets les plus incroyables.

La quadrature de la parabole

À trois reprises, dans sa carrière, Archimède a prouvé que le segment parabolique – un objet courbe quelconque – est égal aux quatre tiers du triangle qu'il englobe. C'était sa mesure préférée. Plus tard, nous verrons sa mesure la plus spectaculaire, qui transcende la géométrie elle-même. Mais avant que nous puissions suivre les méandres de son imagination, étudions la méthode géométrique d'Archimède – fondée sur la combinaison de la preuve indirecte et de l'infini potentiel. C'est un argument extrêmement subtil, que même les mathématiciens professionnels ont beaucoup de mal à réfuter. Cela s'apparente à une affirmation fondée sur une double négation. Voilà comment ça fonctionne.

Nous voulons prouver que la surface de l'objet courbe est égale aux quatre tiers du triangle. Comment nous y prendre ? En partant du principe, bien sûr, que la surface de l'objet courbe n'est pas égale aux quatre tiers du triangle ! Après tout, c'est le principe même de la preuve indirecte.

Supposons donc que la surface de l'objet courbe soit plus grande que les quatre tiers du triangle :

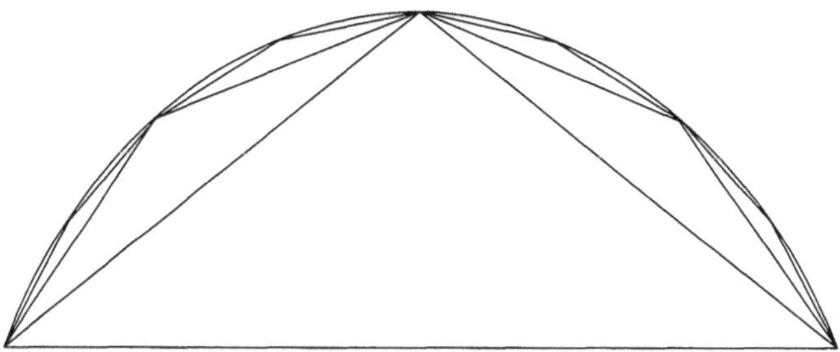

FIGURE 2.9-1 : *La parabole englobe un ensemble de triangles.*
Ce mécanisme permet de se rapprocher autant que possible
de la parabole. Nous supposons que la différence
avec la parabole est plus petite qu'un grain de sable.

1. La courbe est plus grande que les quatre tiers du triangle. Admettons que la différence est de l'ordre d'un grain de sable.

Pour ce type de démonstration, Archimède a un atout spécial dans sa manche. Il remplit la courbe de triangles de sorte que la différence entre les triangles et la courbe soit plus petite qu'un grain de sable !

Nous avons à présent deux objets côte à côte. L'un est courbe. L'autre est un produit du processus d'Archimède – un ensemble complexe de triangles, dont la différence avec l'objet courbe est plus petite qu'un grain de sable :

2. La courbe, moins le grain de sable, est plus petite que l'ensemble des triangles (voir figure 2.9-1).

À ce stade de la démonstration, Archimède laisse de côté les résultats obtenus jusqu'ici. La partie suivante de l'analyse est un autre exemple d'ingéniosité géométrique. Rappelez-vous que l'ensemble de triangles est un objet délimité par des lignes droites. Les quatre tiers du triangle englobé est aussi un objet délimité par des lignes droites. Par conséquent, tous deux peuvent être mesurés précisément par des outils simples. Il n'est donc pas surprenant qu'on puisse parvenir à une mesure précise en comparant l'ensemble des triangles aux quatre tiers du triangle englobé. Ce que Archimède obtient ainsi – en appliquant l'ingéniosité géométrique :

3. L'ensemble des triangles est plus petit que les quatre tiers du triangle englobé (voir figure 2.9-2).

À présent, rappelons-nous le résultat 1 : « La courbe est plus grande que les quatre tiers du triangle. » Disons que la différence est de l'ordre d'un grain de sable. Ou, exprimé autrement :

4. La courbe, moins le grain de sable, est égale aux quatre tiers du triangle.

Comparez ce résultat au résultat 2 : « La courbe, moins le grain de sable, est plus petite que l'ensemble des triangles. »

Le même objet est égal aux quatre tiers du triangle, mais est plus petit que l'ensemble des triangles. En d'autres termes, l'ensemble des triangles est le plus grand – il est plus grand que les quatre tiers du triangle, ce qui peut s'énoncer ainsi :

5. L'ensemble des triangles est plus grand que les quatre tiers du triangle englobé.

Ce qui n'a aucun sens si on se réfère au résultat 3 : « L'ensemble des triangles est plus petit que les quatre tiers du triangle qu'il contient. »
Les résultats 5 et 3 sont en totale contradiction. Il n'y a aucun moyen de les réconcilier. L'ensemble des triangles ne peut être à la fois plus grand et plus

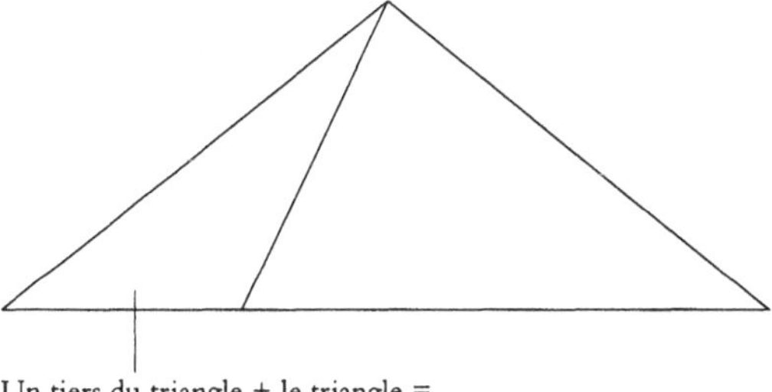

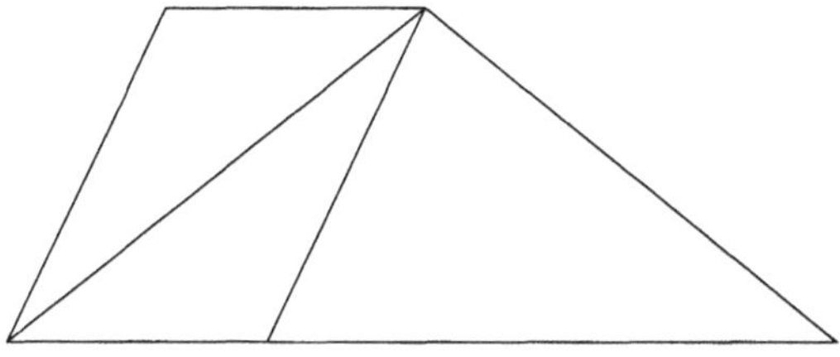

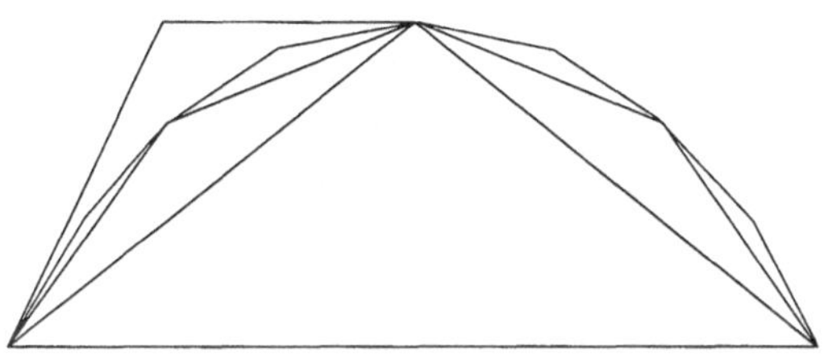

L'ensemble des triangles est plus petit que
les quatre tiers du triangle englobé.

FIGURE 2.9-2

petit que les quatre tiers du triangle qu'il contient.
En d'autres termes, il ne nous reste qu'une seule
option : conclure que notre assertion de départ était
fausse. La courbe n'est pas différente des quatre

tiers du triangle englobé. La courbe est donc égale aux quatre tiers du triangle englobé.

Voilà comment ce résultat est obtenu. La preuve indirecte associée à l'infini potentiel nous ont amenés à cette conclusion.

Au-delà de l'infini potentiel

À présent, revenons en arrière pour replacer ceci dans un contexte historique. Au XVIIe siècle, des mathématiciens ont trouvé un moyen d'appliquer la technique d'Archimède de façon plus générale (de sorte que, au lieu d'appliquer telle ou telle stratégie pour mesurer un objet donné, on dispose d'un principe général pour mesurer toutes les courbes).

Il s'agit du calcul qui est, comme nous l'avons déjà dit, le fondement de la science moderne. Les personnes directement à l'origine de ce principe sont Newton et Leibniz, et si vous voulez savoir lequel des deux est le plus méritant, vous n'êtes pas les seuls ! La bataille pour la précédence entre Newton et Leibniz est la querelle la plus célèbre – et la plus sordide – de toute l'histoire de la science. (La plupart des savants considèrent aujourd'hui qu'il s'agit d'un honorable match nul.)

Tous deux, en un sens, ont suivi les traces d'Archimède. J'irais même plus loin : Newton et Leibniz ont réussi à transcender le principe du calcul à partir de fondations instables. La logique sous-jacente de l'utilisation des infinis potentiels n'a pas été clairement définie par les inventeurs du calcul. Cette idée a été clarifiée au début du XIXe siècle, en particulier par le mathématicien français Cauchy – qui avait repris à son compte la méthode des dialogues imaginaires d'Archimède (« Donnez-moi une surface X, je vous trouverai toujours une différence plus petite que... »). À chaque étape, notre calcul, tout comme notre compréhension de l'infini potentiel, est archimédien. Quant à l'infini *actuel* – où l'on manipule un ensemble infini d'objets –, il n'était pas maîtrisé par des mathématiciens comme Newton ou Leibniz. Il n'a été explicité qu'à la fin du XIXe siècle, notamment par Cantor.

C'est alors que se produit une chose surprenante. En 2001, on découvre pour la première fois – contre toute attente – qu'Archimède connaissait l'infini actuel et l'avait utilisé dans ses mathématiques. Cette découverte, réalisée grâce au Palimpseste, est sans aucun doute la plus importante depuis sa réapparition.

Preuves et physique

Cette nouvelle découverte émane d'un passage de la *Méthode* qui n'avait jamais été lu auparavant. Ces travaux, parmi les plus fascinants d'Archimède, n'existent plus que dans le Palimpseste. Il est étonnant de constater que nulle part ailleurs Archimède ne regroupe ses deux centres d'intérêt : les mathématiques de l'infini et la combinaison des mathématiques et de la physique – soit la combinaison de principes de géométrie pure et de principes physiques. Tout est parti de la notion d'équilibre. Archimède fut le premier à prouver, mathématiquement, la loi de la balance : les objets s'équilibrent quand leurs poids sont réciproques de leur distance par rapport au point d'équilibre.

Dans la *Méthode*, il va plus loin et expérimente une surprenante technique. Il prend des objets géométriques et imagine qu'ils sont disposés sur une balance. Il utilise ensuite leurs poids (c'est-à-dire, leurs longueurs et surfaces) ainsi que leur distance depuis un centre, pour mesurer des propriétés purement géométriques. La loi de la balance devient un instrument de géométrie plutôt que de physique.

Cette étude ne figurait pas parmi les documents envoyés à Dositheus. Comme Archimède accordait une grande valeur à cette théorie, il l'avait envoyée à l'intellectuel le plus influent de son époque : Ératosthène. Cet érudit avait écrit sur tous les sujets – de Homère à l'astronomie, des nombres premiers à Platon. Il était surnommé « Bêta », en référence au fait qu'il était second en toutes choses... Archimède, qui se voyait manifestement comme premier dans son propre domaine, vouait à Ératosthène le plus grand respect, mais il paraissait tout le temps vouloir le taquiner – comme s'il disait : « Attrape-moi si tu peux ! »

La *Méthode* est le traité le plus fascinant d'Archimède, en partie parce que c'est le plus énigmatique. Archimède sous-entend qu'il a découvert une méthode puissante pour trouver des résultats mathématiques, sans cependant les démontrer. Mais il n'explique jamais quelle est exactement cette méthode ni pourquoi il ne dispose d'aucune preuve. Il laisse planer le mystère, soulevant une sorte d'énigme que le lecteur doit résoudre – à commencer par Ératosthène puis, depuis la découverte de la *Méthode* au XXe siècle, par les historiens des mathématiques anciennes. Tout un chacun a une théorie à propos de la *Méthode*. Nous devons étudier cette énigme – et une relecture du Palimpseste nous permettra peut-être de mieux la comprendre.

Bien sûr, Archimède ne prétendait pas être le pionnier des mathématiques physiques grâce à sa seule *Méthode*. Parmi ses travaux dans ce domaine, deux œuvres majeures existent toujours : *De l'équilibre des figures planes* et *Des corps flottants*. Dans *De l'équilibre des figures planes*, que nous examinerons plus tard, Archimède trouve le centre de gravité d'un triangle, l'un des résultats clés de la science statique. *Des corps flottants* pose les bases d'une autre science, la science hydrostatique. Cet ouvrage avait fourni à Vitruve le canevas de sa charmante et fantaisiste histoire sur Archimède et les éclaboussures de son bain. Le savant avait sans doute fait des éclaboussures, il s'était peut-être mis à courir nu dans la rue, mais il ne s'était sûrement pas écrié « Eureka ! » à propos d'une observation aussi triviale que « les objets les plus volumineux provoquent les déplacements d'eau les plus importants ». Non, la déduction faite dans *Des corps flottants* est bien plus subtile et sophistiquée. Voici son principe.

Dans une masse de liquide stable, chaque colonne d'eau de volume égal doit aussi avoir un poids égal – si ce n'est pas le cas, le liquide se déplace du plus lourd vers le plus léger (c'est pourquoi la surface de la mer est étale). Ce principe doit rester vrai quand un solide est immergé dans une telle colonne de liquide. En d'autres termes, si nous immergeons un solide dedans, le poids total du liquide et du solide doit être égal à celui d'une colonne de liquide de même volume. Il s'ensuit que le solide doit perdre une partie de son poids – et un calcul complexe d'Archimède démontre qu'il doit perdre un poids égal à celui du volume d'eau déplacé.

Ceci explique pourquoi nous nous sentons plus léger dans notre bain. En effet, cela nous dit précisément *combien* nous devons nous sentir plus légers dans notre bain. Voilà de quoi crier *Eureka !* Parce que, voyez-vous, par le seul pouvoir de la pensée, Archimède est capable de dire ce qui va se produire dans le monde physique ! Ce pouvoir est fascinant dans la science d'Archimède - c'est ce que Galilée et Newton ont étonnamment réussi à imiter. De sorte que, finalement, Newton a découvert, par le pouvoir de la pensée pure - aussi bien que par le calcul - comment les planètes devaient se mouvoir. Et, grâce aux réalisations d'Archimède, Newton a posé les bases de la science à venir.

Puzzles et nombres

La science de Newton était sobre, contrairement à celle d'Archimède. Archimède était célèbre pour ses canulars, ses énigmes, ses voies détournées. Ses figures, mêlées à ses écrits, témoignaient de sa personnalité. La science - tout comme les mathématiques - est loin d'être aride et impersonnelle. C'est le lieu où l'imagination est libre de vagabonder. Ainsi, de l'imagination féconde d'Archimède naquit un jeu étrange dénommé le *Stomachion* ou « maux d'estomac » (y réfléchir vous nouait l'estomac !). Il s'agit d'un puzzle *tangram* de quatorze pièces qui forment un carré. Archimède pose la question suivante : quel est le principe mathématique sous-jacent à ce puzzle ?

Question épineuse pour les scientifiques modernes. Depuis 1906, nous savions qu'Archimède avait écrit un traité intitulé le *Stomachion* au sujet de ce puzzle. Mais qu'essayait-il de prouver au juste ? Nous n'avions à notre disposition qu'un seul bifolio du Palimpseste – l'un des plus endommagés. Heiberg avait tiré peu d'enseignements des quelques passages en grec, car il ignorait tout des mathématiques.

Mais les techniques d'imagerie nous permirent finalement d'en approfondir la lecture et en 2003, je réussis à donner une interprétation du *Stomachion* – la première jamais donnée à l'époque moderne. D'après moi, Archimède tentait de calculer le nombre de combinaisons de carrés possibles à partir des quatorze pièces originales. Il y a en effet plus d'une solution à ce problème, comme le montre la figure 2.10. En réalité, il existe 17 152 solutions distinctes.

L'élément le plus frappant de cette interprétation n'est pas le nombre élevé de solutions lui-même. Si je ne me suis pas trompé sur les intentions d'Archimède (et la plupart des historiens soutiennent ma théorie), Archimède est le tout premier auteur de la science combinatoire – la branche des mathématiques dont le but est de calculer le plus grand nombre de solutions possibles pour un problème donné. Telle fut la deuxième découverte majeure réalisée grâce au Palimpseste.

Le domaine de la combinatoire est au cœur de la science informatique moderne, mais il n'existait aucune application de ce type à l'époque d'Archimède. De plus, cette méthode d'analyse est très différente des études géométriques généralement à l'œuvre dans les mathématiques grecques.

En effet, le *Stomachion* apparaît comme une exploration fantaisiste. La recherche d'un nombre de solutions génère tout un réseau de calculs

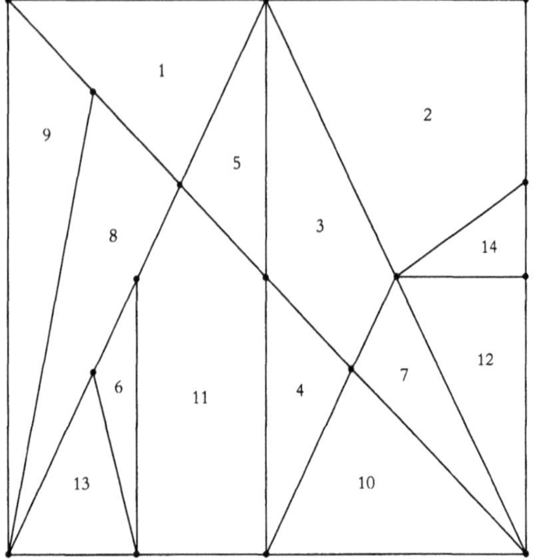

Deux autres solutions

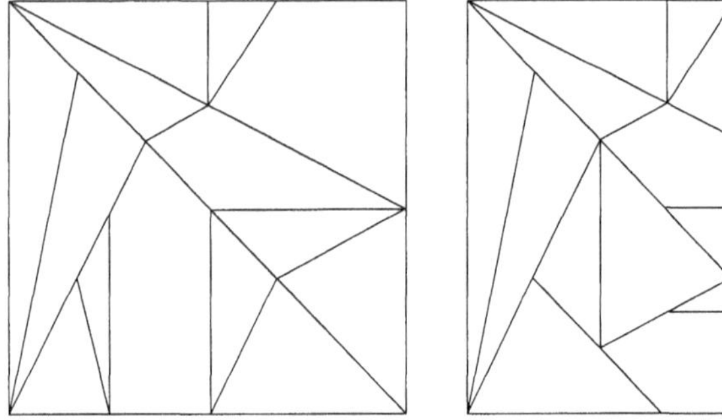

FIGURE 2.10 : *Le* Stomachion.

complexes. Archimède était un maître en la matière et il s'était lancé dans la recherche de nombres énormes et de combinaisons surprenantes. Il existe aujourd'hui encore un traité d'Archimède intitulé *L'Arénaire*, dans lequel il calcule le nombre de grains de sable nécessaire pour remplir l'univers (pour ce faire, il a besoin d'une estimation de la taille de l'univers – et il mentionne celle de son père). Ensuite, il donne une approximation incroyablement précise du ratio entre un cercle et son diamètre (connu aujourd'hui comme le nombre π). Il réussit à définir que ce nombre est plus petit que le ratio entre 14 688 et 4 673,5, mais plus grand que le ratio entre 6 336 et 2 017,25 – ce qu'il simplifie (perdant un brin de précision, mais gagnant largement en clarté) à un ratio plus petit que trois plus un septième, et plus grand que trois plus dix soixante-onzième. Ce calcul incroyable est fondé, non pas sur le traitement de séries d'infinis potentiels, mais sur l'idée que, comme pour la circonférence d'un cercle, le calcul précis étant impossible, l'approximation est une méthode plus efficace.

Ainsi, Archimède calcule non pas la circonférence d'un cercle, mais celle d'un polygone de quatre-vingt-seize côtés – ce qui, à l'œil nu, revient pratiquement au même (figure 2.11).

Mais le calcul le plus fantaisiste réalisé par Archimède est sans doute celui du bétail d'Hélios. Ses lecteurs connaissaient le contexte grâce à leurs souvenirs de *l'Odyssée*. Dans le Livre XII, l'équipage d'Ulysse débarque sur l'île de Thrinacia, gouvernée par le dieu Hélios. Au mépris des conseils d'Ulysse, les membres de l'équipage ne résistent pas à l'envie d'abattre le bétail d'Hélios – grâce auquel ils festoient durant sept jours ! Après cela, *l'Odyssée* raconte qu'ils sont atrocement punis pour cette transgression. D'après la tradition, l'île légendaire était la Sicile, de sorte que cette histoire fut interprétée comme une prophétie, un avertissement pour tous ceux qui seraient tentés d'envahir la Sicile.

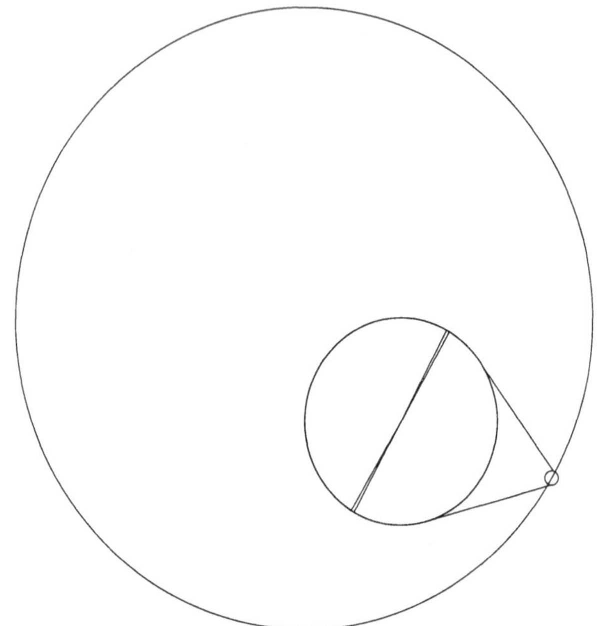

FIGURE 2.11 : *Un polygone de quatre-vingt-seize côtés dans un cercle. Le cercle intérieur montre un détail agrandi du polygone à quatre-vingt-seize côtés à l'intérieur du grand cercle.*

Archimède utilisa cette anecdote pour créer une nouvelle énigme, un puzzle calculatoire sous forme de poème :

Mesure pour moi, mon ami, le nombre de bêtes du troupeau d'Hélios,
    Fais preuve d'application et de sagesse :
    Combien de bêtes ont-elles jadis foulé les plaines de Sicile,
    De l'île thrinacienne, réparties en quatre troupeaux,

De couleurs variées...

[Le texte se poursuit sur quatre pages, avec de nombreuses contraintes mathématiques, telles que :]

... Les taureaux blancs

en nombre égal à la moitié, augmentée du tiers des taureaux noirs

auxquels s'ajoutent tous les jaunes...

Pour résumer, Archimède élabore un problème arithmétique à huit inconnues (il y a quatre troupeaux - noir, blanc, jaune et bigarré -, chacun divisé en taureaux et en vaches) avec sept équations (par exemple : [taureaux blancs] = 5/6 [taureaux noirs] + [taureaux jaunes]) et deux supplémentaires - un problème complexe dont les solutions doivent manifestement correspondre à des nombres entiers (il n'y a pas de demi-vache).

Tenter de résoudre ce problème s'avère être une transgression aussi fatale que l'abattage des bêtes par l'équipage d'Ulysse. Faites-le à vos risques et périls : les mathématiciens modernes ont démontré que la plus petite solution correspond à un nombre de 206 456 chiffres.

C'était un jeu. La présentation ci-dessus - avec les courtes phrases métriques - n'est pas un trait d'esprit de ma part. Archimède avait bel et bien posé le problème en vers. Un poète-mathématicien ! L'idée peut paraître absurde, mais c'était naturel de la part d'Archimède, dont la science entière était fondée sur un sens du jeu et de la beauté, ainsi que des significations cachées.

Dans ce cas, il ne fait aucun doute que la signification cachée a trait - entre autres choses - à la politique. Archimède suggérait que personne ne devait s'attaquer à la Sicile. Nombreux sont ceux qui avaient essayé et le savant avait toujours défendu son île natale. Ceci, au final, nous ramène à des faits historiques de la vie d'Archimède.

Mort et vie après la mort

Syracuse était la cité phare de la Sicile – le pivot entre l'est et l'ouest de la Méditerranée. Maints envahisseurs avaient déjà tenté de s'en emparer. Les plus célèbres sont les Athéniens, en 415 av. J.-C. Athènes avait tenté de précipiter l'issue de la guerre du Péloponnèse en s'emparant des richesses de la Sicile. L'échec retentissant de cette expédition avait marqué la fin de l'empire athénien.

Aussi, en 214, les Syracusiens avaient attendu avec une certaine confiance l'attaque des Romains. Depuis une génération, Syracuse, nominalement libre, était empêtrée dans la sphère d'influence romaine. Il ne fait pas de doute qu'Archimède – comme nombre de ses concitoyens – était impatient de se débarrasser du contrôle indirect que Rome exerçait sur la Sicile. Les récentes victoires d'Hannibal sur les Romains donnaient à penser que ce n'était pas impossible. Syracuse se rangea ouvertement du côté des Carthaginois. Si les Romains ne parvenaient pas à s'emparer de Syracuse, leur destin serait scellé à celui des Carthaginois. Car, par l'intermédiaire de la Sicile, Hannibal se ravitaillerait, pendant que les Romains se remettraient péniblement de leurs récentes défaites. Affaiblis, les Romains ne pourraient tenir indéfiniment le siège de la ville. Le destin de la Méditerranée reposait donc sur une inconnue : Syracuse pouvait-elle résister suffisamment longtemps ?

Au siècle précédent s'était produite une révolution militaire. Les hoplites – des fantassins lourdement armés – ayant envahi les champs de bataille, une nouvelle forme d'art de la guerre était née. Le siège. Dans le monde antique, la course aux armements revenait à ériger de hauts murs pendant que, dans le même temps, les forces militaires construisaient un arsenal de catapultes – machines qui participaient de la révolution militaire. En principe, une catapulte n'est rien d'autre qu'un énorme ressort qui, une fois relâché, permet de propulser un rocher censé écraser un mur ou un groupe d'hommes. Cette arme pouvait s'avérer très efficace et abattre des défenses particulièrement robustes. Mais avant tout, il fallait transporter les catapultes face aux murs d'enceinte, où elles étaient exposées aux tirs des catapultes ennemies, positionnées à l'intérieur des murs.

Les Romains s'attendaient à ce que les Syracusiens projettent sur eux des pierres. Mais ils furent pris par surprise. Ici, je cite Polybius, un historien très sérieux qui relata les événements peu de temps après – c'est notre meilleure source d'informations sur la vie d'Archimède.

Mais Archimède, qui avait construit des machines capables d'envoyer des projectiles à n'importe quelle distance, causa d'importants dommages aux bateaux des assaillants (les Romains avaient lancé le premier assaut par la mer), grâce à ses catapultes les plus puissantes, ce qui dérouta totalement l'ennemi. Puis, lorsque ses machines envoyaient des rochers à trop longue distance, il en utilisait d'autres, au champ d'action plus restreint, qu'il adaptait toujours à la distance des positions de l'ennemi pour, à terme, briser leur courage et stopper totalement leur progression...

[Les Romains abandonnèrent l'assaut, comme le résume alors Polybius :] *Cet incroyable exploit fut l'œuvre d'un seul homme... Les Romains, aussi forts sur terre que sur mer, auraient eu toutes les chances de s'emparer de la ville si un seul vieil homme de Syracuse ne s'était dressé contre eux. Mais tant qu'il fut présent, ils ne se risquèrent plus à assiéger la ville...*

Que fit Archimède ? Après tout, les catapultes existaient déjà bien avant lui. Ce qui dérouta totalement les Romains, c'était la portée et la précision des jets de catapulte. Il n'y avait aucun « espace libre » sur le champ de bataille, ce qui était crucial. Autrement, l'ennemi aurait pu trouver ces espaces et se déplacer en toute sécurité de l'un à l'autre, anéantissant le système de défense syracusien. Comment éviter de laisser des espaces libres dans la visée des catapultes ? C'était un problème de taille, qui ne pouvait être résolu par de simples tests. Il fallait trouver un principe de construction de catapulte ordonné – de sorte que depuis une position précise, elle couvre un certain champ d'action.

Ce principe de base induit un problème de géométrie complexe. La force de propulsion d'une catapulte est environ équivalente à sa masse (ce qui détermine la force physique qu'elle peut exercer). Cela, en fait, équivaut grosso modo à son volume. À présent, comment mesurer son volume ? De la même façon que l'on calcule une surface : en multipliant les dimensions (deux pour les surfaces, trois pour les volumes). Comme un solide compte trois dimensions, son volume est équivalent au calcul cubique de ses trois dimensions linéaires. Supposons que vous disposiez d'une catapulte d'un mètre de long et que vous vouliez la transformer en une catapulte deux fois plus puissante. Lui donner une longueur de deux mètres serait vraisemblablement une erreur : une catapulte de deux mètres de long ne serait pas deux fois plus puissante mais huit fois plus puissante. Donc, comment la rendre deux fois plus puissante ? Pour cela, nous devons trouver la racine carrée de deux (qui est environ de 1,26) et d'augmenter ensuite sa longueur (ainsi que les autres mesures linéaires) de ce ratio. La trouvaille des racines carrées était loin d'être aisée. En fait, c'est un principe de mathématiques très avancées. Les mathématiciens grecs s'étaient déjà attaqués au problème, mais il existait peu de solutions permettant des applications pratiques. On sait peu de chose d'Archimède, mais il avait à n'en pas douter trouvé une technique efficace et l'avait appliquée en 214.

Mais je le soupçonne d'avoir fait plus que cela. Ceci est pure extrapolation de ma part. Après tout, puisque Archimède pouvait dire où un projectile devait atterrir - en imaginant la courbe décrite par ce projectile - n'avait-il pas ensuite focalisé son attention sur le problème de la représentation du mouvement d'un projectile à l'aide d'une courbe géométrique ? N'avait-il pas utilisé cette courbe - sa très chère parabole - afin de positionner ses catapultes ? C'est ce que ses héritiers, Galilée et Newton, réalisèrent, à partir de techniques mathématiques proches de celles d'Archimède. Galilée avait tracé le mouvement d'un projectile, Newton, celui des planètes, utilisant précisément ces paraboles. Assurément, Archimède a dû résoudre de sérieux problèmes en construisant ses machines !

Telle est la légende : Archimède aurait résolu ces problèmes en 212 av. J.-C. Les forces romaines faiblissaient et le génie d'Archimède aurait pu triompher du pouvoir de Rome. Mais la vanité s'insinua à Syracuse. Pendant que les habitants de l'île célébraient un festival, un déserteur informa les Romains que les sentinelles, ivres, avaient déserté leur poste. Le général romain Marcellus envoya rapidement un groupe de soldats pour occuper leurs positions sur le mur et, comme toujours dans ce genre de combat, une fois qu'une brèche est ouverte, la partie est terminée. Bientôt, la cité fut envahie par les Romains. Ceux-ci n'avaient aucune raison de faire preuve de compassion : Syracuse espérait la chute de Rome et à présent, Rome lui rendait la monnaie de sa pièce. Le pillage fut sans précédent, même pour les Romains – qui emportèrent absolument tout ce qu'ils purent.

On raconte que le butin contenait un immense planétarium – une merveille scientifique, réalisée par Archimède lui-même. Marcellus avait émis le souhait de capturer Archimède et de le ramener à Rome en personne, mais – comme cela se produisit souvent au cours de l'Histoire – le pillage fut doublé d'une vague insensée de meurtres. La légende, racontée par Plutarque, est célèbre.

Il était seul, occupé à résoudre un problème à l'aide d'un diagramme dessiné dans le sable. Les yeux et l'esprit fixés sur l'objet de sa réflexion, il ne remarqua pas l'invasion des Romains ni la prise de la cité. Inopinément, un soldat survint et lui ordonna de le suivre pour être mené à Marcellus. Comme il refusait d'obtempérer tant que son problème n'était pas résolu, le soldat, devenu fou de rage, brandit son sabre et le transperça...

Voilà pour la légende. (Plutarque lui-même en a relaté différentes versions, mais la vérité est sans doute encore tout autre.) Cependant, c'est une légende appropriée. De nombreux profanes ont failli anéantir le legs scientifique d'Archimède parce qu'ils ne le comprenaient pas. Mais son œuvre a survécu.

Nous pouvons conclure avec un fait historique sérieux, plutôt qu'une légende. Retrouvons Cicéron en l'an 75 av. J.-C. Archimède était décédé depuis 137 ans. La Sicile était une province romaine, dans une partie de la Méditerranée assujettie à Rome. Cicéron était questeur – un officiel haut placé – sur l'île. C'était aussi un homme cultivé, qui vouait un profond respect à l'héritage scientifique grec. Ayant appris l'existence de la vieille tombe d'Archimède, il réussit à la localiser, alors qu'elle avait été oubliée durant de longues années. Sur la tombe, l'ancienne inscription (à la demande d'Archimède) était toujours visible : une sphère dans un cylindre.

Archimède démontra que la sphère était toujours égale aux deux tiers du cylindre – une pièce maîtresse du raisonnement qui lui permit de se rapprocher le plus possible de la quadrature. Archimède découvrit des vérités premières profondes et révolutionnaires. En temps et en heure, elles éclaireraient notre science. Mais d'abord, ses travaux devaient survivre – traverser les océans mouvementés de l'Histoire afin que, sur une autre rive, la science moderne puisse naître.

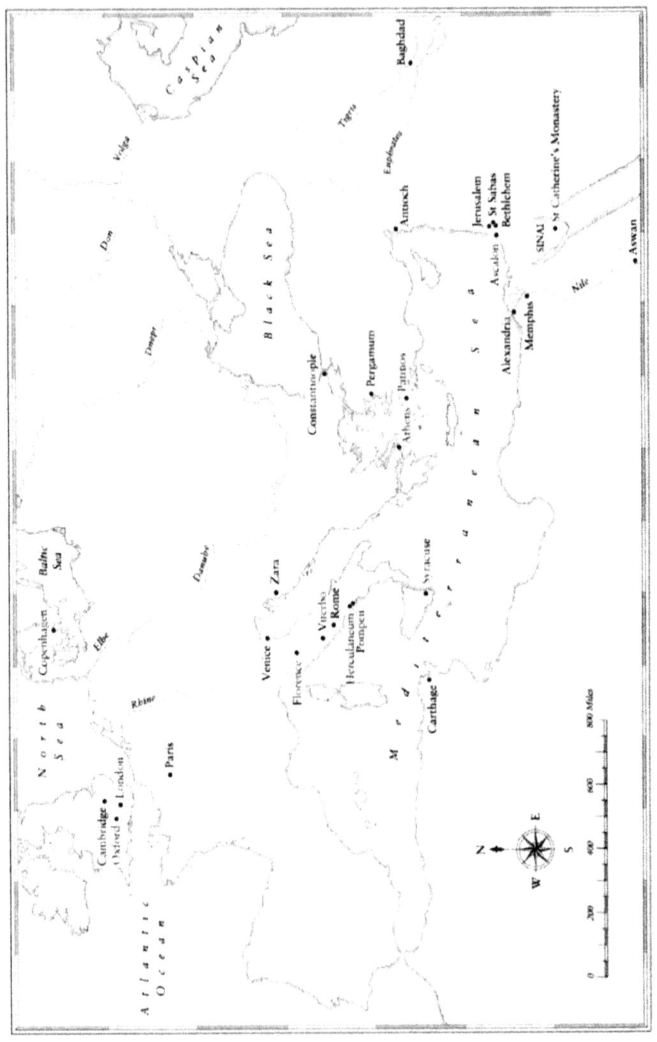

Caspian Sea
Baghdad
Tigris
Euphrates
Volga
Don
Black Sea
Antioch
Jerusalem
St Sabas
Bethlehem
St Catherine's Monastery
Ascalon
SINAI
Aswan
Nile
Alexandria
Memphis
Dnepr
Constantinople
Pergamum
Patmos
Athens
Mediterranean Sea
Baltic Sea
Copenhagen
Elbe
Danube
Zara
Venice
Viterbo
Rome
Herculaneum
Pompeii
Florence
Syracuse
Carthage
Rhine
North Sea
Paris
Cambridge
Oxford
London
Atlantic Ocean
N
E
S
W
0   200   400   600   800 Miles

3.

La grande course, partie I
Avant le Palimpseste

M. B. m'envoya une seconde lettre, mais cette fois, elle ne contenait pas un chèque. Il s'agissait des minutes du procès du Palimpseste, qui se poursuivait depuis la vente. Dans leurs transcriptions, les avocats de Christie's expliquaient qu'une exposition pour présenter le manuscrit était déjà prévue par un grand musée de Baltimore.

Parfois, je suis un peu lent à comprendre les choses, mais il m'apparut soudain que j'étais l'homme qui allait devoir présenter le manuscrit au public. Comme le livre ne faisait pas l'objet d'une exposition à lui tout seul, je décidai de réaliser un film retraçant l'histoire du Palimpseste. Je me mis en relation avec John Dean, un réalisateur, devenu aujourd'hui un ami cher.

Il prit des billets d'avion - heureusement pour la Sicile et non pour Samos (il en savait plus que moi) - et nous survolâmes la Méditerranée pour les besoins du film. Durant le trajet, John chantait et sympathisait avec tout le monde. Nous avions deux semaines pour résumer 2 200 ans d'Histoire.

Le film retraçait l'histoire d'une course. Ce périple eut lieu au cœur du monde méditerranéen. C'était une course pour la survie, une véritable épopée. Archimède chevauchait un âne – le souci du scientifique et le soin d'un scribe. Ses adversaires ? Les pur-sang de la destruction : la guerre, l'indifférence et la seconde loi de la thermodynamique. Pour que ses travaux survivent, Archimède devait garder une longueur d'avance sur ses concurrents durant toute la durée de la course. Ses traités devaient être plus souvent réécrits qu'effacés. Tous les auteurs de l'Antiquité participaient à la même course et affrontaient les mêmes dangers. Mais pour la plupart d'entre eux, grâce à la presse typographique de Johannes Gutenberg, la course se termina à la fin du XVIe siècle. À partir de 1454, ces auteurs descendirent de leur âne et grimpèrent sur Pégase, le cheval ailé. Même les pur-sang de la destruction ne pouvaient rattraper la presse typographique. Mais l'invention de Gutenberg n'eut lieu que 1 666 ans après la mort d'Archimède. Et à la faveur d'une série de circonstances étonnantes, la course d'Archimède n'était toujours pas terminée au XIXe siècle et le dernier tour a lieu aujourd'hui dans le Nouveau Monde.

Une lettre est écrite

Le coup d'envoi fut donné en Italie – un peu comme dans un match de football. Sauf que le ballon n'était pas une sphère, mais un triangle. C'était ainsi que les anciens voyaient l'île de la Sicile. John Dean et moi avons atterri à Palerme, à l'angle ouest du triangle. Nous avons roulé jusqu'au centre, à

Piazza Armerina, puis nous avons continué en direction de l'angle sud-est, laissant l'Etna sur notre gauche. Enfin, nous sommes arrivés dans la ville natale d'Archimède, Syracuse. Nous sommes descendus dans l'hôtel favori de Winston Churchill. Nous avons flâné dans les rues arpentées par Archimède, nous nous sommes assis dans le théâtre où il regardait des pièces, nous avons visité les autels où il s'était recueilli et suivi les murs d'enceinte qu'il avait défendus. Très haut dans la ville, sur la plaine d'Epipolae, subsistent les ruines impressionnantes de la forteresse d'Euryale. En avril 1999, elle était éblouissante, avec ses remparts blancs au cœur d'un massif de fleurs sauvages. La vue était splendide et nous distinguions le port juste en dessous de nous, à l'est.

De Syracuse, juste avant la deuxième guerre punique, Archimède avait écrit une lettre à un ami. Elle commençait ainsi :

Archimède à Ératosthène : Félicitations ! Maintenant que je sais que vous êtes un homme appliqué, un excellent professeur de philosophie, intéressé par toute investigation mathématique qui vous serait soumise, j'ai pensé qu'il était approprié de vous écrire et de vous envoyer une certaine méthode... Je suppose que certains, parmi nos concitoyens ou les générations futures, seront capables, grâce à la méthode ici expliquée, de trouver d'autres théorèmes qui n'ont pas encore été soumis à notre sagacité.

Il est tentant de prendre l'histoire écrite comme des faits avérés du passé. Mais c'est une erreur, et si nous nous égarons sur ce chemin, nous risquons de ne jamais atteindre la vérité.

Nous savons avec certitude qu'un grand homme du IIIe siècle av. J.-C. avait écrit une lettre personnelle à un ami. C'est une information extraordinaire. Chose incroyable, nous connaissons également une grande partie de son contenu et nous savons même à quoi elle ressemblait.

La lettre était composée de feuilles de papyrus enroulées autour d'un noyau de bois. En d'autres termes, il s'agissait d'un rouleau. Le papyrus est une plante fibreuse qui pousse en abondance dans le delta du Nil. Les rouleaux de papyrus constituaient un papier à lettres de choix dans la Méditerranée antique. La fibre était découpée en bandes, à la base de la plante, qui étaient ensuite juxtaposées parallèlement, de manière à se chevaucher légèrement. Puis une seconde série de bandes était appliquée perpendiculairement sur la première. Les deux surfaces étaient aplanies ensemble à l'aide d'un maillet, puis collées afin de fournir une bonne surface d'écriture. Des sections étaient parfois collées ensemble pour réaliser des rouleaux de différentes longueurs.

Les rouleaux étaient fabriqués en Égypte, puis distribués un peu partout dans le monde depuis Alexandrie, le plus grand port de l'Antiquité. Pour écrire sur le rouleau, Archimède se servait d'un instrument à plume. Il n'écrivait que sur un côté de la feuille – celui où les bandes de papyrus étaient disposées horizontalement. Il écrivait en colonnes serrées de lettres capitales, non pas dans la largeur mais dans la longueur du rouleau. Il n'y avait pas d'espaces entre les mots ni de ponctuation virtuelle, telle que nous la connaissons aujourd'hui. Les diagrammes, qui faisaient selon lui partie intégrante du texte, étaient insérés dans les colonnes de textes, pour illustrer son propos.

Une fois la lettre terminée, Archimède la confia à un bateau en partance pour Alexandrie. Son rouleau allait faire un périlleux voyage jusqu'à sa ville d'origine. Si Archimède avait conservé une copie de son envoi – comme c'était souvent le cas – celle-ci a été perdue. Peut-être avait-elle péri avec Archimède durant le siège de 212 av. J.-C.

Donc, une fois que le bateau eut quitté le port, le destin de cette lettre n'était plus entre les mains du savant. Mais ce n'était pas une lettre ordinaire : c'était sa *Méthode*.

À la bibliothèque

La ville d'Assouan, en Égypte, se trouve sur le tropique du Cancer. Cela signifie que le 21 juin, à midi, les immeubles ne projettent aucune ombre. Ce n'était pas le cas à Alexandrie. À la même date et à la même heure, une petite ombre bordait les murs nord. Même si les murs des deux villes étaient verticaux et que les rayons du soleil étaient pratiquement parallèles, les murs formaient des angles différents avec ces rayons. Les murs verticaux d'Assouan formaient un angle de 7° avec ceux d'Alexandrie.

Pour Ératosthène, il était évident que la surface de la Terre – le sol sur lequel reposaient les deux villes – était courbe. En mesurant la distance entre Assouan et Alexandrie, qui se rapportait à un angle de 7° sur les 360 de la circonférence de la Terre, il donna une estimation de cette circonférence. Ératosthène établit ce raisonnement au IIIe siècle av. J.-C. et estima la circonférence à 250 000 *stadia* (sachant qu'un *stadion* équivalait à environ 625 pieds) soit environ 47 000 km. Cette mesure est remarquablement proche de la valeur communément admise aujourd'hui (40 000 km) – un calcul brillant. C'est en raison de tels faits d'armes qu'Archimède envoya sa *Méthode* à Ératosthène. Et grâce à ses connaissances hétéroclites, Ératosthène fut nommé directeur de la grande bibliothèque d'Alexandrie en 235 av. J.-C.

À l'époque d'Ératosthène, Alexandrie était une jeune cité. Fondée le 7 avril 331 av. J.-C. par Alexandre le Grand, elle devint bientôt la capitale de l'Égypte, à la place de Memphis. Depuis l'an 305 av. J.-C. régnait Ptolémée I Sôter, fondateur de la dynastie qui régna sur l'Égypte jusqu'au suicide de Cléopâtre en l'an 30 apr. J.-C. Sous l'ère ptolémaïque, Alexandrie devint un riche terreau de culture grecque. En 280 av. J.-C., un Temple aux Muses – le premier musée du monde – fut créé. Il était abrité dans un palais composé d'un ensemble complexe de bâtiments comprenant un immense hall de réception, une promenade couverte et une galerie garnie d'alcôves et de bancs, à l'usage de la communauté scolastique. C'était là qu'Ératosthène et d'autres savants passaient leurs journées à se promener dans les allées, débattre de sujets tels que la circonférence de la Terre et, occasionnellement, lire les lettres de leur ami Archimède.

La bibliothèque recelait la plus grande collection de textes du monde antique. En cinquante ans, elle s'était rapidement étoffée, grâce à la volonté des érudits de mettre systématiquement par écrit et de conserver la somme des connaissances du monde tel qu'il existait alors. Au milieu du IIIe siècle av. J.-C., un catalogue de la bibliothèque fut établi par Callimaque de Cyrène, intitulé *Catalogue des auteurs éminents dans diverses disciplines*. Une réalisation monumentale qui comportait cent vingt rouleaux. Il était divisé en catégories où les auteurs étaient classés par ordre alphabétique, d'après la première lettre de leur nom.

Il ne fallut sans doute pas plus de deux semaines au bateau transportant la lettre d'Archimède pour rallier le port d'Alexandrie, si les vents étaient cléments. Après avoir fait une offrande au dieu Poséidon pour qu'il veille sur leur voyage, le messager avait dû remettre le rouleau à son destinataire – le bienveillant Ératosthène, un homme de confiance, gardien et protecteur des rouleaux. Ératosthène avait probablement placé la lettre d'Archimède dans la section de la bibliothèque consacrée aux textes scientifiques, aux côtés d'autres rouleaux contenant les traités du même auteur. Il est fort probable qu'Ératosthène ait fait faire des copies de la lettre. Telle était sans doute le vœu d'Archimède, lui qui avait tant d'espoir d'être lu par les générations futures. L'une de ces copies avait dû être conservée dans l'enceinte du Temple de Sérapis, non loin de la bibliothèque. Les rouleaux du « Serapeum » – comme on le désignait – étaient des copies accessibles non seulement aux érudits, mais aussi à tout un chacun.

Ératosthène vécut jusqu'à environ quatre-vingts ans. À la fin de sa vie, il était aveugle et on raconte qu'il s'est laissé mourir de faim. Mais il avait fait tout son possible pour conserver les travaux Archimède, et c'est tout à son honneur.

Nous savions que la lettre d'Archimède était arrivée à Alexandrie car, au Ier siècle apr. J.-C., un certain Héron en lut une copie. Héron écrivit un traité – *Metrica* – qui mentionnait la *Méthode* : « Le même Archimède démontre dans le même livre [la *Méthode*] que si, dans un cube, sont insérés deux cylindres dont les bases sont tangentes aux faces du cube, la partie commune aux deux cylindres occupera les deux tiers du cube. Ce principe est utile pour la construction de voûtes selon cette méthode... »

Héron s'intéressait aux travaux d'Archimède pour l'édification de voûtes croisées, pour laquelle des espaces cylindriques sont taillés dans des blocs rectilignes. C'était la spécialité de Héron qui écrivit également un traité sur le sujet. En suivant les traces des traités d'Archimède, nous verrons que maintes personnes y puisaient des connaissances afin de résoudre des problèmes techniques concrets.

Remarquez, cependant, combien le fil de l'histoire de l'œuvre d'Archimède est ténu. Le traité *Metrica* ne nous est parvenu qu'en un seul exemplaire. Et nous avons la certitude que Héron se trouvait à Alexandrie, au Ier siècle apr. J.-C., parce que le Soleil, la Lune et la Terre opéraient des mouvements très réguliers les uns par rapport aux autres. En effet, dans un autre traité – *Dioptra* –, Héron nous livre le témoignage oculaire d'une éclipse de Lune qui aurait eu lieu le dixième jour avant l'équinoxe de printemps – qui commença à Alexandrie dans la cinquième partie de la nuit. Otto Neugebauer, haute figure de l'astronomie mathématique durant l'Antiquité, détermina qu'il s'agissait de l'éclipse qui se produisit en 62 apr. J.-C. – événement unique au cours des premiers siècles du millénaire. Cela dit, c'est également à cette époque qu'on n'entendit plus parler de la *Méthode* elle-même.

Un changement de medium

Rien n'est plus fatal au contenu de documents anciens qu'une innovation technique, car il faut opérer un transfert de données qui fait intervenir une tierce personne. La transition du rouleau au codex – le format de livre que nous connaissons aujourd'hui – fut une révolution dans l'histoire du stockage des données (figure 3.1).

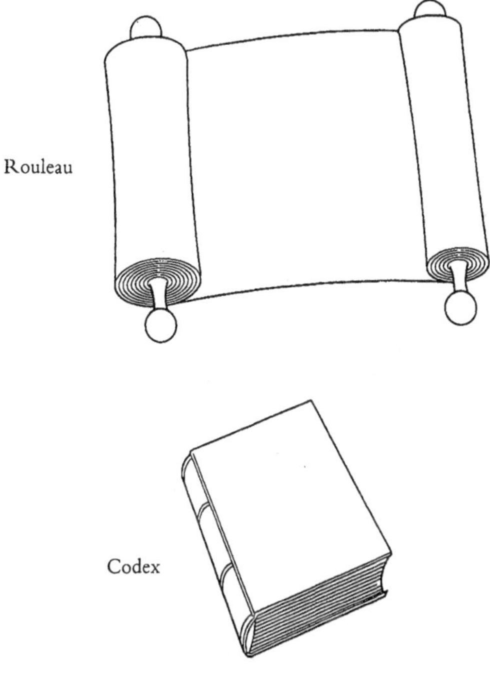

FIGURE 3.1

L'introduction du codex fut progressive. Elle commença au Iᵉʳ siècle apr. J.-C., mais ne s'acheva pas avant la fin du IVe siècle. Le processus fut étonnamment lent. Le génie du codex résidait dans le fait que la connaissance s'inscrivait non pas en deux dimensions (comme pour le rouleau), mais en trois dimensions. Le rouleau possédait une longueur et une largeur. Le codex avait également une profondeur. Grâce à sa profondeur, il n'avait pas besoin d'être très large : un codex de 200 folios (400 pages) et de 15 cm de large avait le même potentiel de stockage de données qu'un rouleau de même largeur et de 60 m de long. De plus, comme les feuilles du codex sont extrêmement fines, il suffit d'augmenter légèrement la profondeur pour gagner un grand nombre de pages. Autre inconvénient de l'ancienne méthode : pour accéder aux données du rouleau, il faut naviguer dans toute sa longueur, alors que pour obtenir une information dans le codex, il suffit de plonger dans la dimension de la profondeur, qui n'est que de quelques centimètres. En somme, il y a une grande différence entre « dérouler » et « tourner les pages ». Si vous consultez un catalogue classé par ordre alphabétique, atteindre Archimède n'est pas un problème. Mais qu'en est-il de Zeno ? Avec un codex, il vous suffit d'examiner les folios de la fin et de le refermer ensuite, alors que vous devez dérouler pratiquement tout le rouleau pour lire les quelques lignes concernant Zeno, avant de l'enrouler de nouveau. Cela ne fonctionnait bien sûr pas ainsi. C'est pourquoi le catalogue de Callimaque comportait 120 rouleaux. Si ce catalogue avait été un jour transcrit en codex, il en aurait comporté bien moins de 120.

Les textes anciens qui n'avaient pas profité de la transition du rouleau au codex disparurent, purement et simplement. Les anciens délaissèrent les rouleaux pour la même raison que nous avons dédaigné nos vieux disques 78 tours : ils étaient démodés. Il y a quelques décennies, les 78 tours étaient considérés comme d'excellents vecteurs de musique, mais aujourd'hui, ils se retrouvent plus souvent dans les vide-greniers que sur les tourne-disques.

De la même façon, des fragments de textes anciens pouvaient aujourd'hui être découverts dans les décombres du monde antique. Si la lettre d'Archimède à Ératosthène était restée sur son rouleau, elle aurait d'abord été négligée, puis abandonnée, et au final, elle serait tombée en poussière. En fait, c'est ce qui arriva à la copie (ou aux copies) conservée sur des rouleaux, car on en retrouva aucun fragments dans les décombres.

La célébrité d'Archimède n'était pas une raison suffisante pour que ses travaux bénéficient de cette innovation technique en priorité. En vérité, même si le savant était une légende, il était très peu lu. Ses résultats les plus importants, comme son approximation de la valeur de pi, étaient bien connus et utilisés, mais peu de gens lisaient réellement ses démonstrations. Celles-ci étaient tout simplement trop complexes. Sur ce point, Archimède avait un grand désavantage par rapport aux autres penseurs de l'Antiquité. Les Homère, Platon et Euclide de ce monde furent reconnus en leur temps non seulement comme de grands hommes mais aussi comme des auteurs fondamentaux. Comme leurs travaux étaient très utilisés, ils furent rapidement copiés dans des codex. Archimède était trop complexe pour être considéré comme vital. Trop peu de gens parvenaient à le comprendre. Son génie lui portait préjudice. Ses textes étaient rarement déroulés et il fallut beaucoup de temps pour qu'ils soient transcrits en codex. Trois cents ans après Héron, un mathématicien du nom de Pappus mentionna un traité d'Archimède sur les polyèdres semi-réguliers. Il ne nous en reste aucune trace. Peut-être n'a-t-il jamais été copié sur un codex. Celui-là a bel et bien perdu la course contre la destruction.

La personne qui œuvra le plus pour assurer la pérennité de l'œuvre d'Archimède durant cette période décisive est sans conteste Eutocius. Né à Ascalon, en Palestine, en 480 apr. J.-C. environ, Eutocius ne se contenta pas de lire les traités d'Archimède. Il fit des recherches et s'employa à les expliciter. Eutocius voyagea dans les plus grands pôles de la connaissance de l'époque, y compris à Alexandrie, où il rencontra un professeur du nom de Ammonius. Eutocius dédicaça sa première œuvre sur Archimède – un commentaire du traité *De la sphère et du cylindre* – à Ammonius, qu'il tenait apparemment en très haute estime. Dans sa préface, Eutocius disait vouloir commenter d'autres traités d'Archimède si celui-ci plaisait à Ammonius. Ce dernier lui donna sans doute sa bénédiction, car Eutocius écrivit trois commentaires supplémentaires – sur *De la sphère et du cylindre II*, *La Mesure du cercle* et *De l'équilibre des figures planes*. Eutocius eut toutes les difficultés du monde pour trouver les écrits d'Archimède. Sous forme de codex ou de rouleaux, ces textes se faisaient déjà rares. Dans *De la sphère et du cylindre II*, Archimède promet de démontrer un point mathématique, mais il ne le fait jamais. Dès lors, Eutocius mena l'enquête : « Dans l'un des anciens manuscrits (nous faisons sans cesse des recherches), nous avons lu des théorèmes très mal écrits (truffés de fautes) et découvert de nombreuses erreurs dans les diagrammes. Mais cela a trait à la matière que nous traitons et au dialecte dorique d'Archimède qui employait l'ancien nom des choses. » Eutocius faisait ensuite figurer un extrait de ce type de texte dans son commentaire.

Les traités d'Eutocius survécurent avec les écrits d'Archimède qu'il commentait. Ceci est un point particulièrement important. Comme tout le monde, Eutocius avait parfaitement compris les avantages de l'innovation technique et les avait exploités. Tout comme un CD peut garder en mémoire bien plus de symphonies de Bach qu'un simple 78 tours, un codex pouvait préserver bien plus de textes d'Archimède qu'un rouleau. Apparemment, Eutocius préparait une édition de plusieurs traités d'Archimède avec ses propres commentaires. Depuis le VIe siècle, on peut imaginer que les traités d'Archimède étaient écrits sur le parchemin d'un codex, protégé d'une couverture de bois et confortablement installé auprès d'autres textes de nature similaire.

Une tempête destructrice

La lettre d'Archimède était peut-être arrivée à bon port mais elle n'était pas en sécurité pour autant. Les temps changeaient et ce n'était pas à l'avantage d'Archimède. Une par une, les grandes cités de l'Antiquité, qui recelaient les anciennes écoles et les livres de la connaissance, étaient pillées par les envahisseurs. Rome fut saccagée par les Goths en 410, Antioche par les Perses en 540, Athènes par les Slaves en 580. Au IIIe siècle apr. J.-C, il devait y avoir encore plusieurs copies de la lettre d'Archimède hors d'Alexandrie. Mais au VIe siècle, il n'en restait guère. Et sans doute à Alexandrie même. En 270 environ apr. J.-C., l'empereur Aurélien détruisit une grande partie du palais qui renfermait le musée, durant sa guerre contre Zénobie. En 391, Theophilus, l'archevêque d'Alexandrie, saccagea le Serapeum, annexe de la bibliothèque du musée. En 415, Hypatie, une femme mathématicienne distinguée, fut mise en pièces par une foule de chrétiens fanatiques. Les lettres d'Archimède devaient absolument quitter Alexandrie avant de subir le même sort.

Tandis que le monde antique disparaissait peu à peu, ses dieux étaient engloutis avec lui. Et lorsque le christianisme devint la religion officielle de l'Empire romain, de nombreux textes classiques furent déclarés hors de propos, si ce n'est condamnés pour leur dangerosité. Les chrétiens ne les détruisirent pas volontairement, mais ils cessèrent tout simplement de les copier. Les scribes se consacraient désormais aux textes chrétiens. Le programme d'études chrétien comportait quelques auteurs incontournables – Homère était indispensable pour la rhétorique, Euclide pour la géométrie. Mais Archimède ne faisait pas partie du programme de Salut. Les quelques personnes capables de lire ses travaux n'y avaient peut-être même pas accès.

Au ve et vi^e siècle, pour chaque âne qu'Archimède enfourchait, des hordes de pur-sang barbares apparaissaient. La course contre la destruction de tous les textes classiques était une cause perdue. La question était de savoir où ils devaient fuir. Et la seule réponse possible était : Constantinople.

À bord de l'Arche

John Dean et moi prîmes un vol pour Constantinople, l'actuelle Istanbul, sur les traces d'Archimède. La cité avait été fondée sur le Bosphore par Constantin, le premier empereur chrétien, le 11 mai 330 apr. J.-C. Constantin voulait en faire la capitale de l'Empire romain de l'Est. Constantinople était une nouvelle venue dans le monde de la connaissance du bassin méditerranéen. Les empereurs successifs ne conservaient que les œuvres qui servaient la dignité de leur propre empire. L'effort était essentiellement porté sur les œuvres chrétiennes. Constantin ordonna ainsi la copie complète de cinquante bibles. Mais les classiques intéressaient également Constantin. Dans une missive adressée à l'empereur Constantin, le 1er janvier 357, le philosophe Themistius présenta un projet pour assurer la survie de la littérature antique. Il proposait de créer un *scriptorium* – un centre d'écriture – pour la production de copies de textes classiques, afin que la nouvelle capitale de l'Empire devienne un centre de culture. Le projet fut retenu. En 372, ordre fut donné au préfet de la ville, Clearchus, de nommer quatre scribes spécialistes de grec et trois de latin pour prendre en charge les transcriptions et les corrections des livres. En 425, l'empereur Théodose II créa une fondation impériale pour l'étude de la littérature et de la philosophie. Plus important encore, en 412, il érigea de hauts murs autour de la cité.

John et moi dûment faire des recherches approfondies pour trouver Archimède. Sa géométrie était inscrite de façon indélébile dans Constantinople. Entre 532 et 537, l'empereur Justinien para la « nouvelle Rome » de l'un des plus grands édifices que le monde ait connus. Voici comment Procopius, un contemporain, la décrivait :

Une construction de maçonnerie s'élève du sol, non pas en ligne droite, mais en s'éloignant progressivement du milieu, de façon à décrire un demi-cercle appelé cylindre par les spécialistes, et ce à une hauteur vertigineuse. L'extrémité de la structure se termine par les quatre parties d'une sphère, sous laquelle un arc en forme de croissant est soutenu par les parties jointes du bâtiment.

De chaque côté, des colonnes s'élèvent du sol, non pas en droite ligne, mais légèrement décalées en demi-cercle, comme si elles s'écartaient pour faire place à un danseur avec, au-dessus d'elles, un autre croissant de lune.

L'église Sainte-Sophie est un édifice époustouflant à bien des égards, mais le point le plus important ici est que ses plans ont été dessinés grâce à des diagrammes et des nombres. C'était l'œuvre de mathématiciens. L'un d'entre eux s'appelait Anthemius de Tralles – auteur de *Miroirs ardents* et *Dispositifs mécaniques remarquables*. Le second architecte était un peu plus jeune qu'Anthemius. Son nom était Isidore de Milet et il avait écrit un commentaire sur le traité des *Voûtes*, de Héron d'Alexandrie. Anthemius et Isidore étaient passés maître dans l'art d'Archimède et le plan de l'église Sainte-Sophie pourrait bien ressembler à la figure gravée sur la tombe d'Archimède.

Au VIe siècle, le monde des mathématiques était minuscule, et il se réduisait d'année en année. Il n'est pas étonnant qu'Anthemius et Isidore aient été proches d'Eutocius. Eutocius avait dédicacé ses commentaires sur les travaux d'Apollonius de Perga à Anthemius. Et Isidore connaissait très bien l'œuvre d'Eutocius sur Archimède. Le commentaire d'Eutocius sur *De la sphère et du cylindre* avait été préservé parce qu'il avait été copié par l'un des étudiants d'Isidore. Après avoir terminé sa copie, cet étudiant écrivit : « Le commentaire d'Eutocius d'Ascalon sur le premier livre d'Archimède, *De la sphère et du cylindre*, une édition réalisée par l'auteur de mécanique milésien Isidore, mon professeur. » Isidore préparait donc une édition des travaux d'Archimède, comprenant les commentaires d'Eutocius, à Constantinople.

Archimède arriva à Constantinople juste à temps. Trois siècles après Isidore, ses écrits, comme la majorité des textes classiques, disparurent des annales de l'Histoire. L'empire centré sur la cité fut déchiré par des conflits intérieurs (à propos des images saintes) et fut l'objet de menaces extérieures (de la part des Arabes et des Barbares). Quand les textes étaient lus, c'était pour défendre des aspects litigieux de la doctrine chrétienne. La ville de Constantinople réalisa un exploit qui sauva Archimède en même temps que de nombreux autres auteurs classiques : elle survécut. Ce fut la seule cité du monde antique à sortir indemne du Moyen Âge.

Constantinople servit d'arche à la littérature ancienne et le Noé des classiques fut l'empereur Théodose. Cent ans avant de faire bâtir sa grande église par Isidore, Théodose avait déjà construit une cité aux murs solides pour résister à la tempête des jours sombres.

La Renaissance byzantine

Le 26 juillet 811, Krum, le Khan bulgare, vainquit Nicéphore, l'empereur byzantin, lors de la bataille de Pliska, et se servit de son crâne comme d'une coupe pour boire le vin. Un début de IXe siècle sanglant pour Constantinople. En apparence, les choses n'étaient guère mieux trente ans et six empereurs plus tard, quand Michel III, dit « l'ivrogne », accéda au trône. Mais en réalité, le climat intellectuel s'améliora et fut encore plus propice quand Basile Ier assassinat Michel en 867. Sous le règne de Basile Ier, Constantinople devint rapidement la capitale du plus grand empire du bassin méditerranéen. La dynastie macédonienne qu'il fonda se voulait érudite et prête à donner le meilleur d'elle-même. Alors que Constantin VII écrivait un livre sur l'administration de l'empire, Basile II fit quatorze mille prisonniers bulgares en 1014 et en aveugla quatre-vingt-dix-neuf sur cent. L'heureux rescapé de chaque centaine avait pour mission de ramener ses compatriotes chez eux. Constantinople était entrée dans un âge d'or qui était loin d'être brillant.

Le fameux « renouveau » byzantin des IXe et Xe siècles vit l'édification d'impressionnants bâtiments et la réalisation de nombreuses œuvres d'art. John et moi pûmes admirer et filmer le palais impérial et, une fois de retour à Baltimore, nous photographiâmes les fabuleux manuscrits byzantins appartenant à Henry Walters lui-même. Mais le fait le plus marquant de cette ère de renouveau fut la relecture par les érudits des classiques si longtemps négligés dans les bibliothèques. De plus, les scribes se mirent à les copier.

Le lecteur le plus vorace entre tous était un fonctionnaire brillant du nom de Photius, qui fut deux fois Patriarche de Constantinople. Il compila toutes les œuvres qu'il avait lues dans sa *Bibliothèque* avec un résumé du contenu et un exemple du style de chaque livre, ainsi qu'une biographie de l'auteur. Comme Nigel Wilson le fit remarquer, Photius avait inventé la critique de livres. La *Bibliothèque* était inestimable. Cette réalisation monumentale nous donnait une idée de l'extraordinaire variété de textes classiques qui existaient encore à l'époque de Photius. Cependant, les historiens actuels pensent que certaines assertions de Photius sont sujettes à caution. Il prétendait, par exemple, avoir lu les œuvres d'Hypéride, un orateur grec de l'Antiquité. Comme personne d'autre à Constantinople n'avait jamais mentionné aucun texte d'Hypéride et qu'il n'en existe aujourd'hui aucune trace dans les codex, cette affirmation paraît mensongère. Néanmoins, les statistiques réunies par Photius étaient impressionnantes. Par exemple, sur les trente-trois historiens dont il commentait les écrits, vingt ont aujourd'hui totalement disparu.

Lorsque les scribes du XIXe siècle copiaient les textes classiques, ils utilisaient une écriture fondamentalement différente de celle de l'époque d'Isidore. Avant le IXe siècle, les textes étaient écrits en lettres capitales, appelées techniquement « majuscules ». Après le IXe siècle, ils étaient en général écrits en « minuscules », une nouvelle écriture dont les lettres – au contraire des capitales – étaient liées, de manière à gagner de la place (figure 2.3).

L'origine de l'écriture en minuscules réside probablement dans les lettres, documents et comptes rendus de l'administration de Constantinople. L'écriture minuscule s'écrivait plus rapidement – ses let-

FIGURE 3.2 : *Majuscules (gauche) et minuscules (droite).*

tres étaient plus faciles à former – et permettait de réduire le nombre de folios nécessaires. Au milieu du IXe siècle, elle fut également employée pour les textes religieux et scientifiques. De nombreux codex, écrits en lettres capitales au VIe siècle et bien avant, étaient systématiquement transcrits en lettres minuscules. Ce changement fut un obstacle important pour la transition des écrits d'Archimède du rouleau au codex. Il restait si peu de codex des Ve et VIe siècles que les érudits du IXe siècle avaient sans doute détruit les manuscrits écrits en majuscules après les avoir recopiés. Ils ne leur étaient plus d'aucune utilité.

Ainsi, la majorité des textes des auteurs grecs dépendaient de quelques manuscrits écrits en minuscules, copiés aux IXe et Xe siècles. Archimède ne faisait pas exception à la règle. Si ce n'est que son destin était scellé dans trois manuscrits.

Ceci est un point fondamental. Tout ce que Reviel nous a raconté jusqu'ici, et tout ce qu'il va nous dire ensuite, nous le devons à trois objets physiques – et le codex qui se trouve aujourd'hui sur mon bureau est l'un d'entre eux.

L'ABC d'Archimède

Ces trois objets s'intitulent Codex A, Codex B et Codex C. Ils ont plusieurs textes en commun : les trois contiennent *De l'équilibre des figures planes*. A et B renferment *La Quadrature de la parabole*. A et C possèdent *De la sphère et du cylindre*, *La Mesure du cercle* et *Des spirales*. B et C contiennent *Des corps flottants*. Le Codex A est le seul à posséder *Sur les conoïdes et les sphéroïdes* et *L'Arénaire*. Le Codex C renferme les exemplaires uniques de la *Méthode* et du *Stomachion*.

Au IXe siècle, les trois codex d'Archimède firent l'objet d'un regain d'intérêt. Lorsque le scribe qui avait copié *La Quadrature de la parabole* dans le Codex A eut terminé son ouvrage, il ajouta un commentaire louangeur, mais pas à l'intention d'Archimède : « Léon le géomètre, puissiez-vous prospérer, puissiez-vous vivre de longues années, cher ami des Muses. » Ce Léon était certainement celui qui donnait des cours privés à Constantinople dans les années 820. Connu sous le vocable de « Léon le Philosophe », il était à l'évidence un professeur talentueux. Un étudiant qui avait lu Euclide sous sa direction avait été capturé par les Arabes en 830. Son témoignage des connaissances de Léon valut à ce dernier une invitation à Bagdad par le Calife en personne. Heureusement, Léon déclina l'invitation.

Savant aux multiples facettes, il mettait ses connaissances en pratique. Il avait notamment élaboré des postes de signalisation à l'aide de torches entre Constantinople et la frontière nord de l'empire. S'il y avait une urgence sur la frontière nord, à Tarsus, le message était transmis à la ville en moins d'une heure. À la fin des années 850, le mérite de Léon fut récompensé et il fut nommé directeur de l'école du Palais impérial. Il joua un rôle déterminant dans le choix des autres professeurs. Nous savons aujourd'hui qu'Archimède a été étudié et copié dans l'école du Palais impérial. L'accession au trône de Basile Ier en 867 permit aux traités d'Archimède d'être étudiés en toute sécurité, du moins pour un certain temps.

Le Codex C

Le Codex C, comme la plupart des manuscrits médiévaux, n'est pas écrit sur du papier, mais sur de la peau animale. La peau animale est un produit recyclé de la sélection naturelle qui ne présente pas un immense intérêt. Elle possède néanmoins deux grandes qualités : elle est souple – ce qui favorise sa manipulation – et solide – elle permet aux animaux de résister aux chocs. La peau supporte bien la vie sur terre, à condition de ne pas être victime du feu ou de l'eau. Une fois traitée, elle devient un excellent support d'écriture – solide et pérenne. On l'appelle alors le parchemin.

La légende raconte que le parchemin a été inventé à Pergame, en Asie Mineure. Le roi Eumène II voulait que sa bibliothèque égale celle d'Alexandrie. Aussi Ptolémée III mit-il un embargo sur l'exportation du papyrus d'Égypte au début du IIe siècle. Pour pallier ce manque, Eumène inventa le parchemin, substitut de fabrication maison. Et c'est avec l'invention du codex que le parchemin prit tout son sens. Si le papyrus était plus tendu, il se brisait aussi plus facilement, surtout quand il était plié. Constitués de feuilles pliées, les codex en parchemin étaient bien plus résistants que ceux en papyrus. Le parchemin étant plus solide que le papier, certains certificats et récompenses destinés à durer furent inscrits sur des peaux de mouton.

Fabriquer du parchemin n'est pas une mince affaire. Surtout aux yeux de Reviel – qui est végétarien. Voici comment procéder. Tuez les animaux et videz-les de leur sang. Écorchez-les : pratiquez une incision au niveau du ventre, coupez la peau aux extrémités et ôtez-la. Placez la peau dans une cuve contenant une solution calcaire, que vous pouvez obtenir en faisant chauffer une roche calcaire. La solution calcaire détruit les tissus organiques : elle décompose l'épiderme et la graisse sous-cutanée et affaiblit les liens entre les poils et la peau. Seule la couche interne du derme reste intacte. Cette couche est essentiellement composée de collagène. Le collagène est une protéine constituée de trois chaînes d'acides aminés, enroulées en spirale autour d'un axe droit. C'est le composant essentiel du parchemin. Ce qui le rend dur. Après plusieurs jours, retirez la peau de la cuve, placez-la sur une poutre puis lissez-la à l'aide d'un racloir. Une fois que vous avez ôté la majeure partie de la graisse et des poils, fixez la peau dans un cadre de bois. En séchant, elle va se contracter et se tendre. Une fois tendue, lissez-la de nouveau, cette fois avec une lame aiguisée en forme de demi-lune. Retirez-la de son cadre de bois et vous obtenez votre parchemin.

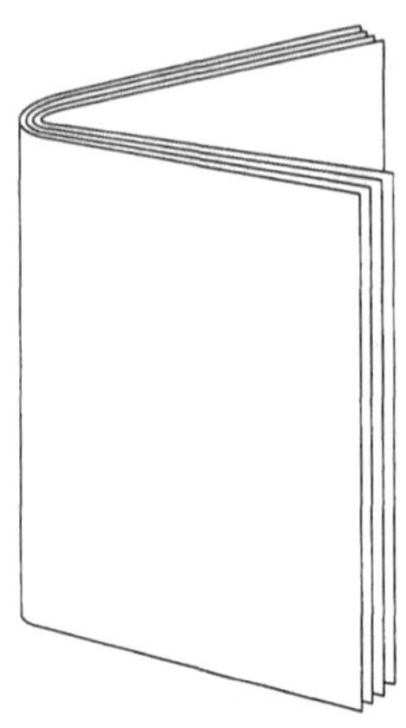

FIGURE 3.3 :
Un bifolios.

Imaginez une pile de journaux calée entre deux planches de bois, le tout bien fixé, et vous aurez une bonne idée de l'apparence physique d'un manuscrit byzantin du Xe siècle. Les journaux, ou « cahiers », sont généralement constitués de quatre doubles pages, appelées « bifolios » (figure 3.3). Le journal comporte donc huit feuilles (seize pages), qu'on nommait alors « folios ». Comme vous pouviez obtenir deux bifolios par peau de mouton, il fallait vingt-quatre moutons pour fabriquer le parchemin nécessaire à la survie de l'œuvre d'Archimède. Pour composer les cahiers, découpez les peaux à la bonne longueur puis frottez-les à l'aide d'une pierre ponce pour ôter les derniers poils et leur donner une brillance de la couleur d'un blanc d'œuf. Tel était le support des textes d'Archimède et de nombreux autres savants.

Passons à présent à l'encre. Une tâche bien plus amusante. Prenez d'abord une solution d'acide gallique. L'acide gallique est présent dans la gale du chêne – une excroissance produite par les chênes, en réaction à une infection causée par des insectes ou des mites. Elle est composée de carbone, d'hydrogène et d'oxygène, et a la faculté de contracter les tissus organiques tels que le collagène. Cela permet à l'encre de s'inscrire durablement dans le parchemin. Détachez les gales et faites-les bouillir dans l'eau. Ajoutez à cette solution des sulfates ferreux, parfois appelés « vitriol vert » ou « copperas ». Ils donnent en grande partie la couleur de l'encre. Celle-ci est composée de fer et d'acide sulfurique que l'on trouve souvent ensemble dans la pyrite. Ajoutez ensuite un agent épaississant à la solution. Par un procédé appelé « gommose », l'écorce de certains arbres de la famille des *Fabacear* produit de la gomme en cas d'agression. La gomme arabique est produite par les acacias qui poussent en Afrique. La gomme adragante, provenant de différents arbustes de type *Astralagus*, principalement l'*astragalus gummier*, se trouve en Asie Mineure. Si vous fabriquez un manuscrit à Constantinople, vous trouverez facilement de la gomme adragante. Elle est encore utilisée aujourd'hui pour enduire les pilules. Pour en produire en quantité suffisante pour satisfaire la production pharmaceutique, on pratique des incisions dans l'écorce où on insère des cales. La fabrication chimique de la gomme implique de nombreux composants, tels que le carbone, l'hydrogène, l'oxygène et des métaux comme le calcium, le magnésium et le potassium. Comme la mixture obtenue noircit lentement – en s'oxydant, au contact du parchemin –, vous pourriez être tenté d'ajouter du carbone noir. Ainsi, vous verriez distinctement ce que vous êtes en train d'écrire. Mélangez bien l'ensemble et vous obtenez l'encre utilisée par les scribes.

Cent ans après la mort de Léon, le scribe préparait lui-même ses outils. Des dessins de scribes de cette époque nous sont parvenus, de sorte que nous pouvons en brosser un portrait rapide. Leurs procédures étaient familières. À l'aide d'une règle, le scribe traçait des lignes sur le parchemin afin d'obtenir des colonnes d'écriture rectilignes. Il aiguisait sa plume sur une pierre et l'incisait en son milieu pour permettre à l'encre de mieux s'écouler. L'encre était prête et l'encrier placé juste devant lui. À côté du scribe se trouvait un couteau, lui permettant d'affiner sa plume ou de gratter une éventuelle erreur. Assis sur une chaise, il était prêt à écrire. Il n'avait pas besoin de table, car il écrivait sur ses genoux, le parchemin posé sur une planche. Devant lui, sur un pupitre, était posé le codex qu'il allait copier.

Mais avant d'examiner de plus près ce qu'il s'apprêtait à écrire, réfléchissons un peu au codex qui se trouvait devant lui. Était-ce un codex du vi^e siècle, du temps d'Isidore, ou bien était-il écrit en minuscules ? Ce codex contenait-il les mêmes traités dans le même ordre ou différents traités placés côte à côte sur le pupitre ? Jusqu'ici, nous n'en savions guère plus sur le ou les manuscrits qui avaient servi de référence au scribe. Apparemment, il en avait copié plusieurs sur le Codex A. Il est fort possible qu'il ait copié un manuscrit du vi^e siècle, mais nous n'en avons aucune preuve tangible. C'est sans doute la plus grande inconnue concernant notre manuscrit.

Étant donné le résultat, le scribe fit du bon travail. Chaque folio écrit mesurait 30 cm sur 19,5 cm. Le texte se répartissait sur deux colonnes de trente-cinq lignes chacune. Ses codex comportaient de larges marges, de sorte que les deux colonnes couvraient 24 cm de haut et 14,5 cm de large. Bien sûr, la lettre d'Archimède à Ératosthène – la *Méthode* – était seulement l'un des textes copiés dans le Codex C. Le manuscrit commence avec *De l'équilibre des figures planes*, suivi *Des corps flottants*. Alors seulement vient la *Méthode*, puis *Des spirales*, *De la sphère et du cylindre* et *La Mesure du cercle*. Enfin, un folio du *Stomachion*. Notre scribe était un expert qui écrivait dans une écriture minuscule caractéristique du troisième quart du xe siècle. D'après Nigel Wilson, cette écriture est similaire à celle d'un manuscrit daté de 988, qui se trouve à présent au monastère Saint-Jean le Théologien, sur l'île de Patmos.

Le scribe ne comprenait pas ce qu'il copiait, mais, comme Reviel l'expliquerait plus tard, c'était une bonne chose. Nous pouvons supposer que ce travail ne lui prit que quelques mois. Cependant, nous ne pouvons qu'imaginer l'étendue véritable du manuscrit original, car il nous manque à présent le début, la fin, ainsi que quelques grosses parties du milieu. En fait, il est tout à fait possible qu'à l'origine, le manuscrit contenait plus de traités d'Archimède.

Le codex de notre scribe était un produit typique de la Renaissance byzantine des ixe et xe siècles. Comme c'est le cas avec la plupart des manuscrits byzantins, nous ne savons pas qui en a été l'instigateur ni qui l'a lu. En réalité, à en juger par l'absence de commentaires en marge, le manuscrit ne semble pas avoir été beaucoup étudié. Mais rien de tout cela n'a d'importance. Ce codex est l'unique source de la *Méthode*, du *Stomachion* et de *Des corps flottants* en grec. Si notre scribe n'avait rien fait d'autre de toute sa vie, cela paraissait amplement suffisant.

La survie des textes d'Archimède est due à un étonnant processus qui permit à la création de résister à la destruction. Plusieurs rouleaux étaient tombés en poussière ; d'autres avaient brûlé. Nous sommes revenus à l'époque des tout derniers textes qui avaient survécu à l'épreuve du temps – les pensées d'Archimède avaient été sauvegardées dans un savant mélange de chair et de fer. Mais ce codex fut réalisé au xe siècle – à une époque plus proche de la nôtre que de celle d'Archimède. Les codex datant du xe siècle ne ressemblent en rien à ceux du iiie siècle av. J.-C. Tout en étant copiées, les lettres d'Archimède avaient été transformées et les traités qui avaient survécu n'avaient plus rien des lettres écrites par Archimède. Archimède lui-même ne les aurait pas reconnues – il n'aurait même pas pu les lire ! C'est un point important, mais pour comprendre pourquoi, il faut consulter les experts.

4.

Une science visuelle

Un manuscrit est source de mille enseignements. D'abord, on peut étudier son contenu. Découvrir les pensées qu'Archimède a couchées sur le papier au IIIe siècle av. J.-C. On peut également déterminer de quelle manière ces pensées ont influencé la science future.

Et on peut aller plus loin : non seulement connaître les pensées des érudits mais aussi la façon dont ils ont conçu de telles pensées. Comment Archimède voyait-il ses propres mathématiques ? Comment était-il perçu par ses lecteurs ? Ces questions ont été soulevées par un mouvement cognitif récent dans l'étude des sciences. Pour y répondre, tournons-nous vers les manuscrits, qui seuls recèlent la réponse à cette question fondamentale : comment la science s'inscrit-elle dans l'esprit humain ?

De nos jours, nous avons tous à l'esprit une image claire de la science. Pour illustrer ce propos, considérons l'expérience suivante. La figure 4.1 représente deux pages d'un livre ouvert. Observez-les quelques instants : même si les illustrations sont trop petites pour être lues distinctement, elles susci-

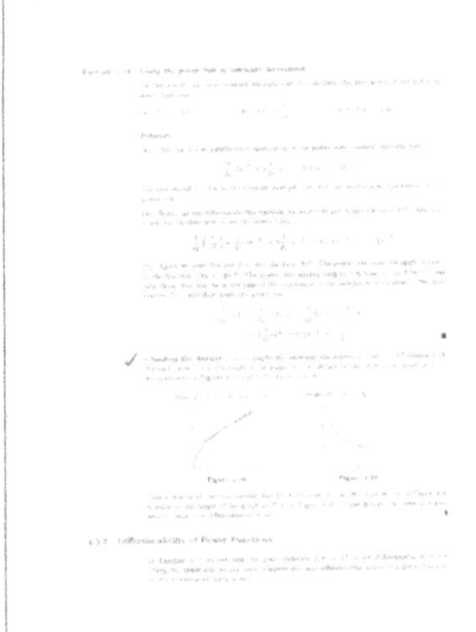

FIGURE 4.1

tent un certain nombre d'observations. Il paraît évident que la page de gauche est de nature scientifique. Elle est extraite d'un texte introductif sur le calcul (le sujet étudié par Archimède, sur lequel nous allons nous attarder). La page de droite est extraite du roman de James Joyce, *Finnegans Wake* (qui est, en conséquence, bien plus difficile à lire que la page de gauche).

Si les éditeurs répugnent à publier des écrits scientifiques et techniques, c'est parce qu'ils veulent que les pages de leurs livres ressemblent à la page de droite, et non à la page de gauche. De quoi les lecteurs d'aujourd'hui ont-ils peur ? Ils sont effrayés par les équations. Et avec raison : ils ont été assommés d'équations durant les années terribles de leur enfance et leur adolescence. Le résultat est que nous avons tendance, de prime abord, à rejeter les équations et ensuite, à les considérer comme une expression naturelle de la science. Les deux assertions sont fausses. Les équations sont une grande invention – elles doivent être respectées, sinon adulées – et elles n'ont rien de naturel. Au contraire, elles sont une invention historique dont les fondements reposent sur des œuvres telles que le Palimpseste. Les Grecs n'utilisaient pas d'équations. Archimède non plus. Leur science ne ressemblait en rien à la page gauche de la figure.

Avant les équations

Les équations rendent la logique visuelle. Supposons que l'on dise : « Le premier et le second sont égaux au troisième ; donc, le premier est égal au troisième moins le second. »

Prenez un moment pour réfléchir et vous constaterez que cette assertion est juste. Mais voilà le problème : vous avez besoin d'un moment de réflexion. Pendant ce temps, votre attention s'est égarée et vous pouvez très bien avoir perdu le fil de l'argumentation. Écrivez à la place :

A + B = C, donc
A = C – B

Cette lecture ne réclame aucun effort : vous visualisez le fonctionnement de l'argumentation. Dès lors, votre concentration reste intacte et vous pouvez poursuivre aisément votre raisonnement.

Ainsi, la même information agit différemment selon son mode de transmission. Les différents médias sont importants, non seulement pour la survie de la science, mais aussi pour la préservation de sa nature intrinsèque. Il est pratiquement impossible de comprendre la science grecque sans comprendre, d'abord, son interface privilégiée. Et celle-ci n'était pas l'équation, mais le diagramme.

Les mathématiques grecques : une science visuelle

Le point de départ, comme toujours, est à Syracuse. En particulier avec la célèbre histoire de la tombe d'Archimède relatée par Cicéron. Souvenez-vous : Cicéron avait découvert, non sans efforts, un bloc de pierre désolé et négligé, sur lequel était gravé le symbole d'Archimède – le dessin d'une sphère et d'un cylindre. Tel était pour lui le symbole même de la science. Une fois encore, la comparaison avec Einstein est inévitable. Quel était le symbole d'Einstein, l'emblème qui nous vient immédiatement à l'esprit ? Non, je ne parle pas de sa langue proéminente, mais de ceci :

$$E = mc^2$$

Vous avez vu cet emblème un nombre incalculable de fois. Cette assertion est devenue une sorte de symbole, non seulement d'Einstein, mais de la science en général. Et il s'agit, bien entendu, d'une équation. En un mot, la science moderne est une science d'équations ; la science antique était une science de diagrammes.

Dans les sciences anciennes exactes – pas seulement les mathématiques mais aussi l'astronomie et la mécanique – et dans bien d'autres domaines tels que la théorie musicale, les diagrammes occupaient une place centrale. Le texte est composé de « propositions » individuelles, chacune démontrant tel ou tel point de l'argumentation. L'historien britannique spécialiste des mathématiques grecques, David Fowler, disait que chaque proposition « représentait une figure et racontait une histoire à son sujet ». Tout repose sur ces figures, exécutées avec le plus grand soin.

Bien entendu, les diagrammes sont également utilisés dans la science moderne. Mais il existe une différence de taille. Dans la science moderne, les figures servent d'illustrations. Elles sont destinées à rendre l'apprentissage de la science en quelque sorte moins traumatisant pour l'étudiant, mais ne font pas partie de la logique de l'argumentation elle-même. Dans la science moderne, il est considéré comme crucial de s'assurer qu'aucune information ne dépend du diagramme, sans quoi l'argumentation pourrait être erronée, comme le montre la figure 4.2.

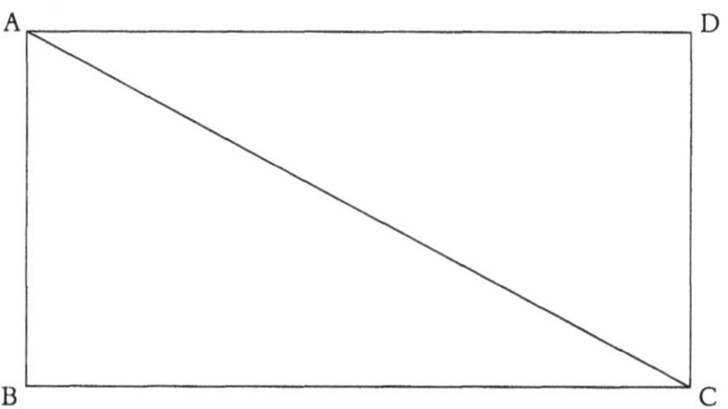

FIGURE 4.2 : *Le triangle rectangle ABC.*

L'aire d'un triangle est le produit de ses deux côtés, divisé par deux.

Preuve : nous dessinons un triangle ABC. Les deux côtés les plus petits sont AB et BC. Sur le côté le plus long, AC, nous apposons un autre triangle, identique au triangle ABC, que l'on nomme ACD. Le résultat est le rectangle ABCD. L'aire de ce rectangle est manifestement le produit des deux côtés AB et BC. Le triangle ABC correspond manifestement à la moitié du rectangle ABCD (après tout, les deux triangles ABC et ACD sont identiques). De sorte que l'aire d'un triangle est le produit de ses deux côtés divisé par deux, CQFD.

Quel est le problème de cette démonstration ? Eh bien, elle pose une affirmation uniquement fondée sur le diagramme, alors qu'il n'y a aucun élément dans le texte permettant de la vérifier. Sur le diagramme, nous avons dessiné un triangle rectangle. Avec un triangle rectangle, cette démonstration fonctionne. Mais elle ne fonctionne pas pour d'autres triangles (dans la figure 4.3, le produit des deux côtés AB et BC est clairement plus du double de l'aire du triangle) !

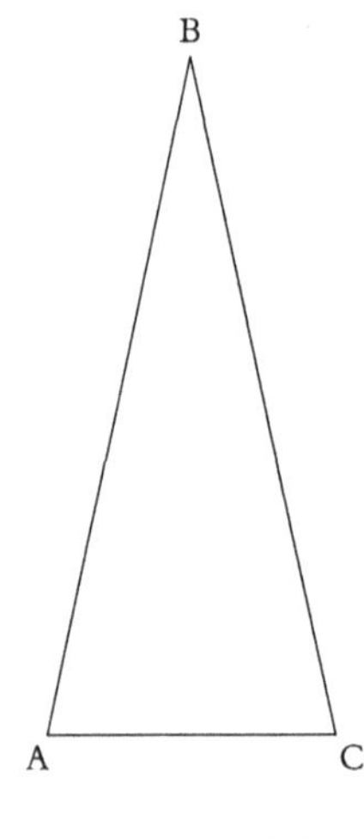

FIGURE 4.3

En résumé, nous pensions que nous parlions de triangles en général, mais subrepticement, nous en sommes venus à parler de triangles rectangles, simplement parce que nous avons pris le diagramme pour un fait avéré. C'est pourquoi les philosophes et les logiciens modernes sont inflexibles sur ce point : une démonstration ne doit jamais s'appuyer sur une figure.

Il s'ensuit une finalité logique et philosophique essentielle : le langage est général, alors que le diagramme est un cas particulier. Voyez-vous, vous ne pouvez dessiner un diagramme sans qu'il ait des propriétés particulières. Imaginons que je veuille dessiner un triangle dont l'angle n'est ni droit ni obtus ni aigu, mais juste un angle « quelconque » – comment le représenter ? C'est impossible. J'ai devant moi le dessin d'un triangle spécifique avec un angle défini.

D'un autre côté, le langage est plus évasif. Je peux dire « soit un triangle » et, comme je n'ai pas précisé la nature du triangle – j'ai simplement dit « un » triangle –, je suis autorisé à penser à n'importe quel triangle, avec un angle droit, aigu ou obtus. Ainsi, les philosophes et les logiciens modernes insistent-ils : pour être sûr que la logique de la démonstration fonctionne parfaitement, dans un cas général, il faut s'appuyer uniquement sur le langage et non sur la figure.

Or les mathématiciens grecs se basaient justement sur les diagrammes et, chose incroyable, ils ne commettaient jamais aucune erreur de logique. Telle est l'une des plus grandes énigmes des mathématiques grecques : elles reposent sur des diagrammes minutieux, d'une précision diabolique. Les mathématiciens grecs ne faisaient jamais aucune faute triviale, comme celle évoquée ci-dessus, même dans des cas indirects ou subtils. Les mathématiques grecques sont pourtant aussi précises que les mathématiques modernes. Comment est-ce possible ? Dans les quelques pages suivantes, je vais tâcher de répondre à cette question.

Étudions d'abord la façon dont les mathématiciens grecs s'appuient sur les diagrammes. Le diagramme suivant est extrait du livre *De la sphère et*

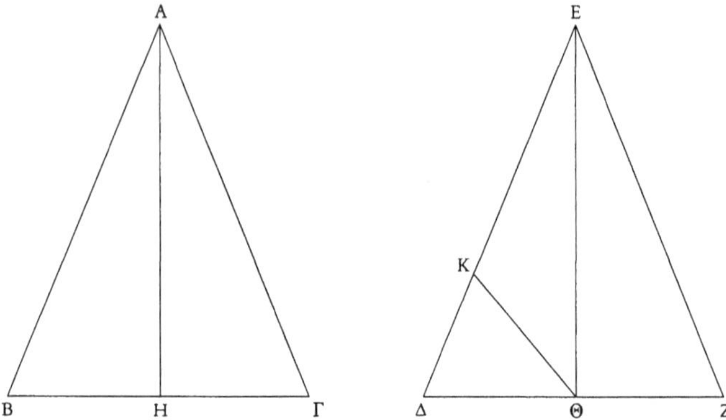

FIGURE 4.4 : *Deux cônes isocèles*

du cylindre – œuvre immortalisée sur la tombe d'Archimède. Nous le savons, Archimède a une écriture rusée, intelligente et malicieuse. Il aime cacher au lecteur son but principal le plus longtemps possible. Il n'est donc guère surprenant que les sphères et les cylindres ne soient mentionnés que très tardivement dans le livre en question. Au lieu de cela, Archimède ne cesse de se référer aux cônes. Voici, par exemple, la proposition 17 (figure 4.4) :

Soit deux cônes isocèles ABΓ et ΔEZ. La base du cône ABΓ est égale à la surface du cône ΔEZ et la hauteur AH est égale à la perpendiculaire KΘ, projetée depuis le centre de la base Θ sur l'un des côtés du cône (tel que ΔE). Je dis que les deux cônes sont égaux.

La proposition s'énonce sous forme de diagramme. C'est le seul endroit où les points et les lignes de la proposition ont une signification. Et ce à l'aide de dénominations alphabétiques, pratique aujourd'hui courante. En cela, nous avons suivi l'exemple des Grecs. (Les Chinois ont une autre méthode : chaque ligne est désignée par une couleur. Cela dit, leur alphabet est très différent.)

Maintenant, le plus difficile est de repérer les choses les plus évidentes. Celles qui sont « juste sous notre nez » sont souvent les plus difficiles à déceler – mais une fois que vous les avez repérées, vous êtes amplement récompensés.

J'ai fait ce genre d'expérience en étudiant certains passages des mathématiques grecques. J'ai d'ailleurs noté cette observation dans le premier chapitre de ma thèse de doctorat et, pour être honnête, c'est l'une des anecdotes que tout mon entourage connaît. Quand je mourrai, on inscrira probablement sur ma tombe : « Le type des diagrammes grecs » – ce qui est plutôt agaçant, étant donné que c'est l'une de mes premières réalisations en tant qu'universitaire (j'ose espérer que j'en ai fait d'autres depuis !). Cela dit, c'est une observation importante – car elle démontre incontestablement que les mathématiciens grecs ne procédaient pas comme les philosophes et les logiciens le pensaient. Ils s'appuyaient vraiment sur les diagrammes.

Parce que, voyez-vous, dans une proposition telle que « Les cônes $AB\Gamma$ et ΔEZ », nous pouvons aisément penser que les points $AB\Gamma$ et ΔEZ représentent les sommets d'un triangle en coupe dans le cône (figure 4.4). Mais comment déterminons-nous la distribution individuelle des lettres ? Dans chaque cône, deux lettres délimitent la base et une le sommet – mais lesquelles ? Voilà ce qui rend cette observation si compliquée : parce que l'information visuelle est si puissante qu'au moment où nous sommes face à la figure, nous « effaçons » immédiatement l'information et établissons que $B\Gamma$ et ΔZ sont les bases, A et E les sommets. Et nous oublions que le texte ne dit rien de tout cela.

En fait, il s'agit d'une règle générale qui régit les mathématiques grecques : l'identité des objets n'est pas établie par les mots mais par les diagrammes. Les figures ne sont pas des illustrations destinées à rendre la lecture plus plaisante ; elles sont là pour nous fournir des informations de base. Elles nous donnent les éléments essentiels de la proposition – telle lettre désigne tel objet. Les anciens diagrammes ne sont pas illustratifs, mais informatifs. Ils font partie intégrante de la logique de la proposition. Ainsi, la science grecque était une science visuelle.

Dès lors, comment les Grecs parvenaient-ils à ne faire aucune erreur triviale basée sur les informations fournies par la figure ? Cela a trait à l'interface très spéciale utilisée par les mathématiciens grecs et à l'utilisation subtile et intelligente des diagrammes.

Le sable de Syracuse

À quoi ressemblaient les diagrammes d'Archimède ? Comme nous l'apprend Will, en retraçant l'histoire des manuscrits, nous n'avons que très peu d'éléments pour répondre à cette question. La preuve la plus probante à notre disposition est le Palimpseste lui-même. D'où une note de désespoir : si nos preuves sont différentes des manuscrits originaux, comment découvrir la vérité ? Comment pouvons-nous décemment espérer savoir à quoi ressemblaient les diagrammes anciens ? En effet, c'est une question délicate. Il est possible que les scribes du Moyen Âge aient tout bonnement dessiné leurs propres diagrammes, au lieu de copier religieusement les anciennes sources. Après tout, c'était ce que faisaient les éditeurs modernes : ils inventaient des figures. Lorsque j'ai commencé à étudier les diagrammes médiévaux d'Archimède, j'étais incapable de dire si les scribes les avaient inventés ou non. Je craignais de me rendre à Paris, Rome, Venise et Florence pour découvrir, dans chaque manuscrit, un diagramme totalement différent. Si cela avait été le cas, ma conclusion aurait été simple : il n'y aurait eu aucun moyen de reconstituer les anciens diagrammes.

Au lieu de cela, page après page, diagramme après diagramme, je découvrais des figures identiques. Des erreurs s'étaient insinuées à certains endroits. Des corrections avaient été effectuées dans certains manuscrits, mais pas dans tous (ce qui donnait à penser que les scribes avaient décelé une erreur dans l'original). Mais il était évident que les figures étaient très proches. En somme, nous pouvions appliquer la méthode philologique. Elle consiste à comparer plusieurs manuscrits. Si deux manuscrits différents possèdent le même texte – ou diagramme – cela signifie qu'ils se sont alimentés à la même source, plus ancienne. Cela nous autorise à remonter le temps et à en déduire qu'il existe une forme plus ancienne. Mais est-il possible de revenir jusqu'à l'époque d'Archimède ? Pour le savoir, il faut rassembler des preuves qui nous ramènent très loin dans le passé.

Cela n'est pas simple. Certains lecteurs sont déçus d'apprendre que toutes les œuvres d'Archimède ne sont pas contenues dans le seul Palimpseste. Certains textes du Palimpseste se trouvent également dans les descendants du Codex A. Mais cela n'entame en rien la valeur du Palimpseste. Bien au contraire : pour la méthode philologique, il est crucial de posséder plusieurs sources. À lui tout seul, le Palimpseste ne nous parle que de l'année 975 apr. J.-C. Mais si on peut le comparer à d'autres manuscrits médiévaux, nous en saurons davantage. Si nous constatons que le Palimpseste et un autre manuscrit médiéval indépendant racontent la même histoire, nous remonterons dans le temps, probablement jusqu'à l'époque d'Eutocius et même encore avant, jusqu'à ce que les sources divergent. À chaque pas dans le passé, nous nous rapprochons de l'univers réel d'Archimède.

Cette œuvre est celle d'un personnage complexe. Après tout, le Codex A n'existe plus, de sorte que nous devons une fois encore appliquer la méthode philologique. Mon projet originel d'étude des manuscrits d'Archimède reposait sur l'analyse des descendants du seul Codex A (le Palimpseste, souvenez-vous, n'était pas accessible à l'époque où je débutai mes recherches). Je me plongeai donc dans ces manuscrits.

Il y a quelque 250 figures dans les travaux d'Archimède, mais prenons un exemple : dans la figure 4.5, nous pouvons observer des variantes d'un diagramme illustrant la proposition 38 de *De la sphère et du cylindre*.

Sur la base de ces variantes, j'ai pu reconstituer le diagramme perdu du Codex A (figure 4.6).

On constate qu'il existe des similarités telles entre les différents descendants que ma reconstitution a toutes les chances d'être juste. Reste un seul point de détail : sur deux des codex est dessinée la droite AB, alors qu'elle n'apparaît pas dans les autres. Comme la droite AB n'est pas mentionnée dans le texte, je suppose qu'elle était bel et bien sur la figure originale. Elle a simplement été oubliée par les scribes

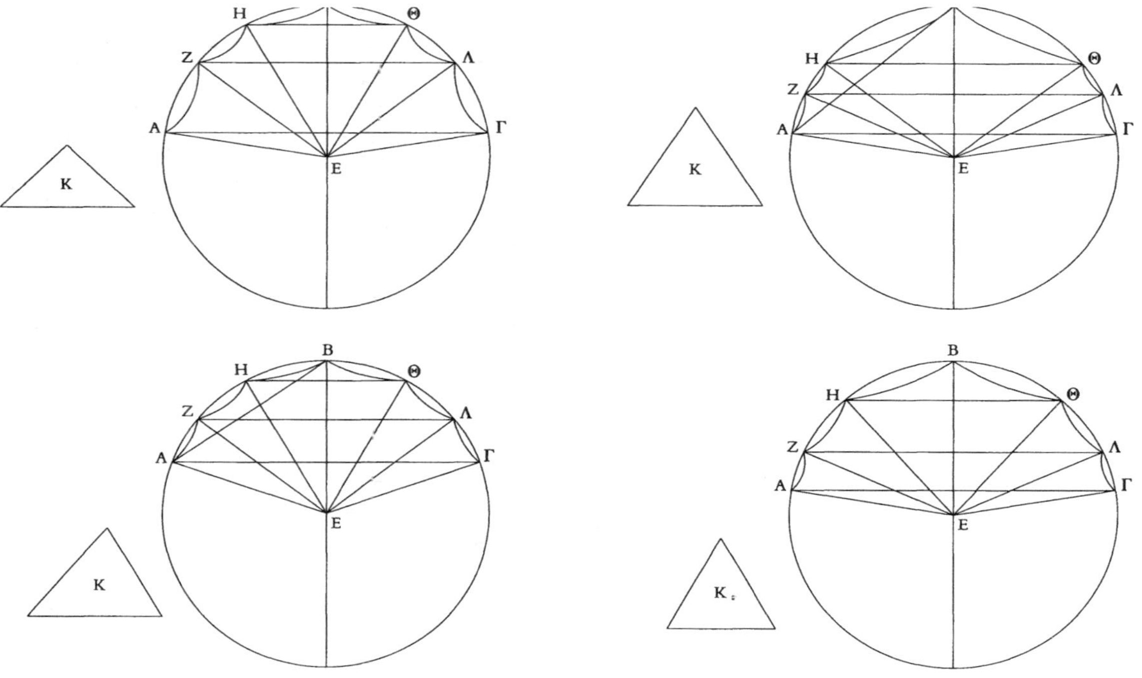

FIGURE 4.5 : *Variantes du diagramme* De la sphère et du cylindre, *proposition 38.*

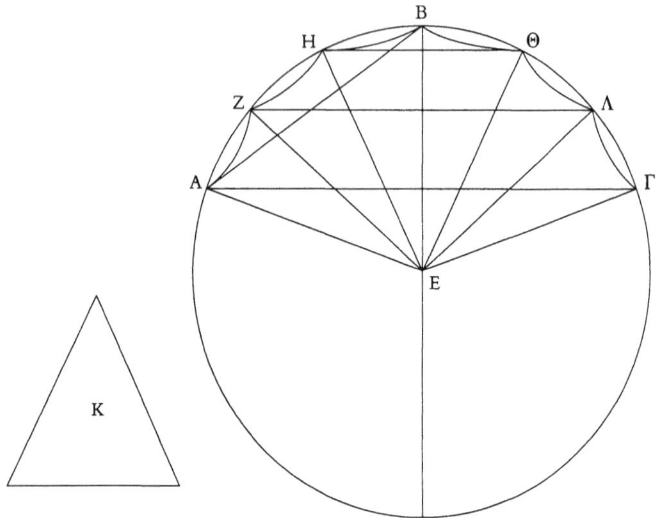

FIGURE 4.6 : *Le diagramme perdu du Codex A.*

les plus vigilants. Deux des scribes ne réfléchissaient pas à ce qu'ils faisaient et se sont contentés de copier ce qu'ils avaient sous les yeux ; pour cette raison, ils sont les témoins les plus fiables. Tel est l'un des paradoxes les plus classiques de la méthode philologique, connu sous le vocable de *lectio difficilior* (« la lecture la plus difficile ») : un mauvais texte a toutes les chances d'être le texte original.

Ainsi, nous avons fait un grand bond dans le passé : les descendants du Codex A datent des XVe et XVIe siècles, alors que le Codex A (comme le Palimpseste) provient probablement du Xe siècle : la méthode philologique nous a déjà fait gagner cinq ou six cents ans. Nous avons voyagé de la Renaissance au Moyen Âge. Mais je voulais poursuivre ma remontée dans le temps. J'avais besoin d'une machine qui me propulse du Moyen Âge à l'Antiquité.

Ce voyage, Will Noel m'en fit cadeau en m'invitant à venir voir le Palimpseste à Baltimore. Voilà pourquoi j'étais si excité en apprenant la nouvelle. J'avais un besoin vital de jeter un coup d'œil à ces diagrammes. Soit ces figures étaient identiques, ou presque, à celles du Codex A - auquel cas je pourrais reconstituer les anciens diagrammes. Soit ils étaient différents - stoppant net ma quête du « manuscrit original d'Archimède » autour de l'année 975. Les scribes byzantins pouvaient très bien avoir inventé les figures au lieu de les reproduire fidèlement.

La première fois que je me rendis à Baltimore, voici ce que je vis : des dessins à peine visibles, mais suffisamment familiers pour que je reconnaisse la même figure. Et grâce aux procédés d'imagerie numérique, je pus les reproduire de façon fiable. Je pris la figure reconstituée du Codex A et la plaçai à côté de celle du Palimpseste (figure 4.7). Vous constaterez comme moi qu'elles sont presque identiques. Il s'agit de l'une des découvertes majeures du Palimpseste : il est la pierre angulaire de la reconstitution des figures d'Archimède.

Reprenons la méthode philologique. Dans le Palimpseste, la droite AB n'est pas représentée et une lettre A se trouve en bas du cercle. Un scribe peut aisément avoir oublié de copier une seule lettre. J'ai donc ajouté à la craie une lettre A sur le diagramme du Codex A, imputant son oubli à une erreur du scribe et supposant qu'elle existait bien dans l'archétype commun. Pour ce qui est de la droite AB, c'est moins clair : il y a là une erreur et comme il n'y a qu'un seul manuscrit qui en fait mention - le Codex A - il peut s'agir d'une erreur commise par le scribe du Codex A. Bien sûr, il peut également s'agir d'une erreur apparue plus loin dans

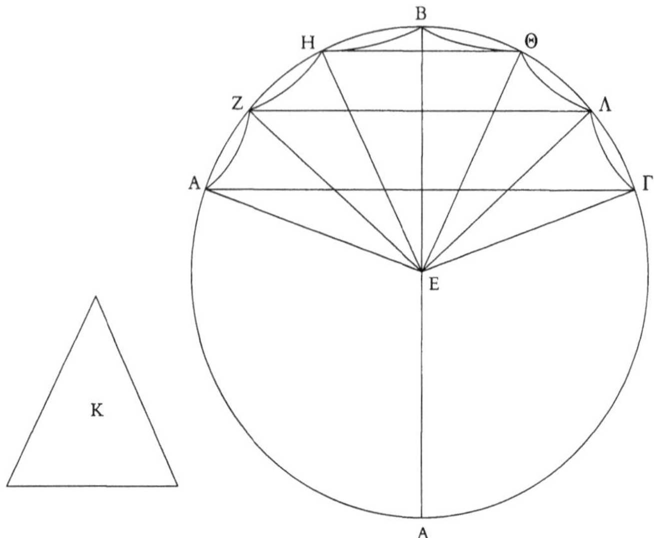

FIGURE 4.7 : *Le diagramme du Palimpseste.*

le temps, qui aurait ensuite été corrigée par le scribe du Palimpseste et non par celui du Codex A. Mais encore une fois, je connais à présent suffisamment le scribe du Palimpseste pour vous dire qu'il n'avait pas l'habitude de corriger les erreurs géométriques. Il ne comprenait manifestement rien aux mathématiques, à en juger par les fautes absurdes qu'il commettait.

En d'autres termes, je pense que la droite AB n'était pas sous ses yeux. Donc, elle ne faisait pas partie de l'archétype commun du Codex A et du Palimpseste. Ayant ainsi complété mon analyse de détective philologique, j'en conclus que le Palimpseste contenait l'ancien diagramme de la proposition 38 de *De la sphère et du cylindre* d'Archimède (figure 4.7).

Nous pouvons donc remonter le temps jusqu'à Syracuse, où j'espère bien découvrir la signification conceptuelle profonde de tout cela.

La logique des diagrammes grecs

Observez de nouveau le diagramme. Comme je viens de le dire, il paraît identique à celui qu'Archimède avait dessiné sur le sable de Syracuse. Je crois qu'il est la clé des figures grecques – une clé qui montre leur pertinence en tant qu'outil cognitif et logique. Il explique pourquoi les anciens diagrammes faisaient partie intégrante de la démonstration – ce qui va à l'encontre de toutes les assertions des philosophes et logiciens modernes.

Je dois d'abord vous dire une chose à propos des lignes AZHBΘΔΓ. Dans le diagramme tel qu'il est représenté, ces lignes apparaissent comme une séquence d'arcs. Mais que représentent-elles, géométriquement parlant ? Un polygone – soit une séquence de lignes droites. En effet, dans la figure 4.8, vous pouvez observer la façon dont l'éditeur moderne a choisi de faire apparaître la même figure. Au lieu d'arcs, il a dessiné des lignes droites. Il a décidé d'appeler un chat un chat. Si c'est un polygone, autant représenter un polygone. Peu importe la position d'Archimède, qui avait apparemment choisi de dessiner une série d'arcs pour représenter un polygone – mais qui s'en soucie ?

Ceci n'est pas un épisode isolé. Nous pouvons comparer les diagrammes reconstitués à partir de la proposition 30 (figure 4.9) – il y a dans ce traité quatorze exemples du même type de figure. Les arcs circulaires sont caractéristiques d'un principe de représentation, qui a une signification profonde.

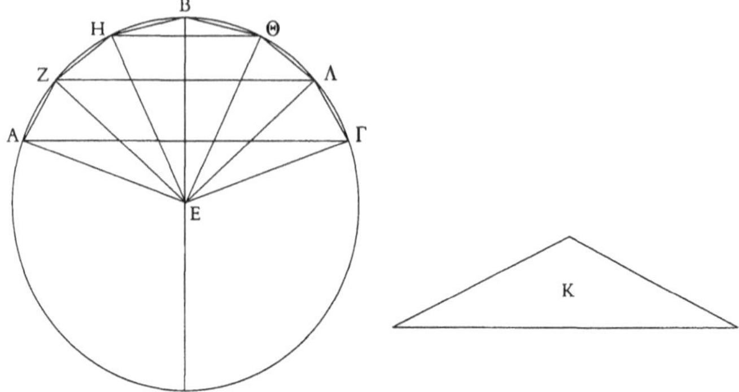

FIGURE 4.8 : *La représentation de la même figure
par un éditeur moderne.*

Avant tout, je crois que personne n'oserait introduire un changement aussi radical, allant qui plus est
à l'encontre de l'autorité de l'auteur. Imaginez que
vous êtes un scribe, payé pour copier des diagrammes. L'original comporte des polygones. Eh bien,
vous copiez des polygones. Vous n'inventez pas des
arcs circulaires à la place. Et cet argument – personne n'oserait introduire une convention contraire
à la source – peut se vérifier à chaque étape de la
transmission des données. Le seul moyen de prendre
en compte une telle convention est de supposer
qu'elle émane de l'auteur lui-même. Ainsi, cette
convention nous ramène-t-elle sur la grève de Syracuse – face à face avec Archimède. Je dois vous
avouer que cette pensée m'inspire un respect mêlé
d'admiration. Car il y a ici quelque chose de particulièrement tangible en ce qui concerne les diagrammes. Les mots sont conceptuels, les dessins sont
concrets – voire corporels. Voilà comment lui, Archimède, avait tracé sa figure, un bâton à la main. Si j'ai
effectivement raison – en reconstituant les diagram-

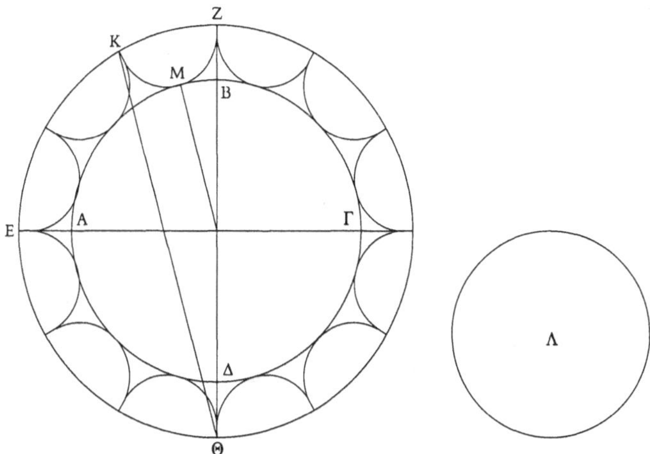

FIGURE 4.9 : *Diagramme de la proposition 30.*

mes d'Archimède – j'ai réussi en quelque sorte à reproduire l'extension de son bras. Nous avons sous les yeux les traces laissées par le grand homme en personne.

Passons maintenant au point conceptuel suivant. À quoi sert la représentation de polygones sous forme d'arcs circulaires ? C'est un exemple d'un phénomène courant que j'ai identifié dans les diagrammes d'Archimède (et, effectivement, dans plusieurs autres figures de manuscrits médiévaux). À savoir que les diagrammes sont non picturaux. Quand les Grecs dessinaient un polygone, ils faisaient en sorte que leur dessin ne ressemble *pas* à un polygone. Au lieu d'être une image, le diagramme antique est une représentation schématique.

Voici un autre exemple, impliquant là encore des figures empruntées à la fois au Palimpseste et à l'édition moderne. Cette fois, nous examinons une figure dont la seule preuve est contenue dans le

Palimpseste. Il s'agit de la première figure de la *Méthode* – en quelque sorte la plus importante des preuves visuelles du Palimpseste. Bien sûr, comme nous n'avons qu'une seule source, nous ne pouvons plus appliquer la méthode philologique et comparer cette figure à celles d'autres manuscrits médiévaux, qui dériveraient de la source originale.

Cependant, d'après nos observations, nous pouvons nous fier au Palimpseste. En effet nous avons vu que, quand on pouvait le comparer à d'autres sources, le Palimpseste contenait des diagrammes qui s'avéraient authentiques. Ainsi, nous avons bon espoir que ce diagramme soit fidèle à l'esprit original d'Archimède.

Maintenant, comparez les deux dessins de la figure 4.10. La figure moderne est « correcte ». Les droites TH et ZA doivent en effet être parallèles. La ligne ZA est coupée en son centre au point K ; ΘΓ est elle aussi coupée en son centre au même point K. La courbe ABΓ doit être un segment parabolique subtilement incurvé. En résumé, c'est un diagramme pictural – il représente véritablement l'objet. D'un autre côté, la figure du Palimpseste est schématique. La ligne ZA n'est pas coupée en son centre par le point K, pas plus que la ligne ΘΓ. La courbe ABΓ est dessinée à main levée comme une sorte d'arc circulaire. Ce sont des dessins schématiques : ils suggèrent les objets au lieu de les représenter précisément.

Pourquoi les mathématiciens grecs produisaient-ils des dessins non picturaux ? Pourquoi ne trouvaient-ils pas les schémas satisfaisants ? N'allez pas croire un instant que c'était parce que les dessinateurs de l'époque étaient des incapables. Ils pouvaient parfaitement dessiner de spectaculaires représentations

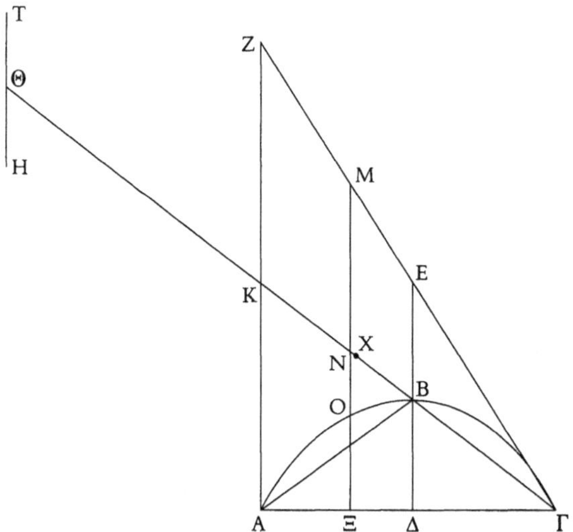

Illustration moderne

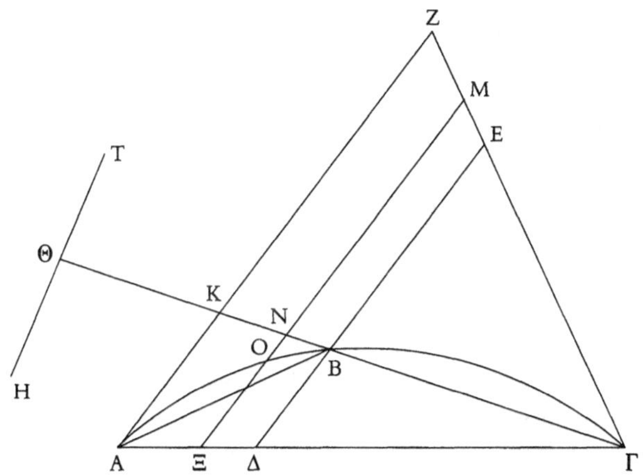

Le diagramme du Palimpsest

FIGURE 4.10 : *La* Méthode I *d'Archimède.*

picturales. Les grandes découvertes dès maîtres de la Renaissance - perspective et illusion - avaient déjà été réalisées durant l'Antiquité. Nous le savons par des moyens détournés - quand les Romains ont pillé des villes comme Syracuse, ils se sont enthousiasmés pour l'art grec et ont fait de leur mieux pour l'imiter. Dans des cités perdues telles que Pompéi, les peintures murales nous en disent long sur le niveau de l'art ancien - et elles montrent une compréhension claire des principes géométriques des dessinateurs. Prenez par exemple l'interprétation de la profondeur et de la perspective de la figure 4.11. Les points de fuite sont en place. L'illusion est irréfutable. Ici, sur un mur de Pompéi - et il y avait des centaines de murs de ce genre dans cette ville -, on peut admirer la compréhension grecque des principes optiques de peinture. Et il ne fait aucun doute que la compréhension de ces principes était connue dans l'Antiquité. De nombreux traités d'optique nous sont parvenus - dont l'un (d'Euclide) contient un théorème spécifique à la perspective picturale. Une roue, par exemple, vue de côté, ressemble à une ellipse et non à un cercle ! En d'autres termes, les roues dans les peintures murales de Pompéi se rapportent à la connaissance que partageait Euclide.

Cependant, paradoxalement, ce splendide art du dessin n'est nulle part mis en évidence dans les diagrammes mathématiques grecs. Les mathématiciens grecs ont évité l'art pictural à dessein, lui préférant l'expression « libre » des figures schématiques qui ne sont pas représentatives de l'objet. Pourquoi cela ?

Ces étranges diagrammes intuitifs étaient la solution des mathématiciens grecs au problème philosophique posé par l'utilisation des diagrammes comme preuves. C'est une idée très subtile, qui mérite toute notre attention et notre admiration.

FIGURE 4.11

Souvenez-vous du problème philosophique posé par les diagrammes – qui sont toujours des cas particuliers. Comment établir une règle générale à propos de triangles ? On ne peut dessiner un triangle « en général », seulement un triangle particulier. Si vous dessinez un triangle rectangle, vous pouvez être induit en erreur et amené à croire que l'aire d'un triangle, en général, est le produit des deux plus petits côtés, divisé par deux. Vous en venez à vous appuyer sur les propriétés spécifiques d'un triangle particulier.

Mais est-il inévitable qu'un diagramme particulier induise une propriété particulière ? Voici le point subtil. Je pourrais dessiner un triangle vert, un cercle bleu et un carré rouge. Mais si je voulais établir une argumentation géométrique à leur propos, je ne me référerais pas à leur couleur. Dans la tradition occidentale, les couleurs n'ont pas de signification géométrique. Elles n'ont aucune incidence et ne font absolument pas partie du dessin, du moins tant qu'il s'agit de géométrie. Elles sont là simplement parce qu'il est impossible de dessiner un triangle sans choisir une certain couleur. D'habitude, bien sûr, on utilise du noir. Mais cela ne fait pas de notre géométrie la « géométrie des figures noires ». La couleur est simplement hors de propos.

À présent, imaginez une tradition qui considère la mesure des angles comme aussi impropre que les couleurs des traits. Dès lors, par exemple, un polygone peut être représenté par une série d'arcs circulaires sans que personne ne trouve rien à redire. Parce que, voyez-vous, des propriétés telles que la mesure des angles sont tout simplement hors de propos : ce n'est pas ce qu'une figure géométrique représente. Ainsi, quand on dessine un triangle rectangle vert, il n'est pas plus vert qu'il ne possède un angle droit. Bien sûr, il apparaît avec un angle droit – tout comme il apparaît vert – mais la couleur et l'angle droit sont tous deux sans importance, et doivent être délaissés par le lecteur averti. Seul un enfant naïf pourrait voir un triangle « vert ». Et seul un lecteur moderne naïf – non habitué aux diagrammes anciens – verrait un triangle rectangle.

Ainsi, les diagrammes antiques sont schématiques et, de cette façon, ils représentent les figures générales, topologiques, de l'objet géométrique.

En conséquence, ces figures sont fiables – elles sont aussi bien représentées par un diagramme que par le langage. Ainsi, les diagrammes antiques peuvent faire partie intégrante de la logique d'une argumentation parfaitement valide.

Nous avons appris, cependant, une chose cruciale et surprenante à propos du cheminement de la pensée d'Archimède. Il s'appuie essentiellement sur le visuel. Il l'utilise par le biais de diagrammes schématiques qui soutiennent une rigueur parfaitement logique, sans risque d'erreur basée sur les preuves visuelles. Lorsqu'Archimède étudiait son diagramme sur la plage de Syracuse, il voyait des figures tout à fait semblables à celles que nous reproduisons aujour-d'hui, grâce au Palimpseste. Et je sais que ce qu'il voyait était une partie prépondérante du chemine-ment de sa pensée : l'un de ces outils si simples qui faisaient la force de la science grecque.

La beauté des mathématiques

Ce n'est donc pas sans raison qu'Archimède fit graver un diagramme sur sa tombe. Les diagrammes étaient inhérents à son raisonnement. Et ils étaient uti-lisés d'une manière subtile, intelligente – très diffé-rente de celle des illustrations modernes – de sorte qu'ils pouvaient servir la logique d'une démonstration.

Je pense moi-même avoir deviné la signification du dessin de la tombe d'Archimède. En réalité, c'est très simple. Les diagrammes géométriques grecs s'af-franchissent des effets de perspective et d'illusion tridimensionnelle. Dès lors, comment représenter une sphère et un cylindre ? Simplement par un carré englobant un cercle. Je crois que c'est ce qui était gravé dans la pierre (avec peut-être l'affirmation, ins-crite en-dessous, que le cylindre était une fois et demie la sphère). Une figure simple, austère. Les anciens inscrivaient souvent des épigrammes sur leurs tombes – des poèmes courts et suggestifs exprimant le regret et l'adieu. Le diagramme d'Ar-chimède était son épigramme – un témoignage visuel succinct et direct. Peut-être ressemblait-il à la figure 4.12.

C'est une belle épigramme, d'une résonance profonde. Elle doit suggérer bien d'autres objets, bien d'autres découvertes. La figure même d'un

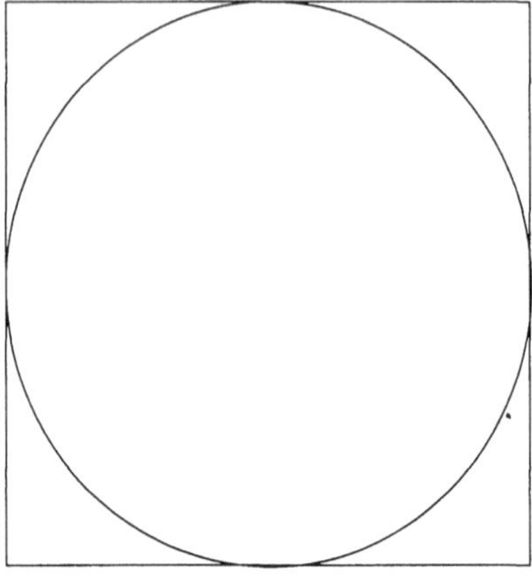

FIGURE 4.12

carré englobant un cercle fait avant tout penser aux résultats d'Archimède sur la mesure du cercle – sa remarquable approximation de π. Le carré et le cercle évoquent également les rectangles et les paraboles, se rapportant aux découvertes les plus importantes d'Archimède concernant les paraboles et d'autres sections coniques dans *La Quadrature de la parabole*, *Sur les conoïdes et les sphéroïdes*, *Des corps flottants* et, bien sûr, la *Méthode* elle-même. En effet, un cercle inscrit dans un carré renvoie au thème commun à la plupart des œuvres du mathématicien – son obsession de la mesure des objets courbes. Bien sûr, ceci n'est qu'une hypothèse. Mais cette interprétation de la tombe est alléchante. Elle combine simplicité de la forme et complexité du sens – une épigramme visuelle et une œuvre représentative du génie d'Archimède. Telle est la beauté de la science de notre savant.

Bien sûr, nous pouvons imaginer différentes formes de beauté. Les diagrammes mathématiques

grecs étaient austères. D'autres images anciennes
– nous pouvons de nouveau nous reporter à Pompéi
(figure 4.11) – étaient au contraire somptueuses. La
beauté des peintures de Pompéi était fastueuse
– sans doute à l'instar de nombreuses demeures de
Syracuse, en l'an 212 av. J.-C. Mais les mathématiques ne sont pas toujours austères. Par exemple, au
XVIIe siècle, l'œuvre d'Archimède prit une apparence
très différente. L'édition établie par Rivault – dont
Newton se servit –, réalisée à Paris en 1615, incar-
nait le faste des monarques français (auxquels elle
était dédiée). Les figures des sphères et des cylindres furent exécutées de façon alambiquée dans une
perspective tridimensionnelle. Les images de Rivault
avaient beau être ravissantes, elles étaient loin de la
signification mathématique des travaux d'Archimède. En effet, en suggérant que les diagrammes
étaient des illustrations précises, Rivault anéantit
toute la spécificité des anciens diagrammes – leur
précision austère et abstraite en tant que dessins
topologiques et schématiques.

La beauté inhérente à ces dessins est irréfutable, selon des considérations purement esthétiques.
L'étude du traité *Des spirales* d'Archimède est de
ce point de vue particulièrement représentative. Ses
figures sont toutes saisissantes et on a l'impression
qu'Archimède étudie les spirales en partie à cause
de leur fascination visuelle et esthétique. La figure
de la proposition 21 du Palimpseste (figure 4.13) est
l'une des plus belles. (Elle est évidemment en partie
masquée par les écritures bibliques.) Profondément
austère et non picturale. Regardez attentivement la
figure et vous remarquerez que la spirale ne ressemble pas à une vraie spirale, bien incurvée, mais à une
séquence d'arcs de différents cercles. Les petites

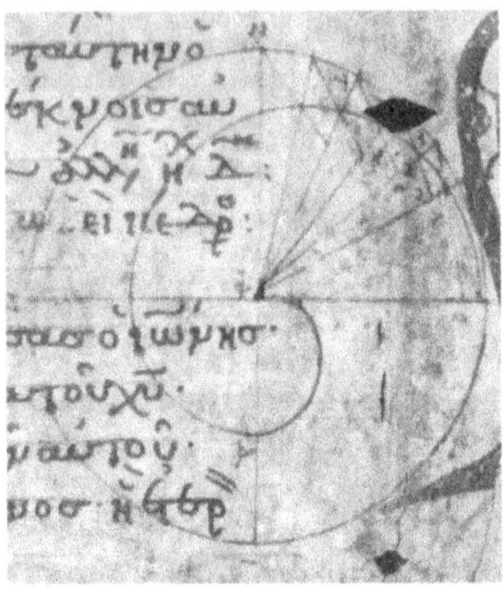

FIGURE 4.13

lignes droites sont particulièrement représentatives : elles sont analogues aux polygones incurvés observés dans *De la sphère et du cylindre*. Ici, une fois encore, nous observons le caractère non pictural des diagrammes grecs. Les petites lignes droites représentent chacune un petit arc. (Dans *De la sphère et du cylindre*, les arcs figurent des lignes droites. Ici, dans *Des spirales*, les lignes droites tiennent lieu d'arcs.)

Ceci est bien sûr extrait du manuscrit d'Archimède datant de l'an 975 apr. J.-C. Je pense que cette vision est très fidèle à l'original, non seulement en termes de diagrammes mais aussi d'impact visuel. Les colonnes étroites, notamment, sont significatives : elles nous ramènent dans le passé, à l'époque des rouleaux de papyrus (écrits en colonnes serrées). Comme je l'ai déjà mentionné, nous n'avons aucun manuscrit ancien analogue nous permettant d'établir une comparaison, mais nous possédons un certain nombre de travaux scientifiques qui existent toujours sous forme de rouleaux de papyrus. Ils ne sont pas aussi importants que ceux d'Archimède ou d'Euclide, mais ils nous donnent de nombreux enseignements sur l'apparence de la science à l'époque antique.

Le plus ancien d'entre eux est un texte mineur sur l'astronomie, intitulé *Ars Eudoxi*, aujourd'hui conservé au musée du Louvre, où il est connu sous l'appellation « Papr. Gr. I » (« Papyrus Grec I »). C'est en effet une très ancienne pièce de papyrus, datant de la fin du IIIe siècle av. J.-C., sans doute écrite à l'époque d'Archimède. Ses colonnes serrées, accidentées, ses figures schématiques et son écriture claire et sobre sont représentatives de la tradition manuscrite de l'époque d'Archimède. La science antique avait probablement cette apparence.

Elle n'était bien entendu pas sous forme de livre. Comme Will Noel l'a fait remarquer, c'est là la différence majeure avec le Palimpseste : les écrits de l'Antiquité sont sous forme de rouleaux et non de livres. Au lieu de feuilleter Archimède, vous deviez le dérouler. Cette technique était gênante pour trouver une information, disons, dans un dictionnaire. Mais je pense que le rouleau était plutôt pratique pour la lecture continue de la géométrie. Will a raison : à l'époque où les gens faisaient la transition entre le rouleau et le codex, ils passaient également d'une culture de la lecture continue à une culture où l'extraction d'information était prépondérante. C'était l'avènement d'un monde où l'œuvre de référence ultime était... la Bible.

D'après les considérations suivantes, vous constaterez que le rouleau est mieux adapté à la géométrie. Avez-vous déjà lu un passage de géométrie de plus de deux pages ? Si tel est le cas, vous devez vous en souvenir. Car vous avez dû tourner les pages plusieurs fois, allant et venant du texte à la figure, oubliant le texte pendant que vous étudiiez la figure et tentant de vous remémorer la figure tandis que vous lisiez le texte. À cet égard, le rouleau est une bien meilleure interface. (À mon sens, les livres de géométrie devraient être écrits sur des rouleaux !) Vous déroulez le livre de sorte que vous avez sous les yeux à la fois le texte et la figure, ce qui est fort pratique. Le rouleau de mathématique ancien était une pièce polie au motif dépouillé. Comparez-le à une machine à café italienne : des lignes pures et élégantes pour un breuvage parfait.

La simplicité était l'apanage non seulement des dessins, mais aussi de l'écriture. C'est l'une des considérations majeures de l'histoire de l'écriture – et pas seulement dans le domaine des mathématiques. Avec le temps, l'écriture s'est diversifiée. Les anciens étaient plus sobres que nous : au lieu d'employer plusieurs polices et surtout, des petits et des grands caractères, ils n'utilisaient qu'une seule police et écrivaient uniquement en grands caractères. VOILÀ À QUOI RESSEMBLAIT L'ÉCRITURE ANCIENNE. L'*Ars Euxodi* en est un bon exemple. Et les écrits originaux d'Archimède étaient du même acabit. Élégants, simples, pratiques.

Quand l'écriture s'est diversifiée, les interfaces ont changé. Au Moyen Âge – à l'époque du Palimpseste – l'écriture utilisée pour copier le Palimpseste était déjà différente. Ce changement a influé sur l'histoire des interfaces mathématiques. Aujourd'hui, l'emblème des mathématiques est l'équation, l'arrangement de symboles. Or c'est le résultat d'un long processus historique dont les fondements remontent au Moyen Âge. Pour cela, tournons-nous, une fois encore, vers le Palimpseste d'Archimède.

Les origines médiévales
des symboles mathématiques

Le Palimpseste est un important témoignage, non seulement de l'an 225 av. J.-C., mais aussi de l'an 975 apr. J.-C. Le scribe qui a copié les travaux d'Archimède n'a sans doute eu aucune influence sur l'avancée des concepts mathématiques – il n'était pas Archimède. En fait, je suis persuadé qu'il ne connaissait rien aux mathématiques. Mais il a apporté sa contribution à l'histoire des interfaces des mathématiques. Ses choix en matière d'écriture, sa façon d'arranger les mots sur la page, de les lier, ont influencé la lecture d'Archimède par les futurs mathématiciens. Ceci est une constante de l'Histoire, du temps d'Archimède de Syracuse à aujourd'hui : les scribes, les compositeurs et les éditeurs ont apporté une contribution silencieuse à l'histoire de la science, parfois aussi importante que celle des scientifiques eux-mêmes.

Ainsi les scribes inventèrent-ils, silencieusement, le symbole mathématique. Par ce biais, ils ouvrirent la voie à l'équation mathématique, l'outil le plus puissant de la science moderne. En copiant fidèlement les diagrammes d'Archimède, le scribe de l'an 975 ouvrait déjà la voie aux équations de la science moderne.

Examinons un passage du palimpseste. La figure 4.14 est extraite de la seconde proposition du deuxième livre du traité *De la sphère et du cylindre*. Comme nous l'avons vu pour les diagrammes grecs, l'écriture, dans la langue originale d'Archimède, ne comportait aucun enjolivement. ARCHIMEDE ECRIVAIT AINSI ou, plus précisément, ARCHIMEDEECRIVAITAINSI (la division des mots est, elle aussi, une invention médiévale). En particulier, le texte d'Ar-

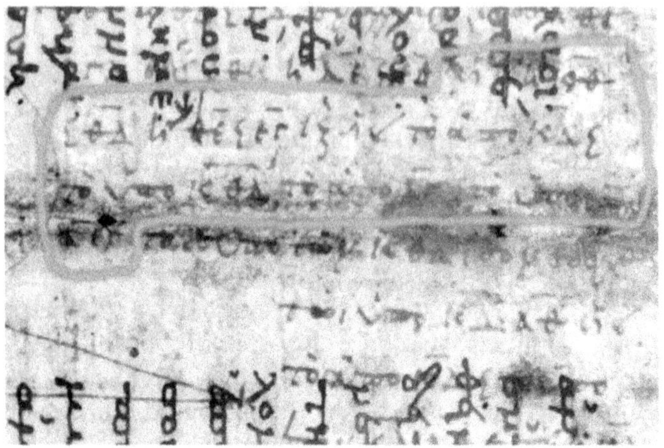

FIGURE 4.14

chimède ne contient aucune abréviation : chaque mot est écrit en toutes lettres.

Cependant, le travail d'un scribe est très fastidieux : recopier un texte, mot par mot, lettre par lettre. Il paraît donc sensé d'abréger les mots. Si un mot est répété très souvent, pourquoi ne pas inventer un symbole pour le désigner, au lieu d'avoir à le recopier maintes et maintes fois ? Bien sûr, cette méthode comporte des désavantages esthétiques. S'il y a trop d'abréviations, le texte ne ressemblera plus au texte original grec et s'apparentera davantage à la sténographie. Pour une œuvre poétique, sans doute acquise à un prix élevé, le texte contenait peu d'abréviations. Mais un ouvrage technique, par exemple sur les mathématiques, ne coûtait sans doute pas très cher. Le Palimpseste d'Archimède est un exemple précieux d'art scriptural, mais ce n'est pas un manuscrit de luxe. Personne n'avait interdit aux scribes d'utiliser des abréviations.

Ainsi, nous en revenons au texte *De la sphère et du cylindre*. Voici une traduction d'un extrait :

(1) Donc ce que le [segment] KΘ est au [segment] ΘE est ce que le [segment] ΘE est au [segment] EΓ, et donc ce que le [carré] sur KΔ est au [rectangle contenu] par KΘΔ est ce que le [carré] sur AΓ est au [rectangle contenu] par AEΓ

Vous remarquerez avant tout que ma traduction prend bien plus de place que le texte grec du manuscrit. Il y a deux raisons à cela. La première est due à Archimède, la seconde aux scribes du Moyen Âge. D'abord, il y a des mots entre crochets. Archimède n'employaient pas les termes « segment », « carré » ou « rectangle ». Il laissait le lecteur les deviner en fonction du contexte. Grâce à cette méthode, il gagnait beaucoup de place. Le langage employé par Archimède était un modèle de minimalisme et de dépouillement, qui allait de pair avec ses diagrammes sobres et raffinés. Il usait de peu de mots – car les lecteurs connaissaient déjà la teneur de ses écrits (tout comme ils pouvaient « lire » les diagrammes minimalistes correctement, car ils comprenaient leur nature en tant que diagrammes mathématiques). Comme Archimède n'utilisait que des majuscules et ne séparait pas les mots, son texte ressemblait à ceci :

(2)DONCCEQUELEKΘESTLEΘEESTCEQUELEΘE
ESTALEEΓETDONCCEQUELESURKΔESTALEPARKΘΔ
ESTCEQUELESURAΓESTALEPARAEΓ

Ceci, en effet, est le genre d'interface qui vous met au défi.

À ce moment-là, les scribes du Moyen Âge ont introduit un certain nombre de variations. L'utilisation de différentes casses – petits et grands caractè-res – s'avéra très utile. Cela nous permit de séparer les lettres se rapportant au diagramme (en majuscu-les) du reste du texte (en minuscules). La division des mots est une autre invention majeure. Les deux méthodes combinées nous sont plus familières.

(3) Donc, ce que le KΘ est à le ΘE est ce que le ΘE est à le EΓ, et donc ce que le sur KΔ est à le par KΘΔ est ce que le sur AΓ est à le par AEΓ

Cependant, les scribes du Moyen Âge introdui-sirent encore une nouvelle innovation – leur contri-bution personnelle à la densité du texte. Ils créèrent des abréviations. Non pas pour des considérations mathématiques sophistiquées, mais parce qu'ils étaient fainéants. Ainsi, au lieu de recopier le terme récurrent *pros* (qui signifie « à »), ils insérèrent à la place un symbole qui ressemblait à la lettre capitale sigma, Σ. Ils ajoutèrent d'autres abréviations et sym-boles, par exemple une sorte de *w* pour « ce que », une sorte de *K* pour « et » et l'équivalent d'un ε pour « donc ». Voici à quoi ressemble finalement le texte :

(4) ε *w* le KΘ est Σ le ΘE est Σ *w* le ΘE est le EΓ, *K* ε *w* le sur KΔ est Σ le par KΘΔ est *w* le sur AΓ est Σ le par AEΓ

À noter également que le terme grec équivalent à « le » peut être représenté par un ou deux caractè-res (cela dépend du genre et du cas grammatical). Je le noterai « l' » pour donner une meilleure idée de l'écriture originale :

(5) ε *w* l' KΘ est Σ le ΘE est Σ *w* l' ΘE est le EΓ, *K* ε *w* l' sur KΔ est Σ l' par KΘΔ est *w* l' sur AΓ est Σ l' par AEΓ

Cette transcription peut paraître confuse et vous préférerez sans doute l'écriture au long de l'exemple (1) au lieu de l'expression remplie d'abréviations de l'exemple (5). Vous pourrez même avoir l'impression, en lisant le (5), d'avoir sous les yeux des hiéroglyphes. Mais ce n'est qu'une simple question d'habitude. Il faut apprendre à lire ce type d'annotations – exactement comme le font les scientifiques modernes. Par exemple, un mathématicien moderne pourrait aussi bien écrire la proposition ainsi :

$$(6) \rightarrow K\Theta{:}\Theta E{::}\Theta E{:}E\Gamma$$
$$\rightarrow K\Delta^2{:}K\Theta^*\Theta\Delta{::}A\Gamma^2{:}AE^*E\Gamma$$

Ce qui paraît aussi hiéroglyphique que la proposition (5). Archimède lui-même n'aurait rien compris à la transcription moderne (6), tout comme le lecteur moderne reste pantois devant la phrase précédente (5).

Il faut apprendre les annotations, après quoi, les hiéroglyphes font parfaitement sens en termes d'interprétation symbolique du contenu.

Ceci est un point essentiel. Tous ces exemples – de (1) à (6) – contiennent exactement le même message. Seule la forme, l'interface, est différente. Mais quelle différence ! En effet, l'invention de notations abrégées est l'une des étapes clés dans l'évolution de la science moderne. Nous devons encore retracer l'histoire de cette invention. Depuis peu, les universitaires étudient les manuscrits médiévaux, non pas pour leur contenu, mais pour leur valeur de document. Comment les scribes en sont-ils venus à inventer un système tel que celui de l'exemple (5) ? Nous n'avons pas encore toutes les réponses. Le Palimpseste d'Archimède, en tant que manuscrit le plus ancien en notre possession, est l'une des pièces clés de cette recherche.

Les grandes lignes de cette histoire – l'histoire des interfaces scientifiques – sont cependant claires. Une transition s'est opérée entre la science des diagrammes et la science des équations. Ces sciences peuvent être perçues comme deux moyens d'utiliser les capacités visuelles humaines dans le champ hautement conceptuel de la pensée mathématique. D'un mode de science visuelle – la science des Grecs, fondée sur les diagrammes – nous avons évolué vers une autre science visuelle – la science moderne, fondée sur le symbole et l'équation.

Le Palimpseste d'Archimède se trouve à la croisée des chemins : il est le meilleur témoignage de la science antique des diagrammes et une pièce majeure de la science alors naissante des symboles et des équations.

L'expérience mathématique

Tout ce que j'ai évoqué – la nature des diagrammes mathématiques, la beauté de la représentation mathématique, l'invention du symbolisme – nous conduit à une idée fondamentale : les mathématiques sont une matière constituée d'expériences. Bien sûr, les mathématiques sont une discipline hautement conceptuelle et abstraite. Mais même un contenu abstrait doit être appréhendé par un être humain, de façon sensorielle. En tant qu'humains, nous sommes capables de comprendre des concepts abstraits, mais nous ne pouvons les appréhender que par l'expérience. Les concepts les plus abstraits doivent avoir une forme sensorielle, par le biais du langage et de la vision. La compréhension humaine passe avant tout par la vue et l'ouïe.

D'où l'émergence d'un consensus, ces dernières décennies, entre les philosophes, les logiciens, les historiens et les scientifiques cognitifs : la cognition et la logique, l'abstrait et le concret sont, au bout du compte, indissociables. Chose que dans un sens, les paléographes – les scientifiques qui étudient les écritures anciennes – savent depuis longtemps.

Dans l'étude de manuscrits anciens, les questions récurrentes sont les suivantes : « Comment le texte est-il écrit ? Quels sont les outils visuels inventés par les scribes ? Comment la page doit-elle être lue ? » Au cours de l'analyse d'un manuscrit, on est amené à explorer à la fois le fond et la forme. Le texte a beau être abstrait, ses applications concrètes ne le sont pas. Car le Palimpseste est bel et bien un objet physique – Will Noel l'appelle « le cerveau d'Archimède dans la boîte ». Tel est notre but ultime : par l'étude de l'histoire cognitive des diagrammes, des symboles, des pages et des manuscrits, nous devrions être en mesure de comprendre le fonctionnement du cerveau d'Archimède – tel qu'il était à Syracuse, au IIIe siècle av. J.-C.

Quand j'ai rencontré Will Noel au printemps 1999, nous étions loin de nous imaginer pouvoir parvenir à un tel résultat. Le manuscrit conçu en 975 avait été pratiquement effacé par le millénaire qui nous séparait de l'apogée byzantine.

Il est temps de rejoindre John Dean et Will Noel dans leur voyage à travers la Méditerranée pour comprendre comment ce manuscrit est devenu à ce point méconnaissable et comment, contre toutes attentes, il a survécu à l'épreuve du temps.

5.

La grande course, partie II
L'histoire du Palimpseste

Luttes désastreuses

De retour à Constantinople, John Dean et moi grimpâmes sur la tour de Galata pour admirer les alentours. Au-delà de la Corne d'Or se déployait le splendide panorama de Constantinople. L'église Sainte-Sophie et la Mosquée bleue dominaient l'ensemble. La mosquée rappelait la chute de Constantinople, conquise par les Ottomans en 1453. Cette conquête est souvent évoquée comme une grande tragédie, mais le réel désastre s'était déjà produit deux cents cinquante ans avant le saccage de Constantinople. Il avait été perpétré par les chrétiens d'Europe de l'Ouest.

En 1204, la Quatrième Croisade, appelée de ses vœux par le pape Innocent III, devait partir d'Europe pour se rendre en Égypte et de là, en théorie, gagner la Terre sainte. Encore fallait-il atteindre l'Égypte. Le doge de Venise était prêt à fournir une flotte de quatre mille chevaliers, neuf mille écuyers et vingt mille fantassins, mais au prix de quatre-vingt-six mille marcs. Les croisés acceptèrent, mais ils ne disposaient que de trente-quatre mille marcs au moment d'embarquer. Ils décidèrent donc de reprendre la cité dalmatienne de Zara pour les Vénitiens – leur part du butin comblerait la différence. Les croisés envahirent Zara, mais malgré le pillage de la ville, le butin s'avéra insuffisant pour payer leur dette. Les croisés ne pouvaient faillir à leur parole. Ils devaient impérativement honorer leur dette. Comment faire ? La réponse fut politique. En 1195, Isaac II Ange, empereur de Constantinople, avait été détrôné par Alexis III puis aveuglé et jeté dans un donjon. La fille d'Isaac était mariée à Philippe de Souabe et son fils, Alexis Ange, était également à la cour de Philippe. Alexis Ange proposa de payer les croisés et le Doge de Venise deux cent mille marcs s'ils acceptaient de le placer sur le trône de Constantinople. Le pape se réjouissait de cette idée, car Alexis Ange avait accepté de faire de la ville une cité catholique. Le doge recevrait de l'argent et bénéficierait de privilèges commerciaux, tandis que Philippe de Souabe mettrait une marionnette sur le trône de Constantinople. Même la politique moderne n'est pas aussi vile que celle-ci.

Telles étaient les réalités de la politique médiévale. Les croisés parvinrent à renverser Alexis III sans même prendre la cité et Alexis Ange devint co-empereur avec son père Isaac II. Mais même avec leur marionnette sur le trône, les croisés étaient toujours endettés et Constantinople n'était pas en mesure de payer la somme promise par Alexis. Alors que les croisés attendaient leur dû, certains d'entre eux s'attaquèrent à une mosquée. Un incendie se déclara au cœur du chaos qui s'ensuivit. Il se propagea à la vitesse de l'éclair et bientôt, une grande partie de la ville fut en flammes. L'incendie dura sept jours, tuant des centaines de personnes, détruisant une surface de 2 km de large en plein cœur de la vieille ville. Mais l'argent n'était toujours pas disponible. Comme on pouvait s'y attendre, Alexis perdit le soutien des habitants assiégés. Il fut étranglé et son père Isaac II mourut de chagrin. Les hostilités reprirent. Le lundi 12 avril 1204, les croisés firent une brèche dans les anciens murs de Théodose. Le jour suivant, Constantinople rendit les armes. Mais c'est seulement à ce moment-là que se produisit le saccage si justement décrit par Nicetas Choniates. Finalement, l'argent emplit les caisses du doge. La cité était aux mains des croisés, la foi catholique fut imposée aux orthodoxes et les textes classiques partirent en fumée.

Ce fut véritablement un événement cataclysmique pour les textes de l'Antiquité. L'arche des classiques avait brûlé. C'est ainsi que vingt des trente-trois historiens évoqués par Photius disparurent. Qui sait combien de copies des traités d'Archimède avaient été anéanties dans la tourmente ? L'avenir de ces textes n'était pas à Constantinople. Les copies qui avaient survécu au XIIIe siècle seraient retrouvées plus tard. Les Codex A, B et C flottaient sur les eaux du monde méditerranéen. Voyons où ils ont accosté – d'abord les Codex A et B, puis le C, aujourd'hui sur mon bureau.

Archimède en Italie

En 1881, un érudit du nom de Valentin Rose parcourut un manuscrit dans la grande bibliothèque du Vatican. Son auteur se nommait Guillaume de

Moerbeke, un frère franciscain, traducteur de nombreux textes en grec ancien, dont certaines œuvres d'Aristote. Le manuscrit en question contenait sa traduction des œuvres d'Archimède du grec au latin. Il termina son ouvrage le 10 décembre 1269. Comme Guillaume était devenu aumônier à la prison du pape Clément IV à Viterbe, en Italie, dans les années 1260, et qu'il s'y trouvait encore en 1271, on peut supposer que c'est là qu'il traduisit les traités d'Archimède.

Mais quels étaient les manuscrits originaux et où les avait-il trouvés ? Il y en avait deux, tous deux listés dans le catalogue des manuscrits appartenant au pape en 1311. Il s'agissait du Codex A et du Codex B. Le nº 612 était le Codex A. Déjà, en 1269, il ne devait pas être en très bon état, car la couverture était manquante. Dans le catalogue, le codex est désigné comme « angevin ». Cela signifie probablement qu'il avait été donné au pape par Charles Iᵉʳ d'Anjou, après la bataille de Benevento, en 1266. Le nº 608 était le Codex B. Comme le Codex A ne contenait pas *Des corps flottants*, Guillaume le traduisit à partir du second manuscrit.

Ainsi, les Codex A et B accostèrent en Italie. Mais le Codex B ne survécut pas très longtemps. Il ne fut pas revu après 1311. En revanche, le Codex A devint l'un des manuscrits les plus recherchés après la Renaissance italienne. En 1450, il était entre les mains du pape Nicolas V, qui manda Jacopo de Crémone pour le traduire de nouveau. En 1492, Laurent de Médicis – dit le Magnifique – envoya Politien à la recherche des textes absents de sa bibliothèque. Politien trouva le Codex A dans la bibliothèque de Giorgio Valla, à Venise, et en fit faire une copie. Cette copie fut conservée dans la bibliothèque Laurentienne, chef-d'œuvre architectural de Michel-Ange. Valla considérait le Codex A comme si précieux et si rare qu'il refusait de le laisser sortir de sa bibliothèque. Il ne donna même pas à Hercule d'Este, duc de Ferrare, l'autorisation de l'emprunter. Albert Pie de Carpi acheta la bibliothèque de Giorgio Valla. Quand Pie décéda, en 1531, le manuscrit devint la possession de son neveu, Rodolphe Pie, qui mourut à son tour en 1564. Personne n'entendit plus parler du Codex A.

Bien qu'ils aient disparu, les Codex A et B avaient fait leur office : ils avaient transmis l'œuvre d'Archimède au monde moderne. Les travaux du mathématicien avaient été méticuleusement décrits dans l'œuvre monumentale de l'érudit Marshall Clagett, *Archimède in the Middle Ages (Archimède au Moyen Âge)*. Que ce soit par l'intermédiaire du Codex A ou des traductions latines de Guillaume de Moerbeke ou Jacopo de Crémone, les traités d'Archimède s'étaient retrouvés entre les mains de l'homme le plus talentueux de la Renaissance. La Renaissance fut, fort heureusement, une période propice à la réception de l'œuvre de ce grand homme.

Le légendaire Archimède était devenu le surnom d'inventeurs et de mathématiciens brillants. Filippo Brunelleschi, par exemple, avait été surnommé le « Second Archimède » pour la réalisation du magnifique dôme de la cathédrale de Florence au début du xvᵉ siècle. Mais l'Archimède que les hommes de la Renaissance découvrirent dans les traités était très proche de la figure légendaire. Leon Battista Alberti, le grand auteur florentin, architecte et peintre, connaissait parfaitement *Des corps flottants*. Comme l'a montré James Banker en 2005, Piero della Francesca, dont les peintures recèlent d'étonnantes subtilités géométriques, avait entièrement retranscrit la traduction de Jacopo de Crémone. Regiomontanus, le mathématicien allemand dont l'œuvre était si importante aux yeux de Copernic, avait lui aussi copié la traduction de Jacopo après que le pape l'eut donnée au cardinal Bessarion. Coûte que coûte, les grands esprits mathématiques de la Renaissance avaient eu accès aux travaux d'Archimède. Cette tâche devint plus aisée après 1544, année de publication de la première édition des textes d'Archimède, à Bâle. Pour beaucoup de ces traités, la course contre la destruction était terminée, et ils l'avaient gagnée. Galilée et Newton les avaient lus et la science moderne était née.

Le livre méconnu de Léonard de Vinci

Sans doute avez-vous été surpris que j'aie laissé de côté l'un des plus grands esprits de la Renaissance : Léonard de Vinci. Nous avons vu que, depuis Héron, Archimède suscitait l'intérêt des plus grands architectes et mathématiciens de leur temps – des hommes qui non seulement maîtrisaient les mathématiques théoriques, mais qui voulaient aussi appliquer leurs connaissances sur le plan pratique. Il n'est donc pas surprenant que Léonard ait été lui aussi impatient de tenir entre ses mains une copie des traités d'Archimède. Dans son calepin, il avait noté : « L'œuvre complète d'Archimède est en possession du frère de Mgr de Santa Giusta, à Rome. Il l'avait obtenue par son frère, qui vivait en Sardaigne. Elle était au départ dans la bibliothèque du duc d'Urbino, mais elle avait été emportée à l'époque par le duc Valentino. » Finalement, Léonard de Vinci avait réussi à se procurer une copie des manuscrits d'Archimède. Ses notes révèlent des connaissances extraites de *La Mesure du cercle*, *Des spirales*, *De la sphère et du cylindre*, *Des corps flottants* et *De l'équilibre des figures planes*. Le dernier texte cité fascinait tout particulièrement Léonard, car il concernait la recherche des centres de gravité. Le savant italien l'utilisa pour démontrer comment trouver le centre de gravité d'un triangle. (Dans le chapitre suivant, vous ferez la même chose.) Il ne s'arrêta pas pour autant aux découvertes d'Archimède. L'œuvre du mathématicien grec lui servit de point de départ pour ses recherches. Voyez-vous, dans *De l'équilibre des figures planes*, Archimède ne parle que de la recherche de centre de gravité dans des figures planes. Léonard alla au-delà et s'employa à trouver les centres de gravité de solides, toujours en appliquant les techniques d'Archimède. Et il parvint à démontrer un théorème permettant de trouver le centre de gravité d'un tétraèdre. Cette remarquable trouvaille par ce génie de la Renaissance illustre parfaitement l'emploi des œuvres d'Archimède par les érudits de l'époque.

Cependant, il y a un traité dont Léonard ne prit jamais connaissance. En conséquence, il ne pouvait savoir qu'Archimède, mille sept cents ans plus tôt, était déjà allé bien plus loin que lui. Dans la *Méthode*, Archimède avait déjà trouvé les centres de gravité de solides bien plus compliqués qu'un tétraèdre – des solides aux surfaces incurvées. Dans sa lettre à Ératosthène, Archimède avait calculé le centre de gravité d'un paraboloïde, d'un segment sphérique, du segment d'un ellipsoïde et même du segment d'un hyperboloïde. Ce n'est pas faute d'avoir étudié les manuscrits de son prédécesseur, pourtant, Léonard de Vinci n'eut pas accès à ces découvertes. Non, le savant italien ne pouvait connaître ces textes car ils ne se trouvaient ni dans le Codex A ni dans le Codex B, les deux seuls manuscrits connus d'Archimède à l'époque de la Renaissance. Ils faisaient partie au Codex C. Ou du moins, ils en avaient fait partie.

Effacement

Un scribe s'apprête à se mettre à l'ouvrage. Ses plumes, sa règle et son couteau sont prêts. Il s'installe sur sa chaise. À côté de lui, une petite table avec un encrier rempli d'encre noire. Il s'empare de la première feuille de parchemin d'une pile toute proche. Avec une pointe, il trace des lignes sur la feuille, qui lui serviront de support pour ses lettres. (Pour ce faire, il utilise une lame aiguisée, qu'il aligne sur les petits trous percés au bord des folios.) Le parchemin attend maintenant sur ses genoux, sur le haut de sa planche. Devant le scribe, sur un pupitre, le codex qu'il est sur le point de recopier. Le scribe est prêt.

Cette scène vous donne une impression de déjà-vu, parfait. Observez encore un instant le tableau. Cette fois, nous ne nous intéressons pas au codex sur le pupitre. C'est le parchemin sur lequel le scribe s'apprête à écrire qui retient notre attention. Il va en effet réitérer un procédé bien connu.

Vous avez deviné, bien sûr, que le parchemin en question était le Codex C, le manuscrit d'Archimède contenant *De l'équilibre des figures planes* et le *Stomachion*, sans oublier la *Méthode*. Mais le livre avait été démantelé, les folios éparpillés et le texte

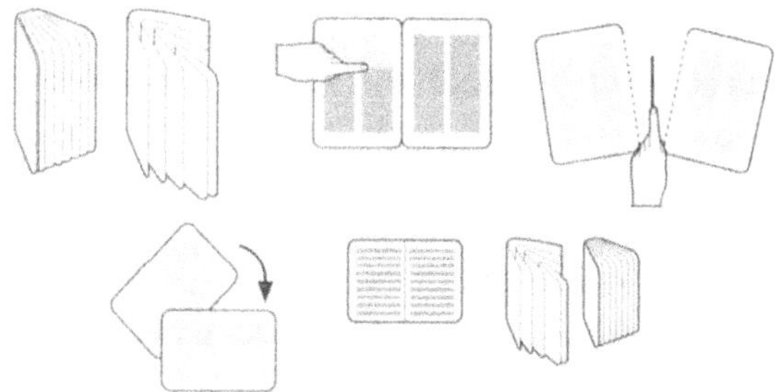

FIGURE 5.1 : *Comment fabriquer un palimpseste.*

effacé. Le scribe a bien plus de prières à écrire que de parchemin d'Archimède pour les contenir, mais cela ne l'arrête pas pour autant. Il va simplement utiliser des feuilles de parchemin extraites d'autres codex – quatre au minimum.

Le procédé consistant à effacer les textes d'Archimède afin de réécrire par-dessus – principe même du « palimpseste » – était une opération impitoyable. Les manuscrits avaient été délogés de leur étagère, leur trame démantelée, les couvertures découpées et ôtées, les coutures défaites et les folios détachés. Rien de plus facile. Une fois le codex en pièces, les folios étaient nettoyés avec une sorte d'acide naturel. Aucun texte grec ne nous explique comment les scribes procédaient, mais Theophilus, auteur de *De Diversis Artibus*, en Europe de l'Ouest au Xe siècle, suggérait qu'avec une éponge imbibée de jus d'orange, le texte pouvait être efficacement effacé. À n'en pas douter, les scribes utilisaient une mixture acide, mais l'opération pratiquée sur le Palimpseste fut bien plus sévère que celle évoquée par Theophilus. Abigail découvrit des trous au bord des folios – comme si des ongles avaient exercé sur eux une forte pression. Il était courant de punaiser les bifolios humides sur une planche, pour éviter qu'ils se rétractent en séchant. Abigail remarqua également des égratignures sur les textes d'Archimède : une fois les bifolios secs, ils étaient frottés à l'aide d'une pierre ponce. Voilà, c'était terminé. Après avoir été scrupuleusement nettoyées, les peaux sur lesquelles apparaissaient autrefois les textes d'Archimède étaient ôtées de leur cadre et rangées dans un coin.

Avant d'utiliser un folio d'Archimède, le scribe le coupait en deux en suivant la pliure et créait ainsi deux folios. Par chance, il s'arrêtait là. Ainsi, aucune trace des textes d'Archimède n'a été réellement effacée par le créateur du Palimpseste. Le scribe faisait ensuite pivoter les deux folios de 90° et les pliait en deux pour en faire deux petits bifolios, format idéal pour le livre de prières. Les folios de la bible sont donc deux fois plus petits que les originaux d'Archimède.

Cependant, quand le scribe prit les folios d'Archimède, ils étaient si désordonnés qu'aujourd'hui, deux bifolios d'Archimède sont séparés dans le livre de prières. De plus, le scribe a intercalé des parchemins palimpsestes d'autres manuscrits. Le manuscrit d'Archimède formait le squelette du Palimpseste. Les autres en fournissaient la chair.

Pour le scribe, il était logique de couper les folios en deux et de les faire pivoter de 90°, car c'était une pratique commune dans le procédé du palimpseste. Grâce à cette technique, les scribes n'étaient pas gênés par les traces des anciennes écritures, car ils écrivaient à angle droit par rapport aux textes précédents. C'était plus simple que de réécrire dans les sillons de l'ancien texte. Bien sûr, les scribes auraient pu faire pivoter les folios sans les couper en deux, mais le codex aurait été haut, étroit et peu épais. Or ils devaient fabriquer des codex pratiques et économiques. Pour cette raison, les codex palimpsestes étaient deux fois plus petits que les manuscrits originaux. Évidemment, comme un folio d'Archimède était transformé en un bifolio de bible, il pouvait constituer (et c'était souvent le cas) à la fois le premier et le dernier folio d'un cahier du nouveau manuscrit. En conséquence, le milieu de chaque ancien folio d'Archimède se trouvait exactement sur la reliure du livre de prières.

Même s'il savait sur quel type de textes il s'apprêtait à copier sa bible, le scribe ne réfléchissait pas à deux fois. La première partie de son nouveau codex contenait *Des corps flottants*. Il recouvrit le traité par une bénédiction pour Pâques. Un peu plus loin, il recopia une prière sur le repentir. Une prière pour le mariage noircit le début de la *Méthode* et plus loin, on pouvait lire une prière dite lors de la fondation d'une église. Sur une autre section de la *Méthode*, il nota une prière pour les morts.

Même s'ils étaient plein de bon sens, les scribes de la bible avaient littéralement « recousu » Archimède. Réfléchissez. Imaginons que vous voulez lire l'un des textes du Palimpseste, vous aurez toutes les difficultés du monde à y parvenir. Supposons par exemple que vous vous intéressiez à la proposition 14 de la *Méthode*, comment y accéder ? La proposition 14 commence en effet sur la colonne I du folio 110r du Palimpseste. Pour la lire, il faut faire pivoter le codex de 90° et tenter de déchiffrer le texte affleurant sous le texte de prières – en l'occurrence, la prière pour les morts. Très vite, le lecteur est stoppé dans sa progression car la colonne disparaît dans la gouttière du livre. À lui de retrouver la suite du texte – dans ce cas, cinq folios auparavant, sur le folio 105v. Mais il lui est impossible de lire les deux lignes masquées par la gouttière du codex. Si le lecteur persiste dans sa quête, il devra trouver aussi la seconde colonne. Ici, les choses se compliquent. Il faut cette fois faire pivoter le codex de 180° et lire la colonne I du folio 110v, puis opérer une nouvelle rotation de 180° pour déchiffrer le bas de la colonne sur le folio 105r. Pour en finir avec ce folio, il faut répéter cette opération. Après quoi, si le lecteur veut lire la suite, il doit chercher le folio suivant du texte d'Archimède, qui peut se trouver n'importe où dans le codex. En l'occurrence, la suite est sur le folio 158, plus de cinquante folios plus loin. Puis le procédé doit être entièrement réitéré. Une véritable expérience interactive. Mais personne ne ferait une chose pareille, n'est-ce pas ? Enfin, c'est bon pour les imbéciles !

Alors quel est le nom du chrétien ignorant responsable de tout cela ? Et si nous le découvrons, existe-t-il des circonstances atténuantes pour la défense de cet homme qui a effacé notre grand homme ? N'ayant aucune réponse à ces questions, je condamne solennellement cet ignare anonyme et décide de passer à autre chose.

Le livre a lui aussi changé de mains et, quand nous avons retrouvé sa trace, trois cents ans ont passé et nous nous situons sur un autre continent.

Enterré dans le désert

John Dean et moi laissâmes Constantinople derrière nous pour prendre un vol jusqu'en Terre sainte. Après avoir atterri à Tel-Aviv, nous avons loué une voiture et rejoint Jérusalem. Nous nous sommes rendus au Mur des Lamentations – les fondations du Temple de Salomon. Nous avons vu le Dôme du Rocher – d'où le Prophète Mahomet est monté au Ciel pour retrouver Allah. Et visité l'église du Saint-Sépulcre – où le Christ a été enterré. Le lendemain, nous sommes allés dans le sud de Jérusalem, où il nous a fallu passer le poste de contrôle pour nous rendre sur la rive ouest – un autre monde. Nous avons roulé jusqu'à Bethléem et nous nous sommes perdus. Nous ne trouvions plus notre route et ne parlions pas un mot d'arabe. Le sourire de John était un signe de cordialité et ma nervosité un signal international de détresse. La combinaison de ces deux facteurs encouragea un Palestinien patient à nous reconduire sur la bonne voie.

Nous roulâmes vers l'est, en direction du désert. La route prit fin et nous descendîmes de voiture. C'était le début de la soirée et le soleil était bas dans le ciel, mais l'air était étonnamment sec et chaud. Sur notre gauche, un gamin monté sur un âne nous dépassa, donnant des grands coups de bâton pour ramener ses chèvres au village. En dehors des clochettes qui tintaient au cou des bêtes, le silence le plus total régnait. Nous pouvions regarder à des lieues à la ronde le désert de Judée. Au-dessus du Jourdain, un ciel d'un bleu immaculé et, sous nos pieds, la terre ocre, brûlée, à perte de vue. Plus loin, à près d'un kilomètre au bout d'un chemin, je distinguai deux tours. Je les avais déjà vues sur une gravure du XIXe siècle en noir et blanc, sur le bureau de mon ami de Cambridge, Patrick Zutchi. Elles ressemblaient exactement à la gravure de mon souvenir et je savais qu'elles étaient les tours du monastère de Saint-Sabas. Cette image avait été réalisée par David Roberts, de l'Académie royale. Il était arrivé au monastère le 4 avril 1839 avec le révérend George Croly. Ils avaient découvert le monastère sous un autre angle, car ils étaient arrivés par l'est. Voici le récit de Croly :

La première vision du couvent est fabuleuse... La nuit était tombée lorsque, après avoir franchi le lit d'un ravin où le Cédron se jette dans la mer Morte, nous arrivâmes au pied des montagnes de Saint-Sabas. En contrebas, nous vîmes alors le couvent baigné des pâles rayons de la lune. C'était un bâtiment colossal qui s'étageait en terrasses sur le flanc de la montagne jusqu'à son sommet, plongé dans les nuages. Un vieux moine à la barbe blanche, s'appuyant sur son bâton, peinait à grimper le flanc de la montagne, une longue procession d'adeptes à sa suite. En-dessous, comme surgi de la roche, s'élevait un immense palmier que, d'après la légende, le saint aurait planté de ses mains au IVe siècle. L'histoire se mêlait à la légende pour créer cette aura merveilleuse. Dans la chapelle du sous-sol, derrière une grille de fer, une des grottes abritait un amas de crânes. Selon la tradition du couvent, c'étaient ceux des ermites qui, parmi plusieurs milliers d'autres, avaient été massacrés par les Osmanlis [les Ottomans]. Nous grimpâmes la volée de marches, puis une échelle, nous nous glissâmes par une porte qui n'autorisait le passage que d'un seul homme à la fois, pour enfin arriver dans une antichambre envahie par plus d'une centaine de pèlerins... C'était la Semaine sainte. Les moines recevaient les étrangers avec courtoisie. Ils laissèrent l'artiste esquisser un cro-

quis de leur chapelle et, comme le service religieux fut terminé avant la fin de son dessin, ils l'encouragèrent à achever son œuvre.

John et moi passâmes la même porte voûtée, peinte d'un bleu profond. Nous fûmes accueillis avec chaleur par le seul moine de la communauté des treize moines qui avait admis parler anglais. Son nom était Lazarus et il était originaire de San Francisco. Il nous montra le domaine, la cellule de saint Sabas lui-même et la chapelle Saint-Nicolas, où s'entassaient bel et bien les crânes des membres défunts de la communauté. C'était toujours un lieu d'une beauté et d'une spiritualité extraordinaires, en dépit des bouleversements politiques que le monastère subissait constamment. Tout était exactement comme Croly l'avait décrit. Frère Lazarus avait trouvé la paix à Saint-Sabas. Les Grateful Dead lui manquaient, mais il honorait leur mémoire par le biais du carillon insistant du sémantron – une barre de métal en forme de croissant – notifiant l'appel à la prière. Avant de nous laisser, il désigna la plus grande des deux tours qui couronnaient l'ensemble d'églises et de cellules, la tour Saint-Justinien, et déclara qu'elle abritait la bibliothèque.

Nous savons que le Palimpseste d'Archimède était à Saint-Sabas grâce au témoignage d'un érudit grec du nom de Papadopoulos-Kerameus, qui avait décrit le manuscrit en 1899. Il précisait qu'il y avait dans le livre un cahier supplémentaire datant du XVIᵉ siècle et que sur l'une des feuilles, le folio 184, se trouvait une inscription établissant que le livre appartenait à la bibliothèque du monastère. Le manuscrit ne possède plus 184 folios – l'inscription n'existe plus. Mais grâce à Papadopoulos-Kerameus, nous savons comment le Palimpseste a traversé les siècles.

Le Palimpseste contient des prières que les frères du monastère récitaient presque quotidiennement. Une prière dite quand un objet impur tombait dans un récipient contenant du vin, de l'huile ou du miel ; l'exorcisme de saint Grégoire, visant à purifier les esprits impurs ; la prière de saint Jean Chrysostome pour la Sainte Communion... pour n'en citer que quelques-unes. Le Palimpseste porte les marques d'une manipulation journalière. Les bords du codex sont carbonisés, comme s'il avait été brûlé par la chaleur du désert ou léché par les flammes, et de nombreux folios sont clairsemés de gouttelettes de cire, tombées au moment de la prière que les moines récitaient à la lueur des chandelles. Il y avait de nombreuses corrections et additions au texte et, à certains endroits, les textes de prière eux-mêmes avaient été réécrits pour être plus lisibles. Par-dessus tout, environ soixante folios manquaient au moment où le manuscrit se trouvait à Saint-Sabas. Ces pages avaient-elles subi des dégradations ou bien été supprimées par manque d'intérêt ? Nul ne le sait. Mais elles représentent près d'un tiers du codex.

Pour John et moi, le monastère de Saint-Sabas était un lieu de repos. Pour Frère Lazarus, c'était un sanctuaire permanent. Mais il avait été le tombeau d'Archimède. Les moines avaient toutes les raisons de lire les prières, mais aucune de s'intéresser aux écrits qui affleuraient en dessous. Les mathématiques abstraites n'étaient pas une priorité à Saint-Sabas. Archimède fut enterré durant au moins trois siècles dans le désert. Au contraire des Codex A et B, l'unique exemplaire du Codex C resta méconnu de la révolution scientifique et de la Renaissance.

D'une certaine façon, tout comme l'homonyme biblique de Frère Lazarus, la *Méthode* et le *Stomachion* d'Archimède allaient devoir ressusciter d'entre les morts.

Signes de mouvement

L'une des dernières étapes de notre voyage fut le Lincoln College, à Oxford, où nous devions rencontrer un universitaire du nom de Nigel Wilson. J'ai déjà mentionné Nigel – c'est une obligation quand on parle de la transmission des textes anciens aux temps modernes. Mais c'est seulement quand je l'ai rencontré à Oxford que j'ai appris à mieux le connaître. Chose surprenante, il paraissait honoré de nous rencontrer. Sa déférence n'était pas seulement due à son extrême politesse. Il considérait en effet que j'avais la responsabilité du Palimpseste, œuvre qu'il décrirait plus tard comme l'un « des projets d'études les plus fascinants qu'on puisse imaginer ». Son intérêt réel pour le Palimpseste explique sans doute sa patience remarquable au moment où nous l'avons filmé dans sa bibliothèque d'Oxford. Il répétait de simples assertions telles que : « À Constantinople se perpétuait une tradition immuable de copie et d'étude des textes anciens. » Ou encore : « Je suis allé à Cambridge, j'ai vu la feuille et je me suis écrié : "c'est bien ça, c'est Archimède". »

En fait, en 1971, suivant la suggestion de son ami G. J. Toomer, de l'université de Brown, Nigel s'est rendu à Cambridge pour examiner un fragment de palimpseste qui, d'après Pat Easterling, contenait un texte mathématique. Nigel réussit à le déchiffrer facilement et, grâce à sa forme technique, il identifia son auteur – Archimède. Ce texte était en effet extrait de *De la sphère et du cylindre* et correspondait aux folios 2 et 3 du Palimpseste.

Le fragment était conservé à la bibliothèque de l'université de Cambridge, étiqueté sous le numéro « Add. 1879.23 ». La bibliothèque universitaire vérifia les données de son acquisition et il s'avéra qu'il s'agissait de l'un des quarante-quatre fragments qui avaient été vendus à la bibliothèque par des exécuteurs testamentaires, le mercredi 23 février 1876. La succession était celle de l'érudit allemand Constantin Tischendorf.

Vingt ans auparavant, Constantin Tischendorf avait réalisé la plus grande découverte de manuscrit de tous les temps. Il ne s'agissait pas du Palimpseste d'Archimède mais de la copie la plus ancienne du *Nouveau Testament*, avec des parties substantielles de l'*Ancien Testament* en grec, connu sous le vocable de Codex Sinaiticus. Il avait été écrit entre 330 et 350 apr. J.-C. et était probablement l'une des cinquante éditions originales des écritures commandées par l'empereur romain Constantin après sa conversion au christianisme. Il était écrit dans le type même d'écriture majuscule dont Isidore de Milet s'était servi pour copier ses textes. Tischendorf l'avait trouvé dans l'ancien monastère retiré de Sainte-Catherine, dans le désert du Sinaï. Tischendorf avait négocié avec les moines l'emprunt du codex et avait rapporté le manuscrit au Tsar Alexandre de Russie. Le Tsar avait octroyé à Tischendorf le titre de « von » devant son patronyme, faisant ainsi du fils d'un physicien germanique un noble russe, et avait payé les moines neuf mille roubles pour le codex. Bonne affaire.

Tischendorf était, entre autres choses, un grand connaisseur de livres. Il n'avait eu aucun mal à reconnaître l'importance du Codex Sinaiticus. Mais comment s'était-il retrouvé en possession d'un folio du Palimpseste et où se l'était-il procuré ? En fait, nous l'apprîmes pratiquement de sa propre plume. En 1846, il publia un ouvrage intitulé *Voyages à l'Est*. Il y raconte sa visite au métochion, dépendance de l'église du Saint-Sépulcre de Jérusalem à Constantinople, où rien ne lui parut digne d'intérêt, si ce n'est un palimpseste contenant des écrits mathématiques. Grâce à Papadopoulos-Kerameus, nous savions que le palimpseste se trouvait à cet endroit précis en 1899. Il s'y trouvait sans doute déjà dans les années 1840 et Tischendorf avait selon toutes probabilités arraché un folio du Palimpseste.

Un mystère subsistait : comment le manuscrit s'était-il déplacé de Saint-Sabas à Constantinople ? Quand John et moi tentâmes de visiter le métochion, personne ne put éclairer notre lanterne. C'était la Semaine sainte et tous les moins s'étaient rendus à Jérusalem, dans la maison mère – le Monastère Patriarcal du Saint-Sépulcre.

Le manuscrit de Saint-Sabas avait intégré la bibliothèque du Patriarche grec au début du XIXe siècle. Dès lors, il n'est pas difficile d'imaginer les circonstances dans lesquelles un livre de prières utile est retourné dans la ville où il était conservé sept cents ans auparavant.

Revenu de chez les morts

La première page du *New York Times* du 16 juillet 1907 rapportait une découverte sensationnelle : le professeur Heiberg, de Copenhague, avait découvert un nouveau manuscrit d'Archimède à

Constantinople. Un certain professeur Schöne avait attiré son attention sur la description d'un codex dans le catalogue élaboré en 1899 par Papadopoulos-Kerameus. Papadopoulos-Kerameus n'avait pas d'emploi fixe – il était payé à la page. Peut-être est-ce pour cette raison que, quand il avait répertorié le manuscrit sous le n° 355, il avait non seulement décrit le contenu de la bible en détail, mais aussi retranscrit une section d'un texte effacé sur lequel on avait réécrit. Heiberg reconnut dans la transcription du texte effacé les travaux d'Archimède. Il essaya tout d'abord, par des circuits diplomatiques, de se faire envoyer le manuscrit à Copenhague, mais sa requête fut rejetée. Ainsi, durant les vacances de l'été 1906, il se rendit à Constantinople et rencontra le bibliothécaire du métochion, M. Tsoukaladakis, qui l'autorisa à étudier le manuscrit. Il découvrit alors la stupéfiante vérité. Heiberg venait de découvrir un trésor en sommeil contenant les pensées extraordinaires et inconnues d'un mathématicien de génie.

Heiberg publia la lettre d'Archimède à Ératosthène, la *Méthode*, dans un journal académique intitulé *Hermès*. Entre 1910 et 1915, Heiberg réédita complètement l'œuvre d'Archimède en incorporant ses découvertes du palimpseste. Son édition se fondait sur trois manuscrits : le Codex A (maintenant perdu), inscrit sous le n° 612 dans la bibliothèque du Pape en 1311, le Codex B (lui aussi aujourd'hui perdu), n° 608, et le Codex C (à présent retrouvé), devenu le Palimpseste d'Archimède.

Ces publications sont l'œuvre d'un grand érudit, qui dut faire face à un grand nombre de difficultés. D'abord, les contraintes physiques du livre de prières : sur chaque folio du texte original d'Archimède, deux ou trois lignes disparaissaient dans la gouttière du codex. À ces endroits, Heiberg se contenta de deviner les mots manquants. Ensuite, il dut travailler avec la technologie de son époque. Il n'avait pas à sa disposition les rayons ultraviolets, technique aujourd'hui standard pour la lecture des textes effacés. Troisièmement, il était limité par la sphère intellectuelle dans laquelle il évoluait. Heiberg était un philologue – un amoureux du langage, pas des dessins. Il n'avait prêté aucune attention aux diagrammes du codex. Pour sa publication dans *Hermès*, il avait fait appel à un collègue mathématicien nommé Zeuthen qui avait reconstitué les diagrammes des textes d'Archimède. Mais comme Reviel ne cessait de me le répéter, les mathématiciens antiques ne pensaient pas en textes. Ils pensaient en diagrammes. Le palimpseste était l'unique source des diagrammes qu'Archimède avait dessinés au IIIe siècle av. J.-C. et personne ne les avait jamais étudiés. Finalement, Heiberg ne s'intéressait qu'à Archimède. Il avait mentionné que le palimpseste contenait d'autres œuvres dont il avait lu quelques lignes, mais seules les pages originales du Codex C suscitaient réellement son intérêt. En dépit du travail du grand Johan Ludvig Heiberg, le Palimpseste d'Archimède n'avait pas encore livré tous ses secrets.

Il restait donc beaucoup de travail à accomplir sur le Palimpseste et les savants du XXe siècle le savaient. Mais ils ne pouvaient rien faire. Le Palimpseste d'Archimède avait disparu.

Perdu à Paris

Aux alentours de 1938, les manuscrits du Métochion avaient tous été transférés à la bibliothèque nationale de Grèce, à Athènes. Cela se produisit sous le nez des autorités turques, qui avaient formellement interdit de tels transferts. Les livres étaient bien plus en sécurité qu'au Métochion, où le climat était devenu beaucoup plus instable.

À la fin de la Première Guerre mondiale, une présence militaire anglaise et française à Constantinople vint soutenir le Sultan d'un empire ottoman paralysé – l'homme malade de l'Europe. Moustafa Kemal – plus tard Atatürk – abandonna la capitale et rallia les Turcs nationalistes pour fonder l'État moderne de la Turquie. En 1923, les Alliés et le Sultan furent évincés de Constantinople. Pendant le processus, Atatürk avait vertement défait les Grecs, qui avaient envahi la Turquie en 1921. Exemple précoce de nettoyage ethnique, des centaines de milliers de Grecs vivant en Turquie avaient été forcés de regagner la Grèce. Puis, en 1925, Atatürk abolit les ordres religieux et fit pendre le Patriarche grec de Constantinople.

C'est dans cette atmosphère que les livres du Métochion furent subrepticement emportés à Athènes. Aucun témoignage ne nous explique comment cela s'est produit. Mais ce fut certainement en toute discrétion. Et le voile de silence qui avait enveloppé les manuscrits du Métochion durant les années 20 et 30 excita sans doute certaines convoitises. Car le Palimpseste était au nombre des manuscrits les plus spectaculaires rapportés à Athènes.

Ces manuscrits se trouvent aujourd'hui dans différentes institutions, comme l'université de Chicago, le musée d'art de Cleveland, la Bibliothèque nationale de France, l'université de Duke et, bien entendu, le musée d'art Walters, à Baltimore. Henry Walters en avait également acheté un – un magnifique livre de Gospel, le « W.529 ». Le Palimpseste était loin d'être aussi beau que ce livre, pourtant, on avait tenté de l'embellir. Son aspect frappait les esprits, d'autant qu'il n'avait plus rien du livre que Heiberg avait eu entre les mains. Les quatre pages peintes que je trouvais charmantes quand je vis le livre pour la première fois n'existaient pas quand Heiberg l'avait étudié. Le catalogue précise :

Quatre feuilles, maintenant toutes détachées, sont enluminées de portraits en pleine page, sans doute censés représenter les évangélistes. Certaines couleurs paraissent étrangement modernes... Ni Heiberg, ni Papadopoulos-Kerameus ne s'y réfèrent dans leur description, aussi doivent-elles être relativement récentes, résultat, sans doute, d'une tentative malheureuse d'embellir le manuscrit et d'augmenter sa valeur aux yeux d'un acquéreur potentiel. Ces quatre feuilles contiennent des textes d'Archimède...

En d'autres termes, ces images étaient des contrefaçons. Or, plomb, cuivre, baryum, zinc et tout un ensemble d'éléments plaqués sur l'armature et la chair qui recelaient l'unique version de la lettre d'Archimède à Ératosthène ! Comme si le scribe du livre de prières n'en avait pas assez fait pour effacer Archimède, ses successeurs lui avaient fait l'insulte de repeindre et écorcher son corps.

Le catalogue de la vente aux enchères disait seulement que le livre avait quitté le Métochion pour rejoindre une collection privée en France.

Cependant, la plainte déposée par le Patriarche grec à propos de la véritable paternité du manuscrit mérite de plus amples explications. Je réussis à obtenir un certain nombre d'informations grâce aux documents que M. B. me remit après m'avoir confié le Palimpseste. Le plus probant est la déclaration sous serment d'un certain Robert Guersan. Robert Guersan, fils d'Anne Guersan, était le propriétaire du manuscrit avant la vente. Il pensait que son grand-père, le père d'Anne Guersan, Marie Louis Sirieix, avait acquis le manuscrit dans les années 20 et l'avait conservé dans sa maison, à Paris.

Sirieix servit en Grèce durant la Première Guerre mondiale et voyagea en Grèce et en Turquie durant les années 20. C'est sans doute à cette époque qu'il est entré en possession du manuscrit. Il vécut à Paris, se distingua durant la Seconde Guerre mondiale en intégrant la Résistance française, puis gagna le sud de la France en 1947. C'est à ce moment-là qu'il laissa le manuscrit aux bons soins de sa fille, qui le conserva dans son appartement. Sirieix décéda en 1956.

Dans les années 60, Anne Guersan commença à s'intéresser au livre dont elle avait hérité. Elle prit conseil auprès du Pr Bollack et du Pr Wasserstein, de Leicester. En 1970 au plus tard, elle confia quelques pages détachées du codex au père Joseph Paramelle, à l'Institut de recherche et d'histoire des textes du Centre national de la recherche scientifique, à Paris. Dès lors, elle sut quel trésor elle avait entre les mains. En 1971, elle apporta le codex à l'établissement Mallet, afin de « le débarrasser de la moisissure qui maculait certaines pages et de le préserver ». Puis elle décida de le vendre. Dans les années 70, une courte brochure fut discrètement envoyée à quelques institutions et particuliers pour une vente privée. Tous déclinèrent sa proposition. Anne Guersan se tourna finalement vers Felix de Marez Oyens, du département des manuscrits de Christie's.

Le Palimpseste arriva sur mon bureau le 19 janvier 1999, alors que les poursuites judiciaires étaient toujours en cours. Pendant que John et moi continuions notre périple à travers la Méditerranée, Christie's et le Patriarche poursuivaient leur bataille juridique. Ils étaient d'accord sur les faits. C'était l'interprétation de la loi qui prêtait à caution et le juge Kimba Wood avait tendance à plaider en faveur de Christie's. D'après la loi française, à laquelle le juge devait se référer, du moment qu'Anne Guersan avait conservé le livre publiquement, sereinement, continûment et sans ambiguïté durant trente ans, elle était en droit de le vendre. L'avocat du Patriarche devait apporter la preuve qu'Anne Guersan n'avait pas respecté ces principes. Or il ne disposait d'aucun élément pour étayer cette thèse. Le juge Wood fit également remarquer que la loi new-yorkaise était elle aussi en faveur de Christie's, mais en partant d'un principe différent – le principe de négligence. En général, ce principe était appliqué lorsque le plaignant retardait les poursuites sans motif, ce qui portait injustement préjudice à l'accusé. Le juge Wood pensait qu'intenter une action en justice la veille de la vente aux enchères était un différé injustifié. La plainte fut finalement rejetée le mercredi 18 août, alors que l'exposition du Palimpseste avait déjà débuté.

J'avais beaucoup appris en cinq mois. Bien sûr, mon histoire était incomplète. Mais j'en savais assez pour dire qu'il s'agissait d'une histoire tragique. Je ne connaissais pas le nom de l'imbécile qui avait effacé les textes d'Archimède et j'ignorais aussi où, quand et pourquoi il avait fait cela. Mais le Palimpseste valait largement qu'on lui consacre une exposition et je me faisais fort de donner une fin heureuse à cette aventure, en révélant au monde les textes effacés du manuscrit, malgré les mauvais traitements qu'il avait subis. L'exposition « Eureka : le Palimpseste d'Archimède » fut inaugurée le samedi 20 juin 1999 et présentée à l'automne au musée Field de Chicago. Le Palimpseste était ouvert sur un folio où les visiteurs pouvaient deviner les contours du diagramme de la proposition 1 de la lettre d'Archimède à Ératosthène.

L'exposition débutait par le film de John Dean. Le film racontait une étrange histoire : des idées avaient germé dans l'esprit d'un homme qui vivait sur un triangle en plein cœur de la Méditerranée, au IIIe siècle av. J.-C. Ces idées nous étaient miraculeusement parvenues, grâce à un manuscrit unique écrit à Constantinople 1200 ans plus tard. Elles avaient survécu à l'avènement et à la chute de plusieurs empires, aux saccages de cités et aux multiples évolutions des techniques d'écriture. Et même si ces idées avaient été oblitérées, même si un autre texte les avait recouvertes, elles vivaient encore. C'était un voyage fantastique. Le début de la lettre, « Archimède à Ératosthène, salutations ! », se trouvait en haut du folio 46r, dans la deuxième colonne du Codex C. Cette lettre n'existait nulle part ailleurs. Pour le plaisir des yeux, on distinguait la décoration marquant le début de la lettre, ainsi que le nom d'Archimède, avant que la colonne ne soit avalée par le texte de prières.

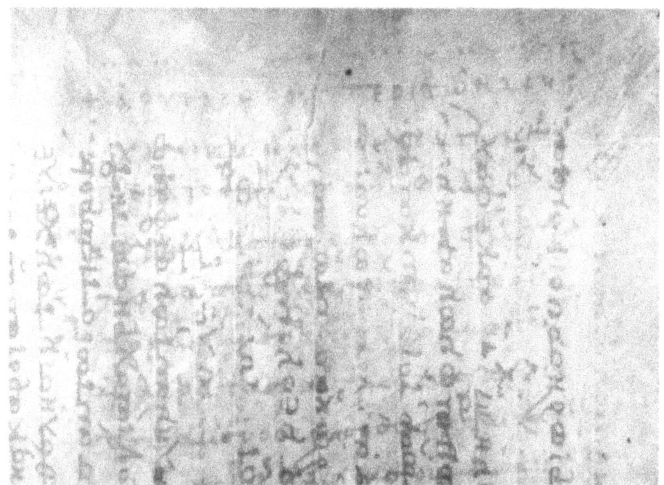

FIGURE 5.2 : *Le début de la* Méthode.

6.

La *Méthode* d'Archimède, 1999,
ou la science en action

L'exposition ouvrit ses portes en juin 1999. Quelle sensation merveilleuse que de voir le Palimpseste ouvert sur le premier diagramme de la *Méthode* ! J'en avais rêvé. Qu'il fût partiellement caché, masqué par la gouttière, ne faisait qu'ajouter à son mystère. Je voyais tous ces visiteurs bouche bée devant cette page d'allure modeste, et je savais qu'ils étaient en train d'observer l'unique témoignage de l'œuvre géniale d'Archimède.

La *Méthode* ne survivait que dans le Palimpseste – il n'existe aucune trace de ce traité dans d'autres manuscrits grecs, aucune version arabe, aucune traduction latine. Le Palimpseste était le seul témoin des réalisations d'Archimède – ce qui est unique non seulement au sein de l'œuvre d'Archimède, mais aussi parmi les autres découvertes mathématiques du xvie siècle. En juin 1999, nous savions déjà, grâce à la transcription de Heiberg, qu'Archimède avait tracé le chemin du calcul moderne. Et qu'il était sur le point de révéler sa méthode, selon laquelle physique et mathématique sont intimement liées. Telles sont les deux clés de la science d'Archimède : le calcul, soit les mathématiques de l'infini, et l'application des mathématiques à la physique. Mathématiques, infini, physique : cette triple combinaison est toujours présente dans la *Méthode*. Nous allons voir comment – en étudiant deux grandes démonstrations mathématiques.

La première démonstration, un exemple d'application des mathématiques au monde physique, est la découverte par Archimède du centre de gravité d'un triangle. C'est un résultat que l'on trouve en dehors de la *Méthode*, mais qu'il est fondamental de connaître pour comprendre le fonctionnement de ce traité. La seconde démonstration est un exemple de la combinaison triple : mathématiques, physique et infini. Il s'agit de la première proposition de la *Méthode*, où Archimède trouve l'aire d'un segment parabolique. Cela nous amène à de très importants résultats démontrés par Archimède, qui rassemblent, chemin faisant, les outils nécessaires à la progression de la science moderne.

Le centre de gravité

Le premier outil dont la science moderne a besoin est de la taille minuscule d'un point, ce qui est loin d'être anodin. La science ne peut fonctionner sans ce point. Il s'agit du centre de gravité.

Mettons-nous un instant dans la peau d'un physicien – disons, dans celle de Newton. Nous devons considérer les mouvements de corps célestes sous l'influence de la gravité. Un problème fondamental se pose : les étoiles et les lunes sont des corps trop grands – ils possèdent une structure. Prenons l'exemple suivant : le côté obscur de la Lune est beaucoup plus éloigné de la Terre durant la pleine lune que le côté clair de la Lune. Donc, la gravité de la Terre agit avec moins de force sur le côté obscur (plus éloigné) que sur le côté clair. Si nous voulons être précis, nous pouvons dire qu'une gravité légèrement différente agit sur chaque point de la Lune. Il y a une infinité de points sur la Terre qui exercent chacun une gravité légèrement différente sur une infinité de points sur la Lune. Combien de combinaison de gravités ? Une infinité multipliée par une infinité. Ce problème a la complexité de l'infini multiplié par l'infini !

Mais Newton était capable de calculer ces gravités. Il s'est attaqué au problème des corps célestes en supposant que chacun d'eux agissait comme un point unique. Dans la plupart des cas d'étude de la physique newtonienne, la Terre est un point unique, tout comme la Lune. Il n'y a qu'un seul point – la Terre – qui exerce une gravité sur un seul point – la Lune. De tels points sont les centres de gravité. Cela signifie que nous cherchons le point qui correspond à la « moyenne » du poids ou de la gravité de la Terre et celui qui est la « moyenne » du poids ou de la gravité de la Lune, puis nous traitons la Terre et la Lune comme si elles étaient concentrées dans ces deux points uniques. On peut prouver mathématiquement que, la plupart du temps, une fois qu'on a trouvé le centre de gravité, on peut faire des calculs avec un seul point au lieu d'un objet intégral. Aucune physique n'est possible sans centres de gravité. Et il s'agit, une fois de plus, d'une invention d'Archimède.

L'idée de centre de gravité est plus facile à appréhender avec un espace plan et deux objets

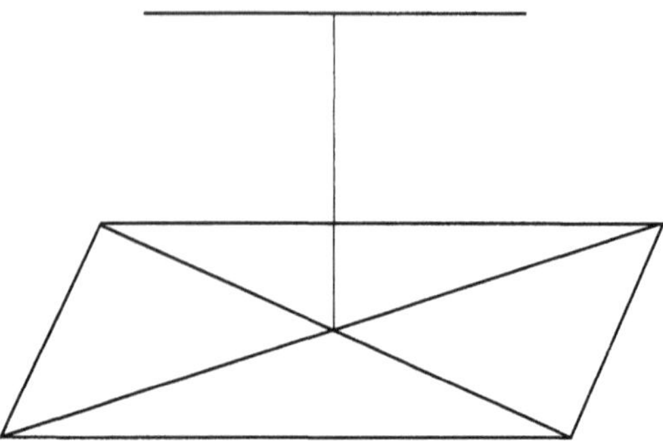

FIGURE 6.1 : *Suspendre un parallélogramme.*

dimensionnels. Prenons un cercle. Nous souhaitons le mettre en équilibre – nous voulons le suspendre au plafond de façon à ce qu'il reste stationnaire. Où fixer le fil ? C'est le cas le plus simple : il est évident que nous devons fixer le fil au centre du cercle. N'importe où ailleurs, loin du centre géométrique, le cercle tomberait. Pour être en équilibre, le cercle doit être suspendu précisément en son centre géométrique. Dans ce cas très simple, le centre géométrique et le centre de gravité coïncident.

Un carré peut également être suspendu en équilibre si le fil est fixé exactement en son centre. Ce principe est vrai pour tous les parallélogrammes, comme nous allons le voir dans un moment. Prenez le point où les deux diagonales se coupent et vous trouverez le centre de gravité du parallélogramme (figure 6.1).

Mais la question se complique quand il s'agit d'objets plus complexes. La clé de tous ces objets est le triangle. Le triangle n'a pas de centre évident – au contraire d'un cercle, d'un carré ou d'un parallélogramme. Mais une fois qu'on a trouvé le centre de gravité d'un triangle, on peut trouver les centres de gravité de tous les autres objets rectilignes. Comme nous l'avons déjà vu, tout objet rectiligne peut être mesuré en étant divisé en triangles. Donc, pour trouver le centre de gravité de n'importe quel objet rectiligne, nous devons donc d'abord résoudre le problème du centre de gravité d'un triangle. Le reste suivra aisément.

La démonstration suivante est donc la clé de la science des centres de gravité : on découpe un triangle de papier et on le suspend au plafond. Comment faire pour qu'il reste stable ? Comment procéder pour trouver la réponse à cette question ? Quelle est la science des centres de gravité ?

Vous souhaitez peut-être, à ce stade, réaliser une expérience. Vous pourriez prendre plusieurs triangles de papier et les suspendre au plafond en les fixant à des points différents, afin de repérer où se trouve le centre de gravité. Cette approche est censée : après tout, vous ne pouvez expliquer le fonctionnement du monde sans essayer de le vérifier par vous-même. Votre esprit ne peut dicter au monde son fonctionnement donc, par la seule pensée, vous ne pouvez deviner le fonctionnement d'objets suspendus au plafond. La science s'appuie sur des preuves solides, pas sur de pures spéculations.

Ce n'est pas tout à fait vrai : la plupart du temps, la science repose sur de pures spéculations. Archimède a inventé le concept de centre de gravité et ensuite, il a trouvé ce centre sans effectuer la moindre expérience, résolvant le problème dans son esprit.

Étudions le procédé pour déterminer le centre de gravité d'un triangle. Cette démonstration mérite d'être observée en détails car elle nous permet de voir l'esprit d'Archimède en action. Étudions la proposition 13 du traité *De l'équilibre des figures planes*.

DÉMONSTRATION 1 : COMMENT ÉQUILIBRER UN TRIANGLE
OU L'ESPRIT DOMINE LA MATIÈRE

Comme vous le savez, le langage scientifique d'Archimède est un modèle de sobriété. En conséquence, son langage est difficile à comprendre, qu'il soit dans sa langue grecque d'origine ou traduit. Dès lors, laissez-moi vous expliquer avec mes propres mots les quelques lignes de la pensée d'Archimède qui démontrent comment faire tenir un triangle en équilibre. Comme d'habitude, cette démonstration induit des contorsions et des détournements.

Dans la figure 6.2-1, nous avons un triangle ABC que nous voulons faire tenir en équilibre. Il nous faut trouver son centre de gravité – le point où il faut fixer le fil pour que le triangle suspendu reste stable. La ligne BC est divisée en deux au point D (donc BC = DC). Ainsi, la ligne AD est appelée la médiane du triangle. Archimède va prouver que LE CENTRE DE GRAVITÉ D'UN TRIANGLE SE TROUVE QUELQUE PART SUR LA LIGNE MÉDIANE. Il ne s'agit pas pour le moment de trouver le point exact, mais la ligne sur laquelle se situe ce point. Réfléchissez un moment avec Archimède : en géométrie, il faut faire preuve de patience.

Avant tout, voici un exemple d'ingéniosité logique : nous allons supposer l'inverse de ce que nous voulons démontrer. Donc, nous allons supposer que le centre de gravité ne se trouve pas sur la ligne AD. En d'autres termes, nous supposons que le centre de gravité tombe sur une autre ligne, telle que AF.

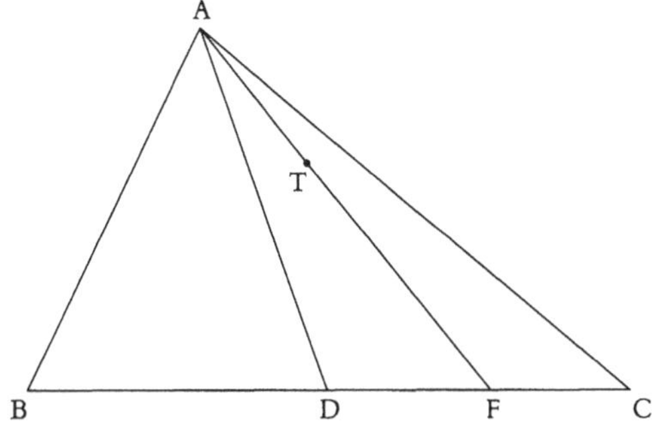

FIGURE 6.2-1

Disons alors que le centre de gravité est le point T, situé sur la ligne AF. Cette hypothèse va nous conduire à une absurdité et, de ce fait, nous saurons que nous étions dans l'erreur. Donc, que le centre de gravité se trouve, au bout du compte, sur la ligne médiane. Comme nous l'avons déjà vu, Archimède affectionne ce type de raisonnement logique, connu sous le vocable de « preuve indirecte ».

Initialement, supposons que le centre de gravité ne tombe pas sur la droite AD mais sur un autre point, T.

Maintenant (figure 6.2-2), introduisons une autre pièce complexe de l'ingéniosité géométrique. Nous ajoutons les points E et Z. E divise la ligne AB en deux (de sorte que AE = EB), Z divise la ligne AC en deux (de sorte que AZ = ZC). Nous relions les trois points D, E, Z. À présent, à l'intérieur du grand triangle d'origine ABC, nous avons quatre petits triangles. Si vous étiez un mathématicien grec, il vous serait aisé de démontrer la chose suivante : LES QUATRE TRIANGLES SONT SIMILAIRES AU GRAND TRIANGLE ET LES QUATRE TRIANGLES SONT TOUS ÉGAUX ENTRE EUX. Or les trian-

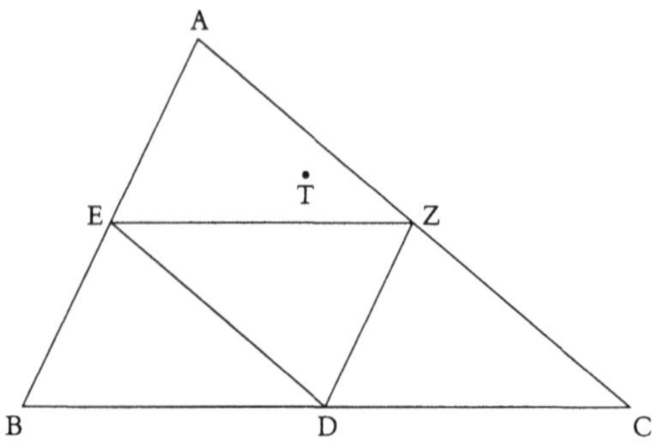

FIGURE 6.2-2

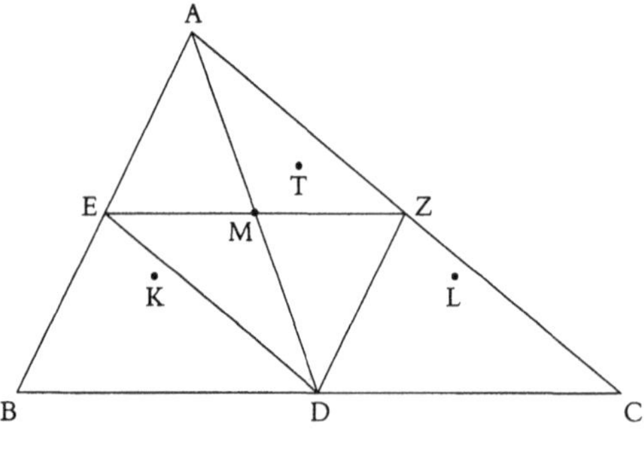

FIGURE 6.2-3

gles similaires sont identiques entre eux en tous points, excepté la taille. Rappelez-vous que nous avons supposé que T était le centre de gravité du grand triangle. Donc, les centres de gravité des petits triangles devraient être situés de façon similaire. Indiquons ces centres de gravité dans deux des petits triangles. Et observons ensuite la figure 6.2-3.

Ces centres de gravité des petits triangles sont les points L et K – le centre de gravité du triangle en bas à droite, K celui du triangle en bas à gauche. Qu'en est-il des deux petits triangles restants ? En fait, pris ensemble, ils forment un parallélogramme, et de simples considérations de symétrie montrent que leur centre de gravité combiné devrait se trouver au point d'intersection des deux diagonales du parallélogramme – le point M.

À présent (figure 6.2-4), traçons la ligne KL. Si nous considérons les deux petits triangles – celui en bas à droite et celui en bas à gauche – comme un objet géométrique unique, on voit clairement où devrait se trouver leur centre de gravité combiné : sur le segment reliant leurs centres de gravité respectifs, en son milieu exact. Donc le centre de gravité des deux petits triangles devrait tomber exactement au milieu de la ligne KL. Nommons ce point N.

Nous sommes maintenant prêts (figure 6.2-5) à conclure notre démonstration. Nous traçons les lignes AT et MN. M est le centre de gravité de deux des petits triangles, N celui des deux autres. Dès lors, le centre de gravité combiné des quatre triangles – soit le centre de gravité du grand triangle – devrait donc tomber exactement au milieu du segment MN. Sur cette figure, nous voyons clairement que ce n'est pas la position du point T, mais ce n'est pas un bon argument et c'est un exemple classique prouvant qu'il ne faut pas s'appuyer trop sur les diagrammes. La question est la suivante : comment savons-nous que le point T ne peut jamais se trouver sur la droite MN ?

Voici la réponse. Dans tout triangle, pour que le point T tombe sur la ligne MN, les deux lignes MN et AF doivent se couper à un certain point (en fait, elles devraient se couper au point T !).

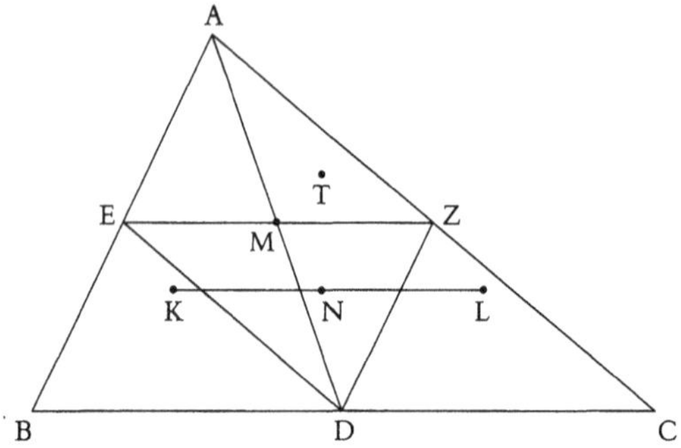

FIGURE 6.2-4

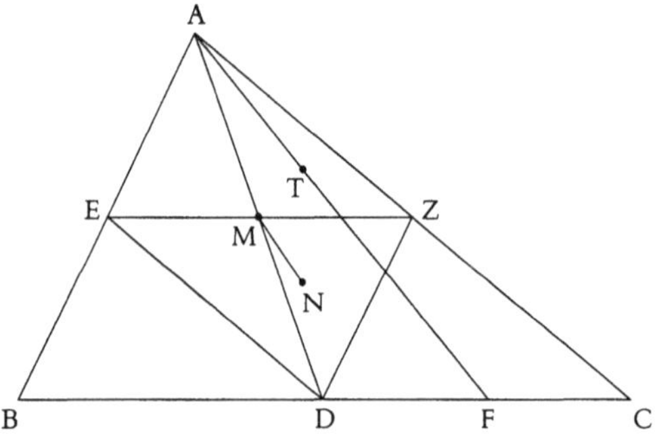

FIGURE 6.2-5

Mais c'est impossible. Il serait facile à Archimède de prouver que les lignes AT et MN sont forcément parallèles. Donc, elles ne peuvent jamais se croiser. Souhaiter que le point T se trouve sur la ligne MN revient à souhaiter que deux droites parallèles se coupent ! – et cela est absurde. Où que soit le point initial T, si ce n'est pas sur la ligne médiane AD, nous en arriverons toujours à la même absurdité, à savoir vouloir que deux lignes parallèles

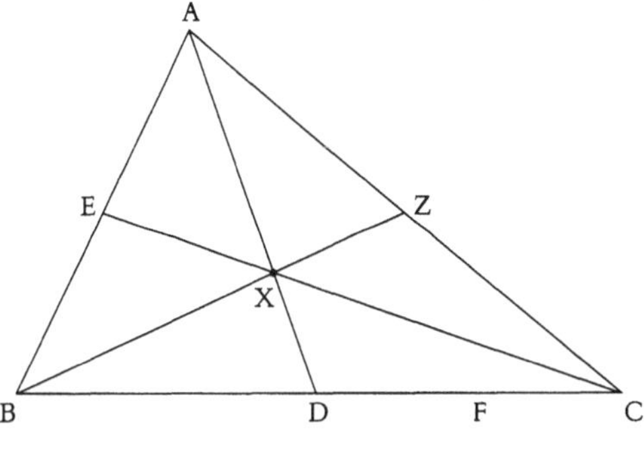

FIGURE 6.2-6

se coupent. En conséquence, on en déduit que la position du centre de gravité d'un triangle est forcément sur sa ligne médiane.

Dans tout triangle, il y a bien sûr non pas une mais trois lignes médianes. Si nous dessinons les trois lignes médianes d'un triangle – n'importe lequel – elles se coupent en un point unique. Sur la figure 6.2-6, nous pouvons voir que dans le triangle ABC, les côtés sont coupés en deux par les droites AD, BZ et CE. Ces trois droites AD, BZ et CE se coupent au point X. Ce point se trouve exactement aux deux tiers de la ligne médiane, en partant du sommet. DX est donc égal à un tiers de DA, ZX est égal à un tiers de ZB, EX est égal à un tiers de EC. Et c'est à ce point précis que doit se trouver le centre de gravité.

Dès lors, Archimède suggère de faire l'expérience suivante. Prenez un triangle de papier. Tracez une ligne médiane. Trouvez le point situé aux deux tiers en partant du sommet. Fixez un fil en ce point précis et suspendez-le au plafond. Le triangle restera stationnaire. Comment Archimède le sait-il ? Oh, c'est très simple. C'est parce que certaines lignes, divisées en deux, donnent naissance à quatre triangles égaux et similaires. Et qu'une ligne donnée se doit d'être parallèle à une autre. Il s'agit là de géométrie pure. Suivez sa logique et vous le constaterez par vous-même. Incrédule, vous vous détournez. Mais Archimède a raison.

Les produits de la pensée pure qui, à première vue, n'ont rien à voir avec le monde physique, s'imbriquent et soudain – avant que vous ne vous en rendiez compte –, cette spéculation pure se fond avec le monde physique et le force à se mouvoir d'une certaine manière. J'insiste sur ce point : aucune expérience n'est nécessaire pour trouver ce résultat. L'esprit maîtrise la matière – parce que, au final, même la matière brute doit se soumettre à la logique.

C'est un peu comme quand le magicien vous donne – sans même regarder – le contenu de votre portefeuille. Archimède nous explique – sans même regarder – comment le monde doit se comporter, de quelle façon maintenir un triangle en équilibre.

Poussons ce raisonnement un peu plus loin. Nous sommes à Syracuse, au IIIe siècle av. J.-C., et tout ce que nous pouvons faire, c'est suspendre un triangle au plafond. Mais déroulez le fil suffisamment loin et vous serez finalement capable, au XXe siècle, de lancer une fusée sur la Lune et de faire exploser une bombe atomique. Tout au long du chemin, le principe est simple : vous appliquez votre capacité de raisonnement à l'univers et l'univers se plie à la logique. Tel est le principe découvert par Archimède. C'est la science en action.

La loi de la balance

Une autre expérience relève de l'enchantement. Après l'action magique de l'esprit sur la matière, où les mathématiques pures parviennent à décrire un fait physique, vient l'action, non moins spectaculaire, de la matière sur l'esprit, où la physique initie un fait mathématique. Cet effet est expérimenté dans la *Méthode*. De nombreux historiens et mathématiciens considèrent que c'est l'une des expériences les plus incroyables réalisées par Archimède. En plus de concevoir l'action de la physique sur les mathématiques, il se rapporte à l'infini, dans une configuration étrange et alambiquée.

Pour décrire cette expérience, il nous faut des outils. Nous en avons déjà un : le centre de gravité d'un triangle. Le second est une loi de la physique, prouvée mathématiquement par Archimède dans le traité *De l'équilibre des figures planes*. Il s'agit de la loi de la balance, que nous avons déjà mentionnée. On peut également l'appeler la loi du levier : si ces deux machines agissent différemment, elles suivent exactement les mêmes règles mathématiques. Archimède se sert de la balance pour effectuer des mesures dans la *Méthode*. Mais la loi du levier, tout aussi importante à ses yeux, s'énonce plus clairement ainsi : « Donnez-moi un levier suffisamment long et je pourrai mouvoir la Terre. » Soit : « Donnez-moi un levier suffisamment long et je pourrai mouvoir n'importe quel objet. » Comment ? Grâce à des principes de proportion. Laissez-moi vous expliquer cette idée, d'abord avec une balance.

Prenons deux objets quelconques et mettons-les sur une balance. Un plateau de la balance contient l'objet 1, qui pèse, disons 10 kg, et le second plateau contient l'objet 2, d'un poids de, mettons, 2 kg. La balance est amovible, de sorte que l'on peut plus ou moins éloigner les objets de son axe. Voici la question : à quelle distance de l'axe les objets seront-ils en équilibre ? La réponse est la suivante : le ratio entre les poids est de 5 sur 1, donc le ratio entre les distances doit être réciproque, soit de 1 sur 5. La distance de l'objet le plus léger doit être cinq fois supérieure à celle de l'objet le plus lourd. Dès lors, on obtient l'équilibre. La loi qui régit cette expérience s'énonce ainsi : les poids des objets s'équilibrent lorsqu'ils sont réciproques des distances de ces objets.

Si, au lieu d'une balance, nous avons un levier, le même principe est valable : un objet cinq fois plus éloigné d'un autre est capable d'équilibrer un objet d'un poids cinq fois supérieur au sien. Si on éloigne davantage l'objet le plus léger, il sera même en mesure de déplacer un objet encore plus lourd. Toutes ces expériences sont démontrées dans *De l'équilibre des figures planes*, par le biais, bien entendu, de la pure pensée. Ainsi, grâce au simple pouvoir de son esprit, Archimède est capable de mouvoir la Terre.

Résumons : (a) le centre de gravité d'un triangle se trouve sur la ligne médiane, à deux tiers du sommet ; (b) les objets s'équilibrent lorsque leurs poids sont réciproques de leurs distances. Ce sont deux observations ayant trait au monde physique. Grâce à elles, nous allons pouvoir mesurer l'aire d'un segment parabolique – ce qui revient, une fois encore, à démontrer qu'une figure incurvée est égale à une figure rectiligne (nous avons déjà observé de quelle manière Archimède obtient un tel résultat ; dans la *Méthode*, il parvient à ses fins d'une façon bien plus spectaculaire). Mais ceci est une surprise : qui pen-

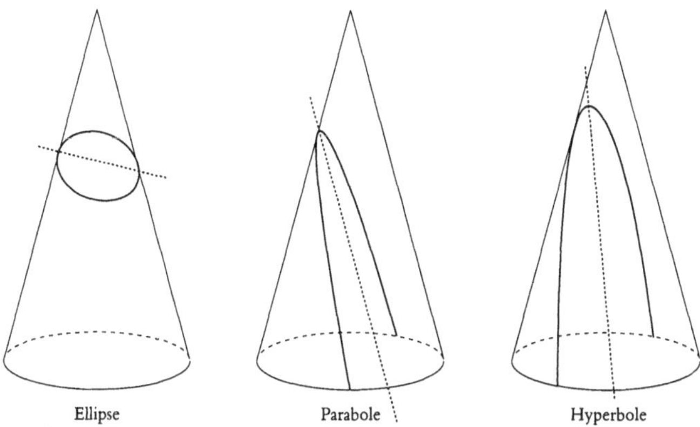

FIGURE 6.3 : *Les trois sections coniques. Prenez un cône et coupez-le selon trois angles différents : en coupant les deux côtés, vous obtenez une ellipse ; en découpant un plan parallèle à l'un des côtés, vous obtenez une parabole ; en découpant un plan éloigné d'un côté, une hyperbole.*

serait que ces triangles et ces balances aient un quelconque rapport avec des paraboles ?

La parabole

La notion même de segment parabolique est très abstraite. Les paraboles appartiennent à une famille de courbes inventées par les mathématiciens grecs. C'est une invention purement imaginative, qui n'était associée à aucune application physique. Prenez la surface d'un cône et coupez-la dans le plan. Selon l'angle de la coupe, vous obtenez trois sections différentes : hyperbole, parabole ou ellipse (figure 6.3). Les cercles, les triangles et les carrés ont un sens : on les trouve dans la vie quotidienne.

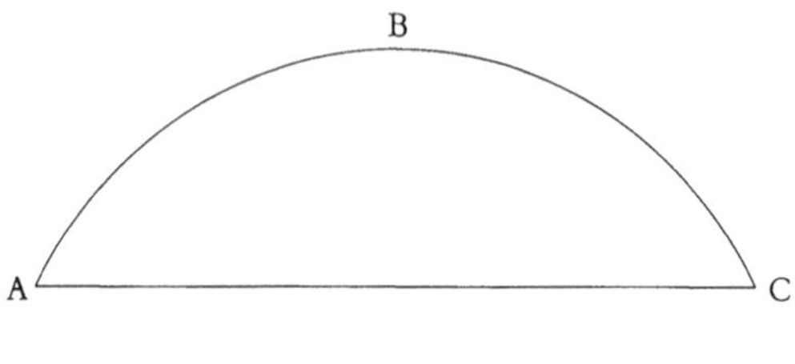

FIGURE 6.4-1

Ce qui n'est pas le cas des paraboles, hyperboles et ellipses. Leur intérêt réside essentiellement dans le fait – comme on va le voir – qu'elles ont d'intéressantes proportions géométriques créées par les combinaisons de sections coniques.

Les sections coniques sont considérées comme des jouets inventés par les mathématiciens pour les aider dans leurs jeux géométriques. On a déjà remarqué l'ironie de cet état de fait : de pures pensées mathématiques en viennent à régir l'univers physique. Et ceci est le comble de l'ironie : les sections coniques, inventées comme des jouets mathématiques, se révèlent être les courbes qui définissent les mouvements dans l'espace. Les électrons en orbite autour d'un atome, une fusée lancée sur la Lune, une pierre projetée par une catapulte – autant de mouvements qui reproduisent les courbes des sections coniques. De sorte que cette étude est en fait l'un des chemins principaux vers la science moderne.

DÉMONSTRATION 2 : L'AIRE D'UN SEGMENT PARABOLIQUE
OU LA MATIÈRE DOMINE L'ESPRIT

Suivons ce chemin et concentrons-nous sur l'aire d'un segment parabolique (figure 6.4-1). Le « segment

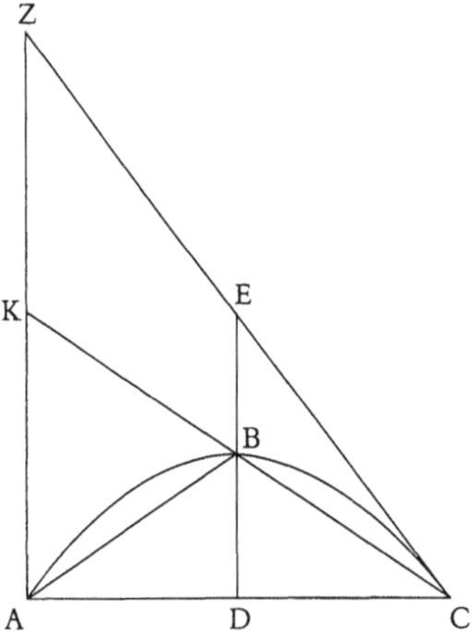

FIGURE 6.4-2

parabolique » correspond à l'aire comprise entre une parabole et la ligne droite qui la traverse, tel que ABC (ABC est la parabole ; AC la ligne droite). Vous remarquerez que le segment parabolique est un objet courbe. Tel est le grand mystère qui a toujours hanté l'esprit d'Archimède : comment mesurer des objets curvilignes ? Comment les transformer en objets rectilignes ? Nous allons bientôt le savoir.

En observant la figure suivante (figure 6.4-2), nous remarquons certains faits. D'abord, chaque parabole possède un axe de symétrie. Dans ce cas, il s'agit de la droite BD, autour de laquelle la parabole est la « même » sur la droite et sur la gauche.

Pour expliquer cela, nous devons ajouter quelques données à la construction. Traçons une tangente au segment parabolique au point C, soit la droite CZ. Dessinons une droite parallèle à l'axe passant par le point A, soit la droite AZ. On constate que la tangente et la parallèle se rencontrent au

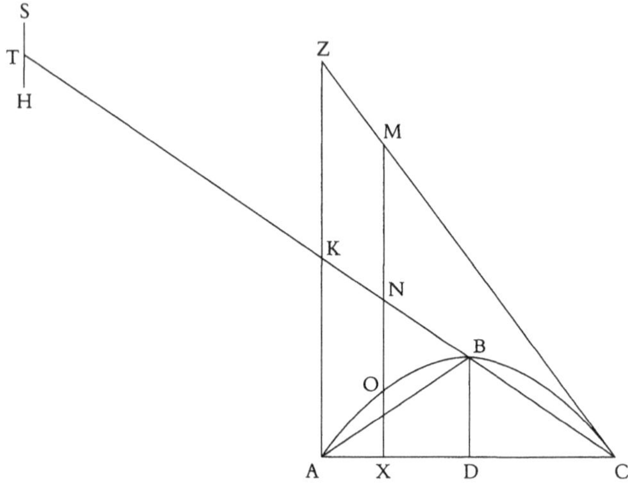

FIGURE 6.4-3

point Z. Ainsi, nous avons englobé le segment parabolique dans un triangle : le segment ABC est englobé dans le triangle AZC. Prolongeons la droite DB de sorte qu'elle coupe la droite CZ au point E, et la droite CB de sorte qu'elle coupe la droite AZ au point K.

Une intéressante série de relations géométriques découlent du fait que l'axe passe exactement par le milieu de la parabole (tout comme d'autres propriétés de la parabole), à savoir :

- Le point K se situe au milieu du segment AZ.
- Le point B se situe au milieu du segment DE.
- L'aire du triangle AKC est égale à la moitié de l'aire du triangle AZC.
- Le point B se situe au milieu du segment KC.
- L'aire du triangle ABC est égale à la moitié de celle du triangle AKC.

Cela nous renvoie à la division d'un triangle en un certain nombre de petits triangles, comme dans la démonstration précédente, et Archimède va s'en servir un peu plus loin.

À présent, je dois faire intervenir l'une des données amusantes de la parabole. Traçons une droite parallèle à l'axe de la parabole BD (figure 6.4-3) – n'importe laquelle. Il en existe une infinité, aussi prenons-en une au hasard, que nous appelons MX. MX est donc parallèle à BD. Voici la donnée amusante (qui, typiquement, prend la forme d'une proportion) :

• Le segment MX est à son petit segment OX ce que la base du diamètre AC est à son petit segment AX.

Pour les amateurs d'algèbre, cette proposition peut s'écrire ainsi : (MX :OX : :AC :AX)

Revenons à la droite choisie au hasard, MX. Ajoutons quelques détails au diagramme. D'abord, on prolonge la droite CB au-delà de B. Elle coupe la droite MX au point N et la droite ZA (comme nous l'avons déjà vu) au point K. Nous prolongeons cette droite CK de sorte que le point K soit exactement au milieu de la droite TC.

Ce qui va suivre est parfaitement orthodoxe, mais il nous faudra un moment avant de comprendre pourquoi nous procédons ainsi. Nous prenons le segment OX et, en pensée, nous le transportons dans une nouvelle position, SH, de sorte que son milieu soit le point T. Nous avons alors fait une expérience mentale : nous avons imaginé le déplacement d'une pièce géométrique. Ceci est déjà sensationnel – Archimède a déplacé un objet géométrique comme il l'aurait fait avec un morceau de bois appartenant au monde physique.

Nous en déduisons quelques observations. Avant tout, rappelons les proportions d'origine, le résultat amusant concernant les paraboles :

• Ce que MX est à OX, AC l'est à AX.

Ensuite, comme les droites MX et ZA sont parallèles (car c'est ainsi que nous avons construit la droite MX), le ratio est conservé :

• Ce que AC est à AX, KC l'est à KN.

Ce sont les « mêmes » ratios, glissant simplement le long des droites parallèles. Combinons ces deux propositions pour en déduire (en éliminant le terme du milieu) que :

• Ce que MX est à OX, KC l'est à KN.

La droite parallèle choisie au hasard, MX, est à son petit segment OX, non seulement ce que la base AC est à son petit segment AX, mais aussi ce que KC est à KN.

De plus, rappelez-vous que K est le milieu du segment TC, or TC = KC. Donc, ce qui est vrai pour KC est aussi vrai pour TK. En conséquence, la proposition suivante doit être également vraie :

• Ce que MX est à OX, TK l'est à KN.

Le ratio de la droite parallèle prise au hasard MX sur son petit segment OX est égal à celui de TK sur KN.

(Notez ce qu'Archimède a réussi à prouver. Jusqu'à maintenant, ses ratios étaient tous formés à partir d'une droite et d'un segment de cette droite. Le ratio final TK sur KN, cependant, s'écarte de ce prin-

Le Palimpseste d'Archimède, à son arrivée au musée d'art Walters,
le 19 janvier 1999.

Le Palimpseste ouvert. La page de droite contient l'unique exemplaire de
la proposition 14 de la *Méthode* d'Archimède. On ne distingue que le texte
de prières. Le retrait en bas de la page de droite correspond à l'aisselle de
la chèvre dont la peau a servi à fabriquer le parchemin.

Le monastère Saint-Sabas
se trouve en Terre sainte.
C'est là que le manuscrit fut
conservé depuis au moins le XVIe
siècle jusqu'au début du XIXe siècle.

Cette feuille fut extraite du Palimpseste
d'Archimède par Constantine
Tischendorf au début des années 1840,
quand le livre se trouvait au Métochion
du Saint-Sépulcre de Constantinople.
Elle est aujourd'hui conservée
à la bibliothèque de l'université
de Cambridge.

Il fallut quatre ans pour démanteler le Palimpseste d'Archimède.

Le folio 57r du Palimpseste
d'Archimède tel qu'il est aujourd'hui.
Le texte est recouvert d'une contrefaçon, peinte après 1938. L'image
du scribe fut reproduite à la même
échelle que celle de la publication
de H. Omont.

Une image aux rayons X fluorescents
du folio 57r, prise au SLAC, pour
faire apparaître le texte sous-jacent
à la peinture.

Le Palimpseste à la lumière normale.
Il est très difficile de déceler la
moindre trace de sous-texte.

Une image de la même page obtenue
grâce à l'une des premières expériences
d'imagerie. On entrevoit des diagrammes
et le texte d'Archimède. Mais contrairement aux apparences, cette image n'est
pas d'une grande utilité.

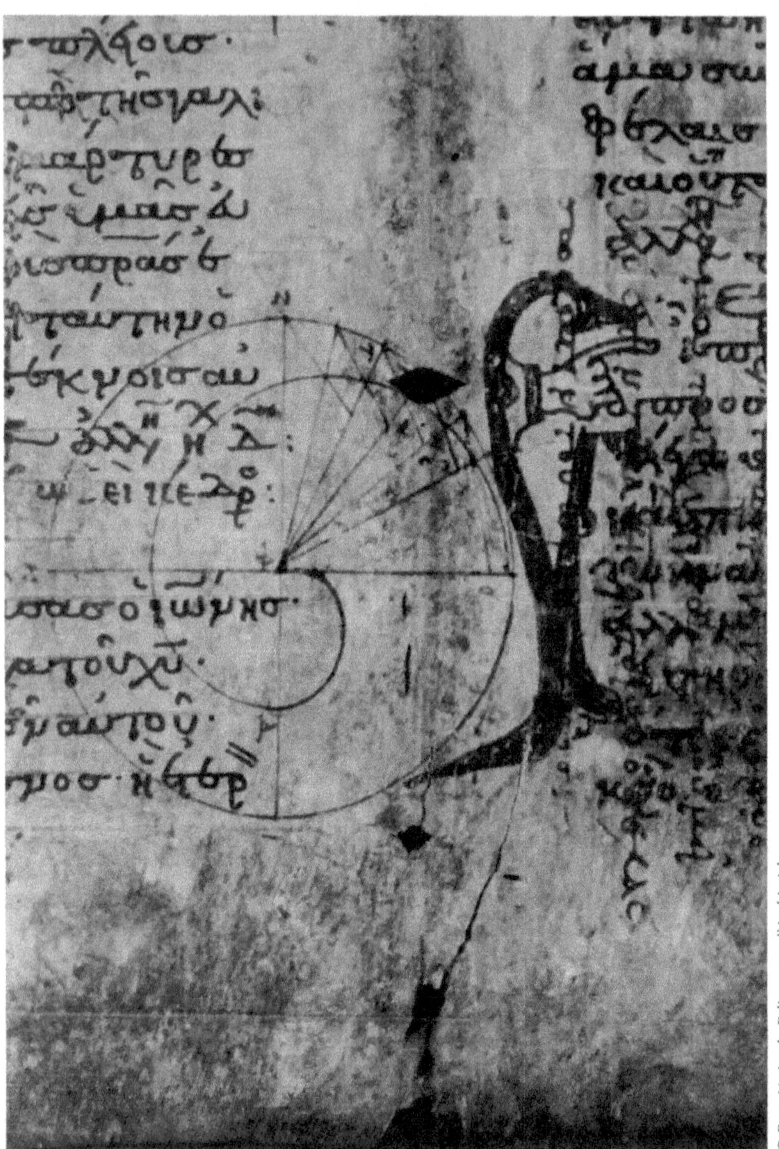

La superbe qualité lumineuse de la lumière fluorescente des ultraviolets peut rendre le Palimpseste d'Archimède très beau. Voici le diagramme de la proposition 21 du traité *Des spirales* d'Archimède (voir chapitre 4). Il est obscurci par le texte et les ornements du livre de prières. La main dessinée devant la première lettre de l'une des prières semble prolongée par les lignes du diagramme, esquisses d'une manche.

Reviel Netz a noté sur l'image prise sous U.V. les caractères qu'il a identifiés et ceux qu'il a simplement devinés. Dans le commentaire en marge, Reviel demande à Abigail Quandt si le petit trou au centre du parchemin est un défaut original de la peau animale ou s'il a été ajouté ultérieurement.

À l'extérieur du «faisceau 6-2», au Centre d'accélération linéaire de Stanford : Uwe Bergmann, Abigail Quandt, Keith Knox, Mike Toth, Reviel Netz et Will Noel.

Will Noel et Reviel Netz
étudient une feuille
du Palimpseste
dans le laboratoire
de restauration du Walters.

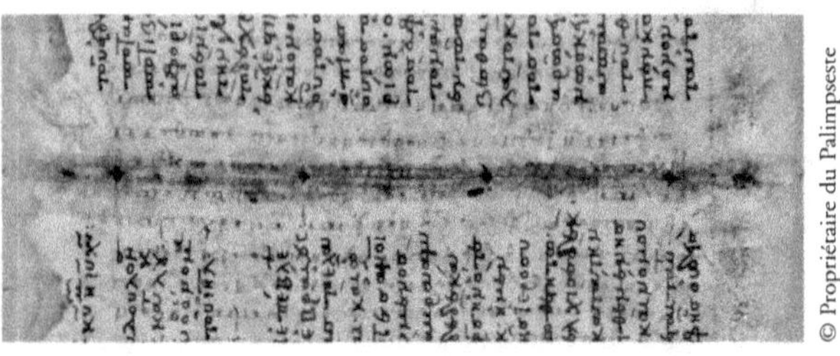

Une pseudocouleur du texte d'Hypéride dans le Palimpseste.
À noter que le texte de cet auteur est inscrit sur une colonne,
alors que celui d'Archimède en couvre deux.

Un détail du troisième texte unique du Palimpseste, un commentaire
philosophique, à la lumière normale.

Une pseudocouleur du même détail, avec le mot «Aristote» entouré en vert.

Une feuille du Palimpseste d'Archimède dans le faisceau au SLAC. La feuille se déplace sur une plate-forme mobile devant le faisceau à rayons X, dont le diamètre est de la largeur d'un cheveu. Sur la gauche, le détecteur, enroulé dans du papier aluminium, est positionné à 90° du faisceau.

Abigail Quandt insère l'une des contrefaçons dans le faisceau du SLAC.

La «carte du fer» de la même
page, prise au SLAC, révélant
le texte sous-jacent.

Une image normale d'une page enluminée.

La carte du fer révélant le colophon du scribe du livre de prières :
«[Ceci] fut écrit de la main du presbytérien Ioannes Myronas, le 14ᵉ jour
du mois d'avril, un samedi de l'année 6737, indication 2.»

cipe en formant un ratio entre deux segments indépendants qui se rejoignent au point K. Cela nous sera très utile par la suite.)

Finalement, nous en arrivons à une autre considération. Ce qui est vrai pour OX doit aussi être vrai pour SH. Ceci, après tout, était notre expérience mentale originelle : transposer OX en SH. Ces deux segments sont identiques. En plus de cela, nous avons remarqué que le rapport entre la droite parallèle prise au hasard, MX, et sa petite section OX, est égal au rapport entre TK et KN.

À présent, échangeons OX contre SH – puisque ces segments sont identiques – pour énoncer la proposition suivante :

• Ce que MX est à SH, TK l'est à KN.

La droite parallèle prise au hasard, MX, est à sa petite section – à présent SH – ce que TK est à KN.

Cette dernière proportion est celle dont nous avions besoin. Le magicien est sur le point de réaliser un tour incroyable. Nous avons déjà fait une expérience mentale en imaginant que la droite OX était une ligne physique, transposée à la position SH. Nous allons à présent réaliser une autre expérience mentale, bien plus radicale. Seul Archimède était capable d'une si brillante association d'idées.

Imaginons donc, à l'instar de notre génie des mathématiques, que les droites MX et SH sont les bras d'une balance, dont le point d'équilibre est en K. Nous allons désormais les traiter comme des objets physiques possédant des poids – qui refléteront les longueurs des objets. Les deux droites possèdent également des centres de gravité qui seront, vraisemblablement, en leur milieu, soit respectivement les points N et T.

Voyez ce que nous avons fait : nous avons considéré des objets géométriques comme des objets physiques. Personne n'avait jamais imaginé une telle astuce avant Archimède. Exactement comme il a inventé le traitement mathématique de la physique, il a aussi inventé le traitement physique des mathématiques pures.

Rappelez-vous le premier résultat : « MX est à SH ce que TK est à KN. » Alors quel est le ratio de poids entre MX et SH ? C'est le ratio de leurs longueurs – celui de MX sur SH. Ce qui, nous l'avons vu, revient à prendre le ratio de TK sur KN – donc, le ratio de ces droites est réciproquement le même que le ratio de leurs distances à l'axe de la balance.

Appliquez la loi de la balance et vous retrouvez la magnifique observation faite par Archimède : les deux droites MX et SH s'équilibrent autour de leur axe situé au point K.

Vertigineux, n'est-ce pas ? Retenez votre respiration : nous passons à une autre expérience mentale, encore plus époustouflante. Satisfait de son précédent tour, le magicien en prépare un nouveau, bien plus spectaculaire.

La droite prise au hasard MX équilibre parfaitement sa petite section OX quand cette section est transposée en SH de sorte que son centre est le point T. Or nous avons choisi la droite OX au hasard. Mais peu importe la droite parallèle choisie : ce principe sera toujours vrai.

En d'autres termes :

Toute droite parallèle à l'intérieur du triangle AZC équilibre sa section respective du segment parabolique ABC (positionné en T) autour de l'axe passant par le point K.

Si vous êtes d'accord avec cette proposition, vous accepterez également la suivante :

Toutes les droites parallèles, à l'intérieur du triangle AZC, prises ensemble, équilibrent toutes leurs sections du segment parabolique (positionnées en T), prises ensemble, autour du point K.

Ou, encore mieux :

Le triangle AZC équilibre le segment parabolique ABC (positionné en T), autour du point K.

Comment pourrait-il en être autrement ? Nous avons tranché le triangle et le segment parabolique, parallèle après parallèle et, à chaque coupe, nous trouvons le même équilibre par rapport au même axe. De sorte que lorsque nous prenons le triangle en entier et le segment parabolique en entier, ils doivent obéir aux mêmes lois d'équilibre : le triangle en entier et le segment parabolique en entier – tout comme chacune des coupes par paire – s'équilibrent autour du même axe.

Pour résumer : le triangle et la parabole s'équilibrent autour de l'axe passant par le point K.

Nous savons où se trouve le centre de gravité du segment parabolique transposé : au point T. Ceci, après tout, découle de notre expérience mentale : parallèle après parallèle, nous avons transposé le segment parabolique de sorte que le centre de gravité de chaque droite se situe au point T. Si chacune des droites, prise séparément, a son centre de gravité au point T, alors ce principe est aussi vrai pour l'ensemble des droites.

Donc, le triangle, dans la position du diagramme, équilibre le segment parabolique, son point d'équilibre étant le point K et son centre de gravité le point T.

Qu'en est-il du centre de gravité du triangle ? Eh bien, nous avons déjà étudié la question dans les pages précédentes. Le centre de gravité du triangle est le point situé aux deux tiers de la médiane en partant du sommet – c'est-à-dire, dans notre cas, aux deux tiers de CK en partant du sommet C. Soit un tiers de CK en partant de K.

Or un tiers de CK est égal à un tiers de KT – soit la distance du centre de gravité du triangle à partir du point K est égale à un tiers de la distance entre le centre de gravité du segment parabolique et le point K.

Le segment parabolique est trois fois plus loin du point K que le triangle ; donc le triangle doit être trois fois plus lourd que le segment parabolique ; donc l'aire du triangle doit être trois fois celle du segment parabolique.

Nous pouvons énoncer ce résultat de manière plus élégante. Prenons le triangle ABC qui, je le rappelle, correspond exactement à un quart du triangle AZC.

En d'autres termes, le segment parabolique ABC est égal à quatre tiers du triangle ABC.

Dit simplement : un segment parabolique est égal aux quatre tiers du triangle qu'il englobe.

Ce fut un moment de magie pure. Dites-vous que chaque traité d'Archimède contient au moins une démonstration de cet acabit et vous commencerez à prendre la mesure de son génie. Dans la *Méthode*, chaque proposition est magique. Ne cherchez plus pourquoi Heiberg était si enthousiasmé par sa découverte en 1906.

Il ne faut cependant pas oublier le chemin complexe qui a conduit à ces étonnants résultats.

Nous sommes passés par l'expérience mentale, considérant des objets mathématiques comme des objets physiques. Puis nous sommes allés plus loin. Nous avons obtenu des résultats grâce à des coupes par paires – des paires de droites prises au hasard dans le triangle et le segment parabolique. Nous avons ensuite fait bouger le triangle et le segment parabolique, en les considérant comme deux ensembles entiers.

Autrement dit, nous avons pris une proportion comprenant quatre droites et nous l'avons transformée en une proportion impliquant un nombre infini de droites – l'infinité de droites parallèles qui constituent le triangle ou la parabole.

Avons-nous le droit de faire cela ? Cette question – depuis l'époque d'Archimède jusqu'à nos jours – occupe une place centrale dans la science mathématique.

La *Méthode*, en corrélant les mathématiques, la physique et l'infini, avait déjà soulevé les questions fondamentales de la science. En cela, elle a anticipé le calcul de Newton – ainsi que les difficultés conceptuelles qui y sont liées.

Que savait Archimède à propos de l'infini ? En juin 1999, nous ne le savions pas encore. Et une question était sur toutes les lèvres : qu'allions-nous trouver d'autre dans la *Méthode* ? Nous devions nous plonger dans le Palimpseste et le déchiffrer. Mais en juin 1999, Abigail et moi n'avions même pas encore ouvert le livre. Il était toujours en sécurité dans sa boîte et j'attendais avec impatience le moment de sa libération.

7.

Le chemin critique

Les restaurateurs n'aiment pas être sous le feu des projecteurs. Pourtant, c'était là qu'Abigail Quandt s'était retrouvée : au cœur de l'attention du public et de sa curiosité insatiable. Si vous travaillez sur *Le Dernier souper* de Léonard de Vinci ou le *David* de Michel-Ange, ou si vous êtes l'unique témoin des pensées d'Archimède, vous n'avez pas intérêt à faire de faux pas. Tout le monde vous explique ce que vous êtes censé faire, mais personne n'a conscience des difficultés auxquelles vous devez faire face. Comme le disait Mike Toth, le chef de projet, Abigail devait s'engager sur un chemin critique. Voici son histoire...

Abigail n'est pas un restaurateur comme les autres. La plupart des spécialistes de manuscrits travaillent sur des livres en papier et non sur des parchemins. Il y a de bonnes raisons à cela. Avant tout, il y a une majorité de livres composée de feuilles de papier. Ensuite, les livres en papier nécessitent bien plus de traitements que leurs homologues en parchemin. Surtout s'ils sont imprimés sur du papier de mauvaise qualité, d'une acidité importante. Au moment où nous parlons, des manuscrits en papier sont littéralement en train de s'autodétruire un peu partout dans le monde. Nombreux sont les restaurateurs qui mènent cette bataille contre l'autodestruction. Le parchemin ne pose pas de problèmes d'acidité et est plus résistant que le papier. Cependant, la différence essentielle est que le parchemin supporte mal les variations de température et d'humidité – après tout, il s'agit de peau animale. Si vous posez une feuille de parchemin quelques instants sur votre main moite, elle va se gondoler. En fait, elle va lentement reprendre la forme de l'animal dont elle provient. Avec les manuscrits enluminés, tels que ceux des Walters, cela peut avoir de sérieuses répercussions. Soumis à l'humidité, les pigments des enluminures ne changent pas de forme avec le parchemin et, au bout d'un moment, la peinture s'écaille. Abigail est confrontée à ce type de problèmes depuis plus de vingt ans. Elle est l'une des rares expertes en parchemin. Voilà pourquoi elle était la personne idéale pour travailler sur le Palimpseste.

Habituellement, la meilleure chose à faire avec un objet historique est de ne rien faire du tout – principe que les restaurateurs appliquent la plupart du temps. Ne les touchez pas. Mettez-les en sécurité et contrôlez leur environnement. Après tout, un codex qui avait survécu durant mille ans ne risquait pas de se dégrader davantage – à condition qu'il ne soit ni manipulé ni soumis à des produits polluants ou des changements climatiques extrêmes. Par le passé, certains traitements appliqués par des personnes bien intentionnées avaient causé des dommages irréversibles et d'importantes données historiques ont été perdues. Au XIXe siècle et au début du XXe siècle, de nombreux palimpsestes ont souffert des traitements qu'ils ont subis. Les spécialistes avaient l'habitude de les déchiffrer en utilisant des produits chimiques. En 1919, le romancier et spécialiste des manuscrits M. R. James écrivit que les textes effacés pouvaient :

... être déchiffrés grâce à l'application d'ammonium bisulfide qui, au contraire des anciennes techniques, ne tache pas la page. Appliqué sur la surface à l'aide d'une brosse douce, puis séché immédiatement avec un papier buvard, ce produit fait apparaître à la lumière les écrits effacés avec une étonnante clarté. Le procédé est parfois assez lent, de sorte que les lettres ne ressortent que le lendemain. Cela ne marche pas avec l'encre rouge, et son odeur est particulièrement forte, mais c'est l'élixir des paléographes.

Il existait d'autres élixirs de ce type. Le plus puissant était la teinture de Gioberti : deux couches successives d'acide hydraulique et de cyanure de potassium. Vous imaginez ! Inutile de dire que, à l'instar de l'ammonium bisulfide, ces produits avaient un effet destructeur sur le parchemin. Au XXIe siècle, il n'était pas question d'utiliser de tels produits pour déchiffrer le livre de M. B. Abigail ne pouvait pas faire grand-chose. Le déchiffrement serait un véritable défi pour les spécialistes de l'imagerie.

Mais Abigail devait malgré tout intervenir. En dépit des leçons de l'Histoire, M. B. nous avait donné carte blanche pour pratiquer une véritable opération chirurgicale sur le Palimpseste. C'était une décision courageuse et nous espérions que l'Histoire nous donnerait raison de le faire. À l'époque, nous étions persuadés d'être dans notre bon droit. Les

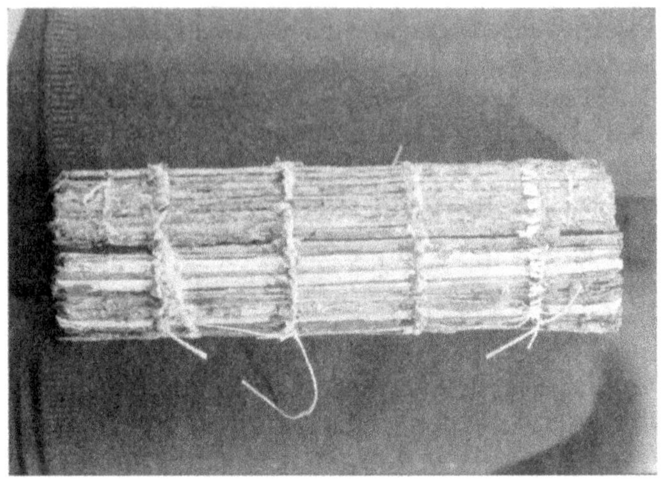

FIGURE 7.1 : *Le dos du Palimpseste.*

derniers écrits du grand Archimède étaient enfouis sous la reliure du Palimpseste et le seul moyen pour les techniciens de numériser ces pages était de démanteler entièrement le manuscrit.

Voie coupée

Le 3 avril 2000, M. B., Reviel, Natalie et Mike se réunirent au Walters. C'était un jour historique. Abigail allait démanteler le Palimpseste. Au début, tout se passa bien. Juste avant la vente, afin de rendre le livre présentable, Scot Husby, de Princeton, avait posé une reliure temporaire sur le codex, qui pouvait facilement s'enlever. Abigail ôta rapidement cette reliure et laissa le parchemin nu, sans couverture. Son aspect faisait pitié et Abigail nous fit peu à peu prendre conscience que c'était une tragédie.

C'est sans doute la partie la plus triste de l'histoire du livre de M. B. Car si, pour Reviel Netz, le Palimpseste était l'unique source des diagrammes d'Archimède, pour Abigail Quandt, c'était un rescapé de l'Antiquité, dans un état critique.

Le dos du livre était couvert de colle. C'était une pratique post-médiévale qui permettait de solidifier la structure du codex, mais qui posait de grosses difficultés à Abigail. Si vous observez attentivement la figure 7.1, vous distinguerez sur le dos deux couleurs légèrement différentes. La zone sombre recèle une colle cachée, réalisée à partir de peau animale, qu'Abigail put enlever assez facilement. Elle représente la seconde moitié du codex, du folio 97 à la fin. La réelle difficulté vient de la zone claire, des folios 1 à 96. D'après Abigail, « l'autre moitié du bloc de textes a été recouverte d'un adhésif transparent, probablement une sorte d'émulsion de poly(vinyle) acétate (PVAC). Comme le PVAC risque de gonfler au contact de l'eau ou de l'alcool, il est impossible de le dissoudre une fois qu'il a formé un film sec sur la surface d'un objet. Les tentatives pour ôter cet adhésif de la pliure du palimpseste ont démontré que cette technique était extrêmement dangereuse, dans la mesure où la colle est plus solide que le parchemin – en d'autres termes, les mots qu'Heiberg n'avait pu lire, parce qu'ils étaient masqués par la pliure du codex, étaient en fait englués dans une colle bon marché.

Cependant, il y avait pire. Observons l'unique folio survivant du *Stomachion* d'Archimède (figure 7.2). Considérez-le comme une vue partielle du cerveau d'un grand homme. Il est littéralement en pièces et de gros morceaux sont manquants. Le reste du folio est couvert d'une horrible couleur pourpre. Jusqu'à maintenant, j'ai insisté sur le fait que le parchemin était une matière solide. Après tout, son constituant de base est la matière qui recouvre vos chaussures. Il n'y a que deux manières de détruire des chaussures. L'une est de les brûler – le Palimpseste a heureusement survécu au feu de Saint-Sabas. L'autre est de les plonger dans une bassine d'eau et de les exposer ensuite à l'air libre. Assez vite, elles vont moisir. C'est, grosso modo, ce qui est arrivé à ce folio ainsi que – à différents degrés – au Palimpseste tout entier. Si vous vous occupez tout de suite de vos chaussures, vous pouvez les récupérer dans un état correct. Mais le Palimpseste n'eut pas cette chance. Loin de là. Il fut livré en pâture à la moisissure. Et vous savez comment croît la moisissure ? En dévorant ce qui lui tombe sous la dent. Elle digéra donc le parchemin. Tous les folios ont souffert, à des degrés divers, de l'action de la moisissure. Habituellement, le côté du parchemin correspondant à la partie externe de la peau animale est en meilleur état que la partie interne, car elle était habituée à – ou intelligemment créée pour – résister aux attaques du monde extérieur. Mais la partie interne de la peau était souvent extrêmement endommagée. Abigail m'en montra quelques folios éclairés dans une boîte et la lumière les traversait comme les étoiles transpercent le ciel nocturne.

Les feuilles, très fragiles, étaient collées ensemble. De plus, quatre d'entre elles étaient recouvertes de peintures représentant des portraits des Évangélistes. Mais l'artiste ne se contenta pas de peindre par-dessus les écritures, il s'efforça d'abord de les effacer du livre de prières. Il s'employa également à « abîmer » les folios – en pratiquant des incisions et des trous – afin de donner un aspect plus ancien à

FIGURE 7.2 : *Le* Stomachion *d'Archimède.*

ses dessins. De plus, il est toujours tentant d'exposer les images d'un manuscrit indépendamment du texte lui-même. C'est sans doute pour cette raison qu'il y a une tache de rouille en haut du folio – Abigail pense que c'est la marque d'un trombone. Pas assez cruel pour vous ? Alors pourquoi ne pas prendre un peu de mastic et le coller au dos de cette page ? Il y a de nombreuses traces de mastic au dos de ce folio. Essayez maintenant de lire à travers ces marques. Ce n'est pas une façon de traiter un livre. N'importe quel livre. Et pour ce livre en particulier, c'est une tragédie.

Le démantèlement du livre, dont tout le reste du projet dépendait, stoppa notre progression. Le projet Archimède était enlisé. Reviel retourna à Stanford, Natalie à Cambridge. Les lumières du studio d'imagerie spécialement conçu pour numériser le livre s'éteignirent. Et M. B. rentra chez lui.

Abigail passa des jours et des jours à étudier le livre, à faire des recherches et à réfléchir. Les jours se transformèrent en semaines et les semaines en mois. J'esquivais les questions pressantes de la presse en donnant des réponses laconiques sur l'importance du codex. Abigail et moi cessâmes de parler – ce qui est toujours mauvais signe. Puis elle me demanda une somme d'argent exorbitante pour embaucher ses homologues de l'Institut de restauration canadien, afin de lancer une batterie de tests. À ma grande surprise, M. B. fit le chèque. J'étais passablement contrarié. Mike Toth m'envoya de sombres messages électroniques, m'enjoignant à ne pas prendre de retard sur le planning. Il me mettait également en garde : toutes ces recherches risquaient de nous écarter de notre objectif. Mais j'avais les mains liées. Au Walters, comme dans la plupart des autres musées, les conservateurs ne dictaient pas leur conduite aux restaurateurs. C'était un principe salvateur, mais souvent extrêmement frustrant. Ce n'était pourtant pas si grave, en ce qui me concernait. Mais Netz, assistant-professeur au département des manuscrits anciens de Stanford, qui essayait d'obtenir sa titularisation, bouillait d'impatience. Le manuscrit de ses rêves avait miraculeusement réapparu. Il l'avait vu, touché, et savait mieux que quiconque quels fabuleux secrets il renfermait. Mais il en était réduit à supplier pour en apercevoir quelques fragments. Noel et Reviel rongeaient leur frein.

Le monde nous observait, les universitaires brûlaient de lire le codex et les scientifiques de le numériser. Mais tous attendaient, avec plus ou moins de patience, le bon vouloir d'Abigail.

Les photographies de Heiberg

Reviel décida de s'occuper en retraçant l'histoire du Palimpseste. Il étudia l'œuvre de Heiberg dans les moindres détails et découvrit qu'il avait pris des photographies du Palimpseste lorsqu'il était à Constantinople. Comme le manuscrit avait appartenu à des mains étrangères durant une grande partie du XXe siècle, les photographies avaient dû paraître cruciales à celui qui les avait trouvées. Cependant, personne ne savait où étaient ces photos. L'œuvre de Heiberg avait été en partie archivée à la bibliothèque royale du Danemark, mais les photographies n'en faisaient pas partie. Reviel voulait néanmoins étudier de nouveau les archives, aussi envoya-t-il un mail à l'un de ses anciens collègues, Karin Tybjerg, un historien danois spécialiste de science ancienne. Karin Tybjerg expliqua notre problème au responsable des manuscrits, Erik Petersen, et celui-ci eut une idée. Les archives Heiberg avaient été déposées à la bibliothèque royale après sa mort. Mais si jamais Heiberg avait donné les photographies à la bibliothèque avant de disparaître ? Heiberg avait compris l'importance de ces photos et, en bon humaniste, il avait très bien pu vouloir les mettre à disposition du public. Si tel était le cas, où les aurait-il rangées ? Dans la collection de photographies de la bibliothèque, bien entendu ! Et c'est là qu'Erik les trouva. C'était le lot n° 38 de la bibliothèque royale.

En juin 2000, Reviel et moi nous rendîmes à Copenhague pour étudier les photos. Nous fûmes chaleureusement accueillis par Erik et rapportâmes un album rempli de photographies du manuscrit. Il y en avait soixante-cinq – toutes des preuves tangibles.

Les photographies témoignaient de l'état du manuscrit en 1906. Si on comparait le folio contenant le *Stomachion* aujourd'hui avec celui de 1906, on constatait que les deux folios étaient à peine semblables. En 1906, la page du *Stomachion* était complète. Aujourd'hui, c'est un fragment rongé par la moisissure. Bien sûr, certains folios sont en meilleur état que d'autres, mais la malchance veut que leur condition soit inversement proportionnelle à la valeur de leur contenu. Abigail avait noté que le folio du *Stomachion* était dans un état « très critique », mais l'expression était faible. Pour ma part, j'aurais dit que le corps d'Archimède avait péri par la lame d'un soldat romain au IIIe siècle av. J.-C. et que son génie avait été dévoré par la moisissure deux mille ans plus tard.

Il n'y a bien sûr aucune trace des peintures contrefaites dans les photographies de Heiberg. Sur la photo 57r, Heiberg avait écrit « M16 », soit le seizième folio de la *Méthode*. À la place, on voyait aujourd'hui le portrait d'un homme chauve, à la barbe blanche, vêtu d'une robe verte et assis sur une chaise au haut dossier incliné, les pieds posés sur un tabouret bleu. Dans la main droite, il tient un crayon et dans la gauche, un rouleau sur lequel il s'apprête à écrire. Devant lui, un bureau avec ses instruments de travail et sur un pupitre, le livre qu'il va recopier. L'image est encadrée et le fond d'un jaune doré. On distingue à peine en filigrane les textes du livre de prières, et encore moins ceux d'Archimède.

Les photographies de Heiberg sont la preuve criante et indiscutable que les dommages les plus sérieux subis par le Palimpseste ont été causés au xxe siècle, alors qu'on savait qu'il était l'unique source de certains traités d'Archimède. Qui était responsable d'un tel désastre ?

Les miniatures contrefaites

Au début du mois de mars 1999, je passai voir John Lowden dans son bureau exigu du dernier étage de l'Institut Courtauld, où il enseigne l'art du Moyen Âge. Je lui montrai l'une des contrefaçons. À ma grande stupéfaction, il laissa échapper un cri de surprise et se précipita dans sa bibliothèque pour chercher une publication qu'il avait écrite au sujet d'un manuscrit de la bibliothèque universitaire de Duke, en Caroline du Nord. Le codex de Duke contenait les portraits de quatre évangélistes très similaires à ceux du Palimpseste. Et John m'expliqua avec force arguments qu'il s'agissait de contrefaçons modernes.

Il m'envoya à la bibliothèque du rez-de-chaussée consulter un livre de Henri Omont publié en 1929 sur les manuscrits grecs de la Bibliothèque nationale de Paris. Je découvris rapidement qu'il avait vu juste : les quatre portraits des Évangélistes, comme ceux du manuscrit de Duke, étaient des copies des illustrations de ce livre. Les contrefaçons n'étaient pas parfaites : les arrière-plans copiés étaient plus simples que ceux de la publication d'Omont. Mais les portraits des Évangélistes eux-mêmes, leur chaise et leur bureau étaient identiques. Abigail établit que ces dessins étaient exactement à la même échelle.

À plusieurs reprises, j'ai maudit le scribe du livre de prières et les moines avides et négligents du Métochion. Je les ai même rendus responsables de l'état désastreux du Palimpseste. Le codex de Duke avait lui aussi appartenu au Métochion. Comme ces deux livres contenaient des miniatures du même auteur, j'étais pratiquement certain de savoir qui blâmer pour la détérioration du manuscrit.

Mais j'étais dans l'erreur. En mai 2001, Abigail reçut les résultats des recherches monumentales effectuées par l'Institut de restauration canadien. C'était une lecture impressionnante mais déprimante. Il nous fournit nombre d'informations très utiles à propos de l'état désastreux du Palimpseste. Parmi les différents pigments chimiques identifiés sur les portraits, l'un d'eux est particulièrement caractéristique : le phthalocyanine vert. Cette couleur n'était commercialisée qu'en Allemagne, à partir de 1938. Comme nous l'avons vu, en 1938, il n'y avait aucun manuscrit au Métochion. En fait, les contrefaçons ont été réalisées au moins quinze ans après l'acquisition du codex par Marie Louis Sirieix.

Réaliser que je m'étais trompé sur l'historique du manuscrit me mit en colère et je voulus découvrir qui était responsable du traitement catastrophique du livre après son départ du Métochion. À présent, seul Marie Louis Sirieix semblait à blâmer.

Mais l'histoire relatée par Robert Guersan était trop succincte. Peut-être Sirieix ne savait-il pas que le livre contenait des textes uniques d'Archimède. Anne Guersan avait apparemment dû rechercher cette information. Sans données complémentaires, nous n'aurions aucune certitude.

La lettre de Willoughby

En mai 2006, je découvris, en évidence sur mon bureau, la copie d'une lettre. Elle avait été laissée là, tel un cadeau matinal, par mon cher ami Georgi Parpulov, spécialiste bulgare des manuscrits grecs, un homme au sourire désabusé qui avait une habilité extraordinaire à découvrir des trésors cachés. Georgi avait enfoui cette lettre sous un monceau d'archives photographiques provenant de l'Iconographie du Corpus de Nouveau Testament Harold R. Willoughby, à l'université de Chicago. L'en-tête indiquait qu'elle émanait d'un antiquaire parisien. Le destinataire était : « Salomon Guerson, tapis rares, tapisseries anciennes, 169 bd Haussmann, Paris » et il s'adressait au « Pr Harold R. Willoughby, Université de Chicago, Illinois ».

Le 10 février 1934

Cher Pr Willoughby,
Poursuivant notre correspondance de 1932 au sujet du manuscrit que je vous avais montré et du folio qui, par votre intermédiaire, a été identifié par le conservateur de la bibliothèque Hunting-ton comme étant le manuscrit d'Archimède décrit par J.L. Heiberg dans Hermès, *vol. 42, p. 248, je vous informe que je désire vendre ce manuscrit.*

J'ai montré le livre à M. Omont, de la Bibliothèque nationale de Paris, ainsi qu'à la bibliothèque Bodleian, et tous deux m'ont fait des offres que j'ai jugées insuffisantes. Je vous serais reconnaissant de me faire savoir si le manuscrit vous intéresse ou si vous pouvez me mettre en relation avec une personne qui serait susceptible de l'acquérir. J'en demande 6000 dollars.

En attendant d'avoir de vos nouvelles, je vous prie d'agréer, cher professeur, l'expression de mes salutations respectueuses.

S. Guerson

Cette lettre prouve que l'histoire du XXe siècle du Palimpseste doit être réécrite. D'abord, les peintures contrefaites ont été réalisées après son séjour au Métochion. Mais le manuscrit avait été identifié en 1932 comme étant le Palimpseste d'Archimède, or Sirieix n'était entré en possession du manuscrit qu'à partir de 1934. Comment le manuscrit était-il venu de Constantinople à Paris ? Et qui était responsable de ces contrefaçons ?

Une nouvelle histoire

Pour commencer, il apparaît que le premier voyage du Palimpseste d'Archimède eut lieu en 1932 et non en 1998. Et le premier à avoir identifié le codex est le conservateur de la bibliothèque Huntington, en 1932. J'écrivis à ma collègue Mary Robertson, la conservatrice des manuscrits de la bibliothèque Huntington, qui me répondit que, d'après elle, le conservateur en question était le capitaine Reginald Berti Haselden. Entre 1931 et 1937, Haselden correspondait avec le Pr Edgar Goodspeed, du département des Études du Nouveau Testament de Chicago, à propos d'un livre palimpseste. Il était particulièrement intéressé par la photographie sous ultraviolets et avait écrit en 1935 un livre intitulé *Aides scientifiques pour l'étude de manuscrits*. C'était tout à fait sa tasse de thé.

Il semble que Haselden ait eu l'opportunité d'identifier l'un des folios du manuscrit et non le codex en entier. C'est ce folio qui avait été transcrit par Heiberg dans son article à la page 248 de *Hermès*. Il s'agissait du folio 57. Pourquoi Haselden avait-il identifié ce seul folio ? Cela demeurait un mystère. Peut-être avait-il vu la photographie de cette page ? Il se peut aussi que cette page ait été séparée du manuscrit – comme elle l'est aujourd'hui. Mais il est probable que les contrefaçons aient été ajoutées après l'identification du Codex C d'Heiberg. Car le folio 57 est à présent recouvert d'une contrefaçon. Même Haselden, avec sa connaissance des techniques scientifiques, n'aurait pu identifier les écrits d'Archimède recouverts par la peinture. Les portraits furent donc réalisés après 1932 et après l'acquisition du manuscrit par Salomon Guerson.

Bien avant que Georgi ne découvrît la lettre de Willoughby, John Lowden suspectait déjà les Guerson d'être impliqués dans l'histoire des contrefaçons. Il avait en effet découvert que les Guerson possédaient une feuille d'un manuscrit byzantin qui avait été exposée dans une célèbre exposition d'art byzantin à Paris en 1931. Le cadre inhabituel des contrefaçons était très similaire à celui de la feuille que les Guerson avaient exposée en 1931. La lettre de Willoughby était une confirmation extraordinaire des hypothèses de John. Il démontrait non seulement que les Guerson avaient possédé le manuscrit, mais aussi qu'ils avaient connu Henri Omont, l'auteur du livre qui contenait les peintures originales.

John avait également fait de substantiels progrès pour retracer le voyage du codex de Constantinople à Paris. Salomon Guerson connaissait vraisemblablement l'un des plus célèbres antiquaires du xxᵉ siècle, Dikran Kelekian, et c'est sans doute grâce à Kelekian que les Guerson avaient acquis certains de leurs manuscrits. En 1931, Kelekian possédait deux miniatures empruntées au même livre que la miniature que les Guerson avaient exposée à Paris la même année. Le manuscrit dont elles avaient été extraites était encore parfaitement conservé dans un couvent de Constantinople jusqu'en 1922. Au cours de l'année 1931, Kelekian avait inséré ces deux miniatures dans un autre manuscrit qui venait – devinez – du Métochion. Les Guerson avaient donc eu alors facilement accès aux manuscrits du Métochion. Au vu de ces éléments, les Guerson paraissaient responsables des contrefaçons introduites dans le manuscrit de Duke, ainsi que dans le Palimpseste d'Archimède.

Mais quelque chose paraissait suspect. Les Guerson tenaient un honorable commerce sur le boulevard Haussmann. La lettre de Willoughby prouvait que Salomon Guerson savait ce qu'il avait entre les mains et qu'il connaissait sa valeur marchande. 6 000 dollars, à l'époque, étaient l'équivalent de 70 000 dollars aujourd'hui – une très grosse somme pour un manuscrit médiéval. Salomon Guerson pensait que le livre était digne d'intérêt parce qu'il savait qu'il contenait les écrits d'Archimède. De plus, les Canadiens avaient démontré dans leur rapport que les reproductions n'avaient pu être réalisées avant 1938. Le manuscrit est donc resté en l'état durant sept ans, attendant patiemment de trouver un acquéreur, quand soudain, des reproductions de miniatures sont venues recouvrir la lettre d'Archimède à Ératosthène. Salomon Guerson avait peut-être été peu scrupuleux quant à l'entretien de manuscrits byzantins, mais il n'avait aucun motif pour commettre un tel crime. Nous devions donc découvrir son véritable mobile.

L'hypothèse Casablanca

Le 14 juin 1940, les Allemands entraient dans Paris où régnait la grisaille. La Norvégienne Ilsa Lund était habillée de bleu. Le héros de la résistance tchèque, Victor László, malade, s'était réfugié dans un wagon de marchandises à la périphérie de Paris. Le combattant américain pour la liberté, Rick Blaine, se tenait debout sous la pluie, sur le quai de la gare, une expression curieuse sur le visage – son rendez-vous n'était pas venu. Rick embarqua dans le train et quitta Paris, comme trois millions et demi de personnes. Il parvint finalement à Casablanca, où il s'enrichit grâce au Café Américain, essentiellement fréquenté par des Européens dépossédés, qui vendaient des trésors de famille pour s'acheter un ticket pour la liberté.

Telle est l'intrigue du grand film *Casablanca*, avec Humphrey Bogart et Ingrid Bergman dans les rôles principaux. Reviel et moi avions un scénario similaire pour le codex d'Archimède. C'est un scénario bien plus sombre que *Casablanca*, et qui reste de l'ordre de la fiction. Voici le résumé de l'intrigue.

Le 14 juin 1940, les Allemands entraient dans Paris. Salomon Guerson et Archimède ne quittèrent pas la ville, du moins pas le même jour que Rick Blaine. Salomon pensait qu'il pouvait s'en sortir en restant à Paris. Quarante-huit heures plus tard, il en était beaucoup moins sûr : tous les Juifs furent sommés de se présenter au poste de police. Mais il était toujours là le 26 juin, à l'arrivée de Hitler. Salomon fut soulagé de voir Hitler parader sur les Champs-Élysées et l'Arc de Triomphe plutôt que sur le boulevard Haussmann, mais il entendait le vacarme depuis sa boutique, fermée pour la journée. Salomon ne réouvrirait jamais son magasin. Son contenu fut confisqué par les nazis. Tous les objets de valeur furent entreposés au Jeu de Paume pour être triés, avant d'être rapatriés dans la mère patrie. Salomon se terra dans Paris – il n'avait sauvé que quelques objets, dont le Palimpseste. Petit, facilement transportable, discret et, pensait-il, précieux. Plus le temps passait, plus Salomon se désespérait. Le 16 juillet 1942, la police de Vichy commença à déporter les Juifs parisiens, les rassemblant au Vélodrome d'Hiver. Ils furent transférés au camp de Drancy. De là, 70 000 personnes, dont nombre de ses amis, furent envoyés à Auschwitz pour ne plus jamais revenir. Salomon luttait pour sa survie. Que lui restait-il ? Il rechignait à se séparer du Palimpseste, mais il n'avait guère le choix. Il ne pouvait bien sûr le vendre lui-même, mais peut-être un ami le ferait-il pour lui ? Cependant, Salomon pouvait compter ses amis sur les doigts d'une main et ceux-ci trouvaient le livre bien difficile à vendre, quel qu'en soit le prix.

Finalement, Salomon se tourna vers Marie Louis Sirieix. Il espérait que ce héros de la résistance lui ferait bon accueil, d'autant que sa fille était mariée à un homme au patronyme étrangement similaire au sien : Guersan. Sirieix était sympathique et croyait Salomon quand celui-ci lui disait que le manuscrit était la seule clé pour ouvrir l'esprit d'Archimède. Mais d'après Sirieix, aucun Allemand n'avalerait une telle histoire. Les nazis n'aimaient pas les livres moches ; ils ne s'intéressaient qu'à l'art. Les Allemands s'évertuaient à piller les œuvres d'art des Juifs de Paris. Sirieix était un combattant de la liberté, pas un intellectuel, et il avait une approche pragmatique des choses. Si le livre contenait des illustrations, il aurait une réelle valeur. En fait, il pourrait même devenir précieux.

Le ver était dans le fruit. Salomon prit le temps de la réflexion et, quelques jours plus tard, il revint trouver Sirieix en lui disant que le livre contenait bel et bien plusieurs images, qu'il n'avait pas remarquées de prime abord. Sirieix était suspicieux, mais généreux. Impressionné par Salomon, il accepta de lui acheter le livre. La lettre d'Archimède à Ératosthène devint le passeport de Salomon pour la liberté, mais elle était à présent recouverte de peinture. Salomon parvint à fuir Paris. Sirieix retourna à son combat contre les Allemands, confiant dans l'avenir. Il ne s'était jamais vraiment intéressé au Palimpseste, aussi le cacha-t-il dans sa cave humide.

Le générique du film défile et en arrière-plan, le Palimpseste est progressivement recouvert de poussière et de moisissure.

Un appel au lecteur

Abigail possédait à présent toutes les données nécessaires pour commencer son travail. Outre la documentation fournie par l'Institut de restauration canadien, elle avait elle-même fait des recherches. Apparemment, le jour où Anne Guersan s'était intéressée à son héritage, elle voulut le remettre en état. Hélas, sa contribution ne fit qu'augmenter les difficultés d'Abigail. La colle PVAC qui renforçait la reliure du codex était souvent utilisée dans les années 70 et 80. Un autre exemple de bonne volonté peu judicieuse. Quelqu'un avait sans doute prêté une attention toute particulière aux reproductions des portraits et en avait détaché les pages pour les fixer avec un mastic qui se vendait à partir de 1970.

Il y avait aussi des feuilles sur lesquelles Abigail ne pouvait travailler. C'étaient les trois feuilles manquantes que j'avais repérées quand M. B. m'avait confié son livre pour la première fois. Elles étaient présentes lorsque Heiberg avait étudié le codex, comme en témoigne l'une de ses photographies. Abigail avait trouvé des traces de pigments sur les folios qui faisaient face à ces feuilles perdues. On peut en déduire que le contrefacteur avait également peint ces folios. Certaines peintures détachées du codex ont sans doute été vendues et elles décorent sûrement aujourd'hui les murs d'un appartement parisien, allemand ou américain. Regardez autour de vous. Si vous tombez sur l'une de ces pages, tournez-la. Si vous découvrez deux textes au verso, dont l'un est à peine visible, faites-le moi savoir. Ces feuilles ont une grande valeur et cela n'a rien à voir avec les peintures qui les ornent. Rappelez-vous, la valeur se paie. Vous pouvez me contacter à cette adresse : *www.archimedespalimpsest.org*.

Soins intensifs

Si prendre soin du livre de M. B. semble un travail intimidant, alors dites-vous que vous n'avez qu'un faible aperçu de l'ampleur de la tâche qui incombe à Abigail Quandt et ses collègues du Walters. Toutes les caractéristiques du codex ont été scrupuleusement étudiées. L'Institut de restauration canadien a prélevé un échantillon d'un folio recouvert de l'écriture d'Archimède. Les résultats des analyses confirmèrent que le collagène était en train de se décomposer et que le texte encore présent était extrêmement fragile – de faibles taches d'encre étaient encore imprégnées dans le parchemin. Avant d'appliquer tout traitement au codex, il fallut répertorier, à l'aide d'un code couleur, les moindres défaillances du parchemin – déchirures, gouttes de cire, moisissures, traces de rouille ou de mastic. Le manuscrit fut ensuite entièrement photographié. À chaque bifolio du livre de prières correspondait un rapport sur son état de conservation et une proposition de traitement. Si ces rapports avaient concerné des prisonniers, ils auraient hautement intéressé le tribunal international de La Haye. S'ils avaient concerné les patients d'un l'hôpital, ces malades auraient été dans une unité de soins intensifs. Tel était le traitement du codex : des soins intensifs. À mesure qu'elle progressait, Abigail sauvait toutes ces données. Une boîte renfermait les fragments dûment répertoriés du Palimpseste. Chaque fragment était proprement emballé avec une étiquette indiquant le type de fil, de colle, de cire, de pigments utilisés pour chaque folio. Les myriades de déchirures, même les plus petites, furent raccommodées, de façon à ce que les trous ne s'agrandissent pas au moment de la manipulation.

Enfin, le 8 novembre 2003, Abigail commença à traiter le début de la lettre d'Archimède à Ératos-thène. Je vous soumets le compte rendu de son travail sur ces quelques pages.

Ce samedi-là, Abigail détacha les bifolios qui entouraient le début de la lettre. Cette opération lui prit toute la journée, car les bifolios étaient col-lés ensemble avec du PVAC. Abigail ôta quelques débris de la gouttière. Le dimanche, elle assouplit le dos du parchemin en le brossant avec un mélange d'isopropanol et d'eau. Puis elle appliqua un calque sur les deux côtés du bifolio, faisant apparaître les zones endommagées et obscurcies par la peinture et la colle. Cela lui prit deux heu-res. En particulier, un papier renforcé collé au dos avec du PVAC obscurcissait le texte d'Archimède. Abigail remarqua également sur les calques plu-sieurs fragments de parchemin et un petit dépôt de peinture pourpre. Elle en déduisit que l'une des contrefaçons avait dû jouxter cette page. Abigail photographia ensuite entièrement le bifolio. Puis elle appliqua un peu d'isopropanol et d'eau sur le papier renforcé. Quinze minutes plus tard, elle commença à le retirer. À la fin de la journée, elle avait réussi à l'ôter complètement. Lundi fut un jour de récupération, non pas pour Abigail, mais pour le bifolio. Le mardi 11 novembre, elle exa-mina l'autre côté de la feuille. Au niveau de la pliure, il y avait des dépôts granuleux, des fibres de couleur, des fibres blanches, des bulles noires, sans doute dues à la colle, et des particules d'un blanc cristallin qu'elle pensait être du gel de silice – vraisemblablement appliqué en 1971 par l'Éta-blissement Mallet pour tenter de stopper les moisis-

sures. Elle remarqua également d'autres taches de PVAC. Elle commença par nettoyer les résidus de colle et les bulles noires de la pliure. À cet endroit, le parchemin était cloqué et plissé. Abigail tenta de le lisser. Tous les résidus qu'elle parvint à enlever furent récupérés. Elle ne reprit son travail sur le bifolio que le dimanche 16 novembre. Sur la pliure, au niveau des quatre points de la couture, le texte d'Archimède était obscurci, car le parchemin avait été déchiré et pressé à ces endroits, et un morceau était englué dans le PVAC et les fibres de papier blanc. Des applications répétées d'éthanol et d'eau libérèrent le morceau de parchemin emprisonné, qui put être ensuite remis en place. Puis la zone fut séchée sous pression. Le lendemain, Abigail commença à travailler sur des morceaux de parchemin gondolés dans une zone très abîmée du bifolio. Elle appliqua de petites touches d'éthanol afin de remettre progressivement en place les parties détériorées. Puis cette zone fut séchée sous pression. Abigail s'affaira ensuite sur un coin de feuille rabattu, qu'elle renforça à l'aide de papier japonais. Elle n'essaya pas d'ôter les gouttes de cire – le parchemin était bien trop fragile. Quand elle eut soigneusement préparé la feuille pour l'imagerie, elle envoya un échantillon de PVAC pour analyse à l'Institut de restauration canadien.

Tous les autres folios du manuscrit reçurent les mêmes soins intensifs. Je vous ai cité un exemple particulièrement spectaculaire. Abigail devait réparer la gouttière des folios d'Archimède. Là, un morceau de parchemin avait été chiffonné et brisé et il fallut le déplier. Ce matin-là, Abigail opéra une véritable opéra-

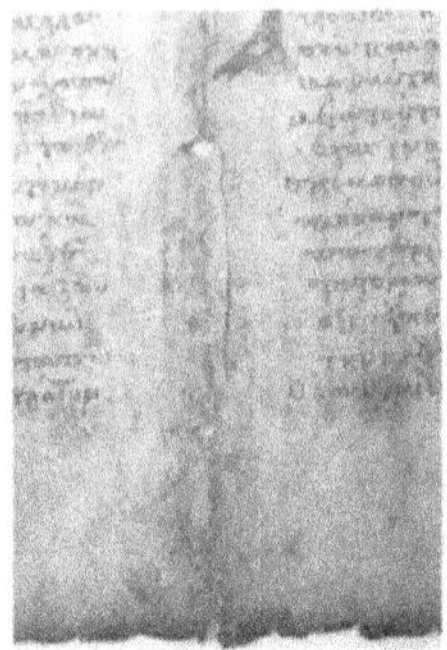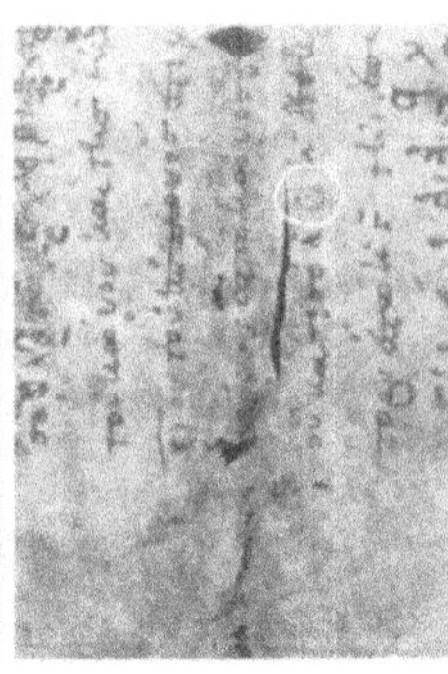

FIGURE 7.3 : *Une partie du Palimpseste, avant traitement, après traitement et sous une lampe à ultraviolets. Netz a entouré le mot « kuklos ».*

tion de chirurgie du cerveau. Plus tard dans la journée, nous prîmes une photographie sous ultraviolets du folio et nous l'envoyâmes par mail à Reviel Netz. Voici le message que je reçus en retour :

> *De : Reviel Netz*
> *Envoyé : dim 15/04/2001 10h14*
> *À : William Noel*
>
> *Cher Will,*
> *La pièce attachée est une image fantastique (AQ 174). Le signe encerclé est le symbole évident du mot grec* kuklos, *qui signifie « cercle ». C'est la première fois que je vois ce signe dans la tradition des manuscrits archimédiens, ce qui a des répercussions importantes sur les relations entre les branches de la tradition ainsi que sur l'histoire des symboles mathématiques.*
> *Kudos à AQ. (Félicitations !)*

Dans son enthousiasme, Reviel s'est trompé. Heiberg avait déjà remarqué le terme *kuklos*. Heureusement, Reviel ne comprit son erreur que bien plus tard. Dieu merci ! Car son enthousiasme fut communicatif et ces jours-ci, nous en avions bien besoin. Il faut avouer que la préparation des feuilles d'Archimède pour l'imagerie était un travail éreintant, laborieux et chronophage.

La majeure partie du travail d'Abigail se passait sous l'œil d'un microscope et, peu à peu, nous pouvions lire certains textes à l'œil nu. Le flash d'un appareil photo et un algorithme élaboré, nous le verrons, peuvent transformer une page. Et la perception fine d'un spécialiste pouvait améliorer notre compréhension d'Archimède. Mais Abigail et ses collègues avaient toujours su que ce n'était pas là l'objet de leurs travaux. Excepté aux yeux d'un observateur très attentif, les folios du Palimpseste ne paraissaient guère différents après les soins intensifs prodigués par l'équipe d'Abigail.

J'avais espéré observer un changement drastique sur les pages enluminées. Mais d'autres personnes étaient d'avis différent. John Lowden, par exemple, considérait que ces peintures faisaient partie intégrante de l'histoire du codex. Ce qui pour moi représentait des graffitis sans intérêt obscurcissant les écrits d'un génie était aux yeux de John un exemple du traitement du passé byzantin par l'ère moderne.

Abigail partageait cette vision des choses. Et elle mit deux autres observations en lumière. Premièrement, si elle essayait d'enlever les images, elle pouvait parfaitement détruire du même coup le texte d'Archimède. Deuxièmement, si nous n'avions pas aujourd'hui la technologie nécessaire à la lecture du texte par imagerie, elle existerait certainement un jour. Nous devions prendre notre mal en patience. Après tout, c'est ce que le dévoué Heiberg avait fait – il n'avait pas démantelé le codex ni appliqué la teinture de Gioberti sur les folios. Il avait dû être très tenté de le faire, mais, pour le bien du codex, il s'était abstenu. Je finis par me ranger à l'avis d'Abigail. Tout comme le fit M. B.

C'est donc là, dans la salle des urgences, que le cours du projet se modifia imperceptiblement. Tous nos espoirs de triomphes ultérieurs reposaient sur le travail minutieux d'Abigail. Au prix d'efforts considérables, elle finit par en venir à bout. Enfin, le codex était prêt. Le démantèlement du manuscrit commença le 3 avril 2000. Les derniers folios furent détachés le 4 novembre 2004. En moyenne, il fallait quinze jours pour détacher un folio du Palimpseste. Puis, après avoir traité les folios de son mieux, Abigail les plaça sur des supports spécialement conçus pour que les scientifiques puissent les numériser.

Découvertes

Bien sûr, les spécialistes n'avaient pas attendu que les folios soient numérisés pour se mettre à l'ouvrage. Dès qu'Abigail eut commencé à démanteler le manuscrit, Natalie, Reviel et moi nous plongeâmes dans leur étude.

Notre première découverte eut lieu le 3 avril 2000. Le jour même où Abigail commença son travail, Reviel et Natalie scrutaient déjà certaines parties du Palimpseste à l'aide d'une lampe à ultraviolets. Ils étaient l'un à côté de l'autre et discutaient. Logiquement, ils commencèrent par étudier le premier folio. Cette page était en très mauvais état, mais quand Reviel l'observa sous les UV, il crut apercevoir le texte effacé du scribe d'Archimède. Il en discuta avec Natalie qui examina la feuille à son tour. « Oui ! » s'exclama-t-elle. Ils venaient juste de découvrir une nouvelle page du Codex C. La toute première page du codex contenait un texte des *Corps flottants* que Heiberg n'avait tout simplement par remarqué. Le premier jour du démantèlement, le premier jour du déchiffrement, sur la première page du codex, nous avons découvert une nouvelle page entière des *Corps flottants* en grec. C'était un grand succès pour notre projet.

Il était de plus en plus clair que Heiberg ne connaissait pas aussi bien le manuscrit que nous le pensions. Cela devint encore plus frappant quand Reviel et moi vîmes les photographies de Heiberg. Il y avait soixante-cinq photographies en tout, annotées par Heiberg, qui avait identifié les folios d'Archimède un à un. Naturellement, toutes les photos représentaient des folios du texte d'Archimède. On comprenait aisément sa façon de procéder. Il avait étiqueté d'un « M » les folios de la *Méthode*, « St » ceux du *Stomachion* et le reste en référence à sa première édition, publiée en 1880. Cependant, il n'y avait que soixante-cinq photographies. Parmi celles-ci, trente-huit étaient des doubles pages, les autres de simples folios. Heiberg avait des photos de seulement 103 rectos et versos de folios extraits d'un codex qui en contenait, en son temps, 354. Une photographie en particulier retint l'attention de Reviel. C'était la page droite d'une double page. Mais Reviel ne regardait pas le folio – il observait en fait le folio précédent, à gauche de la double page d'origine, qui par chance apparaissait sur la photo. Il contenait trois lignes du texte d'Archimède. Reviel observait encore et encore.

— Il s'agit des *Corps flottants*, déclara-t-il.

Reviel sut aussitôt qu'il était en train de lire une section des *Corps flottants* en grec, et que c'était la première fois. Heiberg avait négligé le folio de gauche ; il ne l'avait ni photographié ni retranscrit. En observant aujourd'hui les photos, on ne pouvait qu'admirer les compétences de Heiberg. Il était incroyablement difficile de lire le texte d'Archimède à partir de ces photos. Et pourtant, il avait réussi ! Néanmoins, il y avait des sections entières de la *Méthode* et *Des corps flottants* qui n'avaient été ni photographiées ni lues.

Le plus beau jour d'Abigail et moi, durant cette période difficile, fut le 13 avril 2002. John Lowden était à Baltimore pour étudier le Palimpseste. Je savais qu'il devait prendre un vol pour Londres à 15 heures. Je me rendis donc au laboratoire de restauration à environ midi pour voir comment les choses se passaient. John passa la tête hors d'un rideau noir et m'annonça une grande nouvelle : le Palimpseste avait été offert à une église exactement 773 ans plus tôt... À l'aide d'une lampe à ultraviolets, il avait examiné le tout premier folio du Palimpseste. Le premier folio de tout codex était généralement le plus détérioré, mais celui du palimpseste était une véritable loque. Les mites n'aimaient pas le parchemin – elles se régalaient des couvertures de bois dans lesquelles les folios étaient rangés. Mais hélas, ces petites bêtes avaient un déplorable sens de l'orientation et le premier folio du palimpseste était mangé de toutes parts par les mites.

John l'examina de nouveau. En bas de la page, il découvrit une inscription, qu'en termes techniques on appelait un « colophon ». Il ne pouvait pas le déchiffrer entièrement, mais il était clair que le livre de prières avait été donné à l'église par le scribe le 14 avril 6737. Mais c'était au temps des Grecs orthodoxes. Au XIIIe siècle, les datations ne se référaient pas à la naissance de Jésus, mais à l'origine du monde. Comme nous le savons tous, le monde a été formé le 1er septembre 5509 av. J.-C. Pour obtenir la date moderne du 14 avril 6737, on doit soustraire 5508 ans. La réponse est : « Le 14 avril 1229. » 763 ans plus tard, nous savions enfin quand le Palimpseste avait été fabriqué.

Pensées

Tandis que le cours de cette histoire se déroulait, une version tout autre de l'histoire du Palimpseste d'Archimède émergeait dans mon esprit. Les rôles des acteurs de cette histoire m'apparaissaient aujourd'hui sous un jour incroyablement différent. Je commençais à remettre en cause ma condamnation virulente du scribe qui avait effacé le texte d'Archimède, tout comme ma description du monastère de Saint-Sabas, que je considérais comme le « tombeau » d'Archimède. Je m'en voulais même pour mes mots durs à l'encontre des moines du Métochion. C'était grâce à leurs archives que les textes d'Archimède avaient été redécouverts. Saint-Sabas était en réalité un lieu sûr pour Archimède et non une tombe. Si le prix de cette sûreté était le déguisement chrétien que les moines lui avaient fourni, alors c'était un prix qui valait la peine d'être payé. Et si l'amour des mathématiques avait assuré la survie de la lettre d'Archimède à Ératosthène durant le premier millénaire, c'était l'amour de Dieu qui l'avait préservé jusqu'au XXe siècle

Le scribe était le sauveteur ignorant d'Archimède et non sa némésis. Le Palimpseste était une création de la religion, non une victime. En revanche, il fut victime de deux guerres mondiales et du marché de l'art. Les dommages causés au XXe siècle nous avaient amenés à penser que le Palimpseste était devenu une vieille relique de peu d'intérêt. Reviel était persuadé du contraire.

Après le détachement de quelques feuilles, Reviel organisa un voyage à Baltimore avec son ami Ken Saito. Ils passeraient ensemble le premier week-end de janvier 2001. C'était le moment de vérité. Reviel et Ken pouvaient-ils vraiment extraire davantage de substance du Palimpseste que Heiberg ? Chaque fois que je discutais avec la presse, je répondais « Oui ». Chaque fois que je regardais les folios détériorés, je pensais « Non ». Au fil du temps, ce que je disais ou pensais n'avait plus d'importance.

8.

La *Méthode* d'Archimède, 2001, ou l'infini révélé

C'était presque la fin de l'année 2000. Le Palimpseste faisait l'objet de recherches depuis presque deux ans et nous n'avions toujours que très peu d'éléments concrets. J'étais contraint de revenir au travail traditionnel de fourmi : parcourir le manuscrit à l'aide d'une lampe à UV, examiner le texte soigneusement, caractère après caractère. J'envisageais de progresser ainsi – lentement et péniblement – mais je n'étais pas certain d'en apprendre beaucoup plus que Heiberg de cette façon. N'était-ce pas une simple perte de temps ?

Will insistait pour que nous établissions des priorités. Seules quelques pages seraient disponibles pour mon prochain voyage, en janvier 2001. Donc, je devais faire un choix. Je sélectionnai quelques pages de la *Méthode*, dont une comportait une grosse lacune dans la transcription de Heiberg. Je demandai donc à ce que les folios 105 à 110 soient prêts pour notre visite. Je ne serais pas seul : mon invité serait un touriste ou plutôt un pèlerin. Car à présent que le Palimpseste était là, c'était ainsi que les historiens et les mathématiciens envisageaient leur voyage à Baltimore – comme un pèlerinage. Je savais que Ken aimerait cette expérience et j'appréciais sa compagnie. Qui sait ? Nous allions peut-être même découvrir quelque chose à propos d'Archimède.

Le professeur Ken Saito enseignait à l'université d'Osaka. C'était l'un des plus grands historiens des mathématiques au monde. J'admirais ses premiers travaux sur l'application des résultats d'Euclide à la théorie des sections coniques. C'est un maître de la logique des mathématiques grecques : quand il lit un texte, il comprend aussitôt où l'auteur veut en venir. Si quelqu'un était qualifié pour travailler avec moi sur le Palimpseste, c'était bien lui.

Saito me rendit d'abord visite à Stanford. C'était la première fois qu'il venait en Amérique et j'ai pensé qu'il souhaiterait assister à l'un de mes cours de grec avancé. Je demandai à mes étudiants de faire une traduction de textes d'Euclide et d'Archimède – ici, à Stanford, la plupart des étudiants en langue grecque pouvaient aisément comprendre les mathématiques et j'étais heureux de pouvoir mettre leurs compétences en avant. Nous passâmes une journée à San Francisco, ce qui enchanta Ken, mais nous étions tous deux impatients de nous rendre à Baltimore.

Durant le vol jusqu'à Baltimore, Ken et moi discutâmes de questions pérennes au sujet de l'histoire des mathématiques. À quel point Archimède anticipa-t-il le calcul ? Que savait-il exactement des difficultés conceptuelles qui y étaient rattachées ?

Voici un résumé de l'histoire des mathématiques telles que nous la connaissions en janvier 2001. Les Grecs avaient inventé les mathématiques comme une science précise et rigoureuse. Ils évitaient les paradoxes et les erreurs. En agissant ainsi, ils contournaient le piège de l'infini. Leur science s'appuyait sur des quantités qui pouvaient être aussi grandes ou aussi petites qu'ils le désiraient, mais jamais infiniment grandes ou petites. Les quantités aussi grandes ou petites que l'on veut sont connues comme des infinis potentiels, au lieu de quantité infinies. Les Grecs n'utilisaient pas la notion d'infini en acte ou actuel.

Durant la révolution scientifique des XVIe et XVIIe siècles, les scientifiques tels que Galilée et Newton introduisirent de nouveaux outils à la science des mathématiques avec la notion actuelle d'infini. Ils apportèrent des ordres de grandeur infiniment grands ou petits. Cette notion permit à la science de faire d'importantes percées, mais il y avait un prix à payer : avec la notion d'infini venait un certain nombre de paradoxes et d'erreurs. Les mathématiques devinrent plus puissantes, mais moins précises.

Au XIXe siècle, les mathématiciens élaborèrent de nouvelles techniques pour intégrer la notion d'infini. Peu à peu sont nées de nouvelles mathématiques où la notion d'infini avait été apprivoisée, sans plus de risques de paradoxes ou d'erreurs. On avait atteint la précision des mathématiques grecques – à présent, l'infini était utilisé comme outil de précision. D'où l'explosion de découvertes mathématiques – et donc de découvertes scientifiques – aux XIXe et XXe siècles.

Pour résumer : les Grecs avaient la précision sans l'infini. La révolution scientifique avait l'infini sans la précision. La science moderne, depuis le XIXe siècle, possédait à la fois la précision et l'infini.

Que représentait l'infini potentiel utilisé par Archimède ? Rappelez-vous les dialogues imaginaires. Archimède remplit un objet incurvé de sorte qu'une certaine zone soit laissée de côté – une zone plus grande qu'un grain de sable. Un critique passe par là et fait remarquer qu'il y a toujours une différence de la taille d'un grain de sable.

— Vraiment ? s'exclame Archimède. Très bien, dans ce cas, je vais appliquer mon mécanisme plusieurs fois successivement, de sorte que la zone restante soit plus petite qu'un grain de sable.

— Attendez une minute, dit le critique, la surface restante est toujours plus grande que la largeur d'un cheveu.

Archimède continue à appliquer son mécanisme, encore et encore. La différence finit toujours par être plus petite que l'ordre de grandeur donné par le critique. Le dialogue se poursuit indéfiniment. Tel est l'infini potentiel.

Prenons un autre exemple. D'abord, considérons la collection de nombres entiers utilisant seulement l'infini potentiel. Puis, disons que, pour chaque nombre entier, peu importe sa grandeur, nous pouvons imaginer un nombre plus grand. Ceci est un nouveau dialogue imaginaire, une sorte de vente aux enchères : vous dites un million, je dis deux millions. Vous dites un billion, je dis un trillion. Ces enchères n'ont pas de fin. Mais personne n'est autorisé à utiliser la notion d'infini elle-même.

Ensuite, nous pouvons introduire la notion actuelle d'infini. Imaginez que quelqu'un passe et dise : « J'ai un nombre qui est plus grand que tous les nombres entiers. C'est le nombre de tous les nombres entiers. » Un coup de marteau est frappé sur la table : l'infini actuel a mis fin à l'enchère.

Il existe bien sûr bien plus d'un million, un billion ou un trillion de nombres entiers. Le nombre de tous les nombres entiers est l'infini. Et cela donne lieu à tous les paradoxes de l'infini.

Imaginons qu'on veuille comparer le nombre de nombres entiers au nombre de nombres pairs. Mettons-les côte à côte sur deux rangées.

1 2 3 4 5 ...
2 4 6 8 10...

À chaque nombre de la rangée supérieure correspond un nombre de la rangée inférieure (son double). La rangée du dessous ne se termine jamais. Pour chaque nombre entier, il existe un nombre pair, et vice versa. Le nombre de nombres entiers est le même que le nombre de nombres pairs. Dans ce cas, on constate que les nombres entiers et les nombres pairs ont la même taille, même s'il y a apparemment deux fois plus de nombres entiers que de nombres pairs. Dans la notion d'infini, les concepts normaux s'effondrent : un ensemble peut être égal à sa moitié. Ainsi, nous ne pouvons nous appuyer sur les règles ordinaires de l'addition et de la sommation. L'infini engendre de trop nombreux paradoxes. Voilà pourquoi c'est un outil si difficile à utiliser.

Au XIXe siècle, les mathématiciens ont trouvé des techniques pour intégrer l'infini (la vision principale est venue des dialogues imaginaires d'Archimède.) Les Grecs n'avaient jamais franchi ce pas (c'était un grand pas). Ils avaient des ensembles « aussi grands qu'on le veut », mais aucun ensemble infini.

Même dans la *Méthode* – du moins le pensait-on en janvier 2001 – Archimède n'avait pas brisé cette règle. Il jouait, dangereusement, avec l'infini. Mais il ne parlait pas de l'« ensemble de toutes les lignes parallèles d'un triangle ». Il disait simplement que comme chaque ligne parallèle équilibre sa section paritaire par rapport à un certain axe, alors le triangle tout entier en fait de même. La vérité de ce principe est corollaire à l'addition d'une infinité d'objets. Mais Archimède n'a jamais expliqué comment il en venait à cette conclusion. Même ici – dans ses expériences les plus radicales – l'infini actuel n'était pas évoqué. C'était à Galilée et Newton de le découvrir.

Ainsi se poursuivit la conversation. De temps à autre, Ken Saito retournait à la lecture du livre qu'il avait apporté avec lui : une copie de l'édition de Heiberg de la *Méthode* d'Archimède. Saito était littéralement immergé dans le texte ancien. Nous étions sur le point de lire une partie jusque-là encore inconnue du codex. Sans qu'on sache pourquoi, Heiberg avait laissé un blanc dans son édition. Quelle était la teneur de ce passage ? Pour être sûr d'aller au fond des choses, Saito voulait tout savoir du contexte.

Voici la structure globale de la *Méthode*. Archimède commence avec une introduction adressée à Ératosthène. C'était une introduction flatteuse : « Vous êtes un mathématicien si brillant que vous serez capable de porter un réel jugement sur ma méthode. » Je suggérai alors à Saito l'un de mes dadas. Archimède n'aurait-il pas fait preuve d'ironie dans cette introduction ? N'avait-il pas par hasard l'intention de démasquer Ératosthène ? Je proposai de considérer la *Méthode* comme un puzzle envoyé à Ératosthène – et dont le but était de le confondre. Il s'agit, après tout, d'un texte extrêmement complexe – n'était-ce pas intentionnel ?

— Peut-être, avait répondu Saito, avant de retourner à sa lecture.

Le *Méthode* est en effet un puzzle. Nous avons étudié la première proposition avec sa remarquable combinaison de physique, mathématiques et infini. La proposition 1 a deux propriétés frappantes : l'application de la physique aux mathématiques et la sommation d'une infinité de droites. La même combinaison est répétée dans les treize premières propositions de la *Méthode*.

Dans son introduction, Archimède promet qu'à la fin de son traité, il reprendra certaines démonstrations en les déclinant d'une façon « orthodoxe », standard. La majorité de ces démonstrations disparut au moment où les auteurs du Palimpseste se débarrassèrent de certaines parties du manuscrit original, au cours de l'année 1229, ou un peu plus tard, lorsque quelques-uns des prêtres, pour des raisons incompréhensibles, supprimèrent certaines pages du livre de prières. Ainsi, une bonne partie de la fin de la *Méthode* fut perdue. Mais la proposition 15 survécut en partie et recèle en effet une démonstration orthodoxe, standard, fondée sur le dialogue imaginaire : « Je vous trouverai toujours un ordre de grandeur plus petit. »

La proposition 14 est différente. Ce n'est pas une démonstration orthodoxe, pas plus que les treize premières propositions de la *Méthode*. Mais elle ne s'appuie pas sur la combinaison de l'application de la physique aux mathématiques associée à une infinité de sommes. Au lieu de cela, elle se fonde seulement sur une infinité de sommes. Peu de gens s'y sont intéressés durant le XXe siècle. Les propositions telles que la proposition 1 paraissent suffisamment énigmatiques. Pourquoi se creuser les méninges aussi pour celle-ci ? – d'autant qu'elle n'était que fragmentaire : Heiberg n'avait jamais réussi à en déchiffrer le milieu. L'écriture était trop effacée. La technologie actuelle nous permettrait-elle de ressusciter ce passage ?

Saito se préparait à cette éventualité. Nous allions examiner le milieu de la proposition 14, la partie que Heiberg n'avait pu déchiffrer. Abigail l'avait préparée et des scientifiques étaient sur le point d'en fournir une image numérique.

Ce serait le premier test important du projet. Soit nous parvenions à déchiffrer le texte effacé, soit nous abandonnions cette idée et nous contentions de l'édition de Heiberg. Peut-être ne ferions-nous pas mieux que lui. Ce serait dommage pour ce qui concerne l'édition grecque (où chaque mot compte). En fait, j'aurais aimé utiliser le Palimpseste pour pousser plus loin la compréhension de l'histoire cognitive des mathématiques, que j'ai déjà mentionnée. Mais en termes d'histoire des mathématiques proprement dite, je doutais que le Palimpseste puisse nous apprendre beaucoup plus de choses. Même si nous ne déchiffrions pas la moindre ligne inédite, cela n'aurait sans doute guère de conséquences sur l'histoire des mathématiques.

Après tout, les principes généraux de la sommation d'Archimède étaient déjà clairement exposés dans les treize premières propositions de la *Méthode*. Heiberg n'avait pas lu la proposition 14, mais il avait déchiffré suffisamment de texte pour deviner où Archimède voulait en venir. L'objet de sa démonstration était clair : Archimède mesurait le volume d'une coupe cylindrique.

Voilà comment il procédait. Prenez un cube (figure 8.1). Placez un cylindre à l'intérieur. Coupez le cylindre (et le cube) à l'aide d'un plan oblique passant par le milieu de la base du cube et une arête de sa face

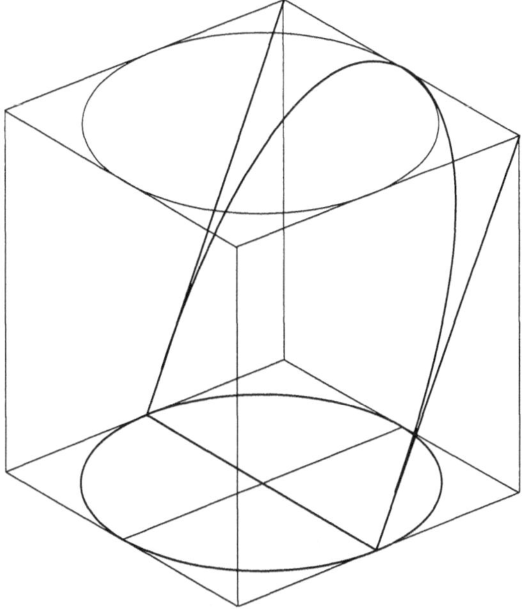

Figure 8.1

supérieure. Quel est le volume du cylindre coupé par ce plan – la coupe en forme d'ongle que l'on voit sur la figure 8.2 ? C'est une figure étrange, née de la combinaison entre un demi-cercle, une demi-ellipse et les contours d'une surface cylindrique – figure qui intéresse tout particulièrement Archimède. Il est déterminé à mesurer précisément une figure étrange et complexe à l'aide d'une figure rectiligne.

Examinons comment Heiberg avait compris cette mesure. (Pour les lecteurs amateurs de géométrie, notez dès à présent que j'ai pris comme figure englobante un cube. Archimède avait traité le problème en termes plus généraux de parallélépipède, mais nous gagnons en simplicité en utilisant un cube

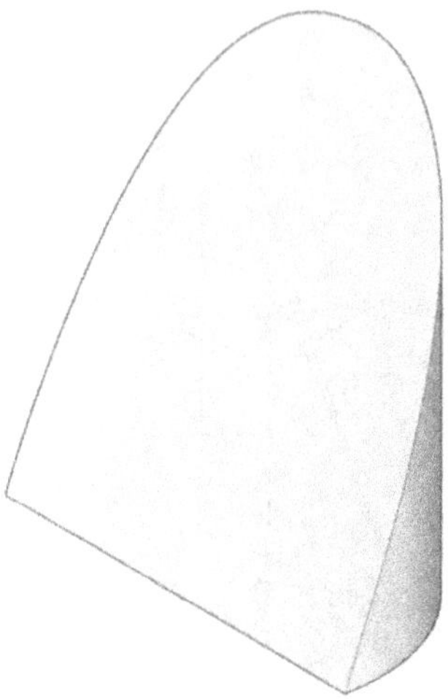

FIGURE 8.2

– sachant qu'il est aisé de transposer cette démonstration au cas général posé par Archimède.)

Nous allons observer, une nouvelle fois, la mesure d'un objet curviligne. Et de nouveau – comme partout dans la *Méthode* – Archimède utilise des tranches parallèles. Heiberg comprit la chose suivante : un plan quelconque est tracé, parallèle à l'arête verticale du cube (figure 8.3). Il en résulte plusieurs coupes du cube originel, du cylindre originel, ainsi que de la base de ces figures. Archimède considère certains plans et lignes et en déduit des proportions (nous verrons cela en détail par la suite). Heiberg avait très bien compris ce principe. Puis – un blanc dans l'argumentation. Heiberg parvient finalement à reprendre sa lecture, mais déjà, la démonstration touche à sa fin. Archimède en arrive en effet à sa conclusion, à savoir que la coupe cylindrique est égale à un sixième du cube qui l'englobe.

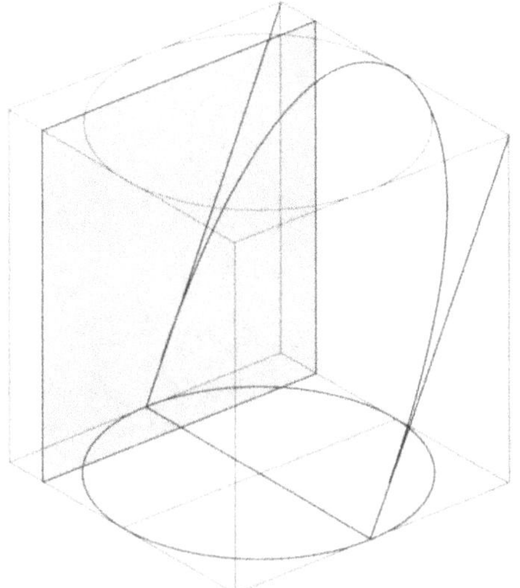

FIGURE 8.3

Comment Archimède parvient-il à ce résultat ? A-t-il pu prouver ses dires ? Heiberg n'a pas été en mesure de déchiffrer un passage crucial. Tout le monde, depuis Heiberg, s'est imaginé qu'Archimède avait employé le même type de sommation implicite que celle de la proposition 1. Soit, après avoir déterminé une proportion pour une tranche choisie au hasard, Archimède transpose implicitement ce résultat à la coupe cylindrique tout entière – de la même façon que, dans la proposition 1, il a transposé une droite parallèle choisie au hasard au triangle et à la parabole pris dans leur intégralité. Tout le monde avait supposé, comme moi, qu'Archimède avait procédé ainsi. Pendant ce temps, Saito était plongé dans l'étude du texte. Peut-être étions-nous tous dans l'erreur ?

FIGURE 8.4

Le volume d'une coupe cylindrique

Saito et moi finîmes par nous installer devant les folios 105 à 110. Nous passâmes rapidement à l'endroit laissé en blanc par Heiberg, où il avait ajouté un commentaire : « *Quid in tanta lacuna fuerit dictum, non exputo* » – « Je ne peux spéculer sur le contenu d'une lacune aussi importante. »

Afin d'étudier l'argumentation mathématique en détail, concentrons-nous sur l'objet qui nous intéresse. Dans la figure 8.4, nous « extrayons », comme le montre le dessin, une section du cube – le prisme triangulaire coupé par le plan oblique. À partir de maintenant, nous allons nous focaliser sur ce seul prisme triangulaire. Traçons à présent trois figures supplémentaires qui illustrent la démonstration jusqu'au passage manquant. Ces diagrammes – figures 8.5, 8.6 et 8.7 – représentent différentes vues du prisme triangulaire. L'argumentation est si complexe que nous avons besoin de ces différents angles de vue, afin d'avoir une meilleure vision d'ensemble (Archimède, quant à lui, visualisait l'objet en s'appuyant uniquement sur la figure 8.7 !).

Sur la figure 8.5, nous observons le prisme triangulaire entier avec un plan choisi au hasard, parallèle à l'arête verticale du cube.

La figure 8.6 nous montre ce plan vu de côté. Le plan choisi au hasard découpe un triangle issu du prisme triangulaire originel. Il découpe également un triangle plus petit issu du cylindre originel. Le petit triangle est particulièrement important, car l'étrange figure que nous allons mesurer – en forme d'ongle de la main – est constituée d'un ensemble de triangles similaires issus de la découpe du cylindre. (Ces triangles sont de plus en plus grands – à mesure que les plans choisis au hasard s'éloignent de l'arête du cube.)

Enfin, la figure 8.7 offre une vue de dessous. Le plan aléatoire crée non seulement des triangles issus du prisme triangulaire et du cylindre, mais aussi des segments à la base du cube. Le bas du demi-cube est un rectangle. Ce rectangle est, comme le montre la figure, l'empreinte du prisme triangulaire tout entier. Dans ce rectangle, nous observons aussi un demi-cercle qui correspond à l'empreinte de la moitié du cylindre – la moitié du cylindre contenant la tranche que nous allons mesurer. Pour pimenter un peu les choses, Archimède dessine une autre courbe à l'intérieur de ce rectangle et cette courbe est – devinez quoi ? – une parabole ! Nous avons donc, dans la figure 8.7, un rectangle avec, à l'intérieur, un cercle et une parabole. Puis une ligne droite passe à

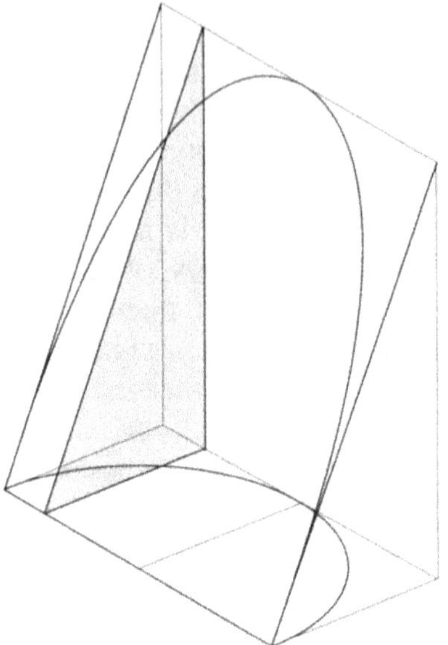

FIGURE **8.5**

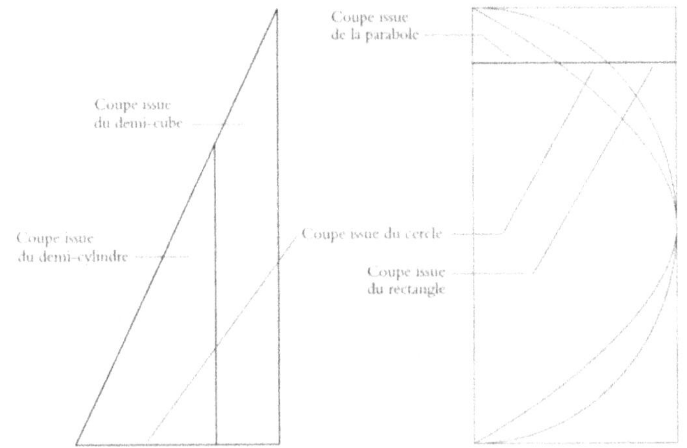

FIGURE **8.6** et **8.7**

travers – cette ligne étant l'empreinte du plan aléatoire.

Ce plan crée une ligne qui traverse le rectangle. Cette ligne est la base du plus grand triangle de la figure 8.6 – triangle issu de la coupe du prisme triangulaire. Le plan choisi au hasard crée également une ligne inscrite dans le demi-cercle à l'intérieur du rectangle – cette ligne correspond à la base du triangle le plus petit de la figure 8.6, triangle issu de la coupe du cylindre. Il crée aussi une ligne inscrite dans la parabole – cette fois, cette ligne n'a pas de correspondance tridimensionnelle dans la figure 8.6 et n'a de sens que dans le cadre de la figure 8.7. Une fois encore, nous avons plusieurs lignes en une seule : l'une traverse le rectangle, l'autre s'inscrit dans le demi-cercle et enfin la dernière se trouve à l'intérieur de la parabole.

Après avoir établi le casting, concentrons-nous uniquement sur quatre acteurs.

Les deux premiers se retrouvent dans la figure 8.6 : il s'agit du triangle le plus grand et du triangle le plus petit. Nommons-les respectivement le « triangle du prisme » et le « triangle du cylindre ».

Les deux suivants se trouvent dans la figure 8.7. Nous avons en fait besoin de deux figures sur les trois mentionnées ci-dessus – soit la ligne qui traverse le rectangle et la ligne inscrite dans la parabole. Appelons-les respectivement la « ligne du rectangle » et la « ligne de la parabole ».

Ces quatre acteurs vont intervenir dans un quatuor de proportions.

Ce que Heiberg était parvenu à déchiffrer, avant la zone lacunaire, était déjà un magnifique résultat. Archimède, par le biais d'un raisonnement extrêmement ingénieux, réussit à prouver que :

• L'aire du triangle du prisme est au triangle du cylindre ce que la ligne du rectangle est à la ligne de la parabole.

Un triangle est à un triangle ce qu'une ligne est à une ligne : le rapport de figures bidimensionnelles est égal au rapport de figures à une dimension.

Ici intervient la partie de texte manquante. Puis le texte reprend avec la proposition suivante :

• Le volume du prisme triangulaire est au volume de la coupe cylindrique ce que l'aire du rectangle tout entier est à l'aire du segment parabolique tout entier.

Le prisme triangulaire est au cylindre ce que le rectangle est au segment parabolique : le rapport de figures tri-dimensionnelles est égal au rapport de figures bidimensionnelles.

La découverte géométrique d'Archimède est que les rapports des triangles de la figure 8.7 entre eux sont équivalents aux rapports de certaines droites de la figure 8.7 entre elles. Ceci, en d'autres termes, est une assertion qui fait intervenir des tranches prises au hasard, exactement comme pour la démonstration de la proposition 1 de la *Méthode*. Il apparaît, une fois encore, qu'Archimède a transposé un principe s'appliquant à des tranches prises au hasard aux objets entiers d'où elles proviennent. Le premier triangle est une tranche aléatoire du prisme triangulaire, le second triangle est une tranche aléatoire du cylindre ; la première droite coupe aléatoirement le rectangle, la seconde droite coupe aléatoirement la parabole. Ainsi, le premier triangle est au second triangle ce que la première ligne est à la seconde ligne. Et si on prend les objets dans leur intégralité, le prisme triangulaire est au cylindre ce que le rectangle est à la parabole.

Tels sont les résultats de la démonstration. Mais il reste un espace blanc où Archimède avait peut-être explicité son argumentation.

Quels auraient pu être ses arguments ?

Nous savons pourquoi Heiberg a été stoppé dans sa progression. La page était presque entièrement illisible – nous nous prenons alors à admirer le travail d'Heiberg. Car même avec la lampe à UV, nous avons peu d'espoir de déchiffrer le texte manquant. Aussi nous concentrons-nous sur les passages que Heiberg avait déjà transcrits, pour tenter de les vérifier. Mais même ces textes nous posaient des difficultés de lecture. Comment Heiberg avait-il réussi ?

Étudions de nouveau la conclusion de la proposition. Ayant démontré que le demi-cube était à la coupe cylindrique ce que le rectangle est à la parabole, Archimède poursuit avec un rapide calcul. D'après la proposition 1 de la *Méthode*, un segment parabolique est égal aux quatre tiers du triangle qui l'englobe. Chacun sait que le rectangle est deux fois plus grand que le triangle qu'il englobe. Dès lors, que représente le rectangle par rapport au segment parabolique ? Il est ce que « deux » est à « quatre tiers », soit, pour simplifier, ce que « six tiers » est à « quatre tiers ». Soit, si l'on simplifie encore, ce que six est à quatre ou ce que trois est à deux.

Donc, le rectangle est au segment parabolique ce que trois est à deux ou, plus simplement, le segment parabolique est égal aux deux tiers du rectangle qui l'entoure. Voilà ! La coupe cylindrique représente les deux tiers du prisme triangulaire ou, plus intéressant pour nous, les quatre sixièmes du prisme triangulaire.

Il faudra un peu de temps pour prouver le résultat suivant : le prisme triangulaire englobant la coupe cylindrique est égal à un quart du cube pris dans son intégralité. La coupe cylindrique est égale à quatre sixièmes du prisme triangulaire, soit un sixième du cube entier. L'étrange figure en forme d'ongle représente exactement un sixième du cube. Nous l'avons ! Encore un objet curviligne mesuré avec succès à l'aide d'un objet rectiligne.

Un résultat brillant de plus d'Archimède. Cependant, cette fois, pas d'application physique. Les triangles et les droites ne sont pas posés sur une balance imaginaire. Elles sont simplement additionnées : un nombre infini de proportions est ajouté pour délivrer une proportion unique. Comment Archimède fait-il cela ? Ignore-t-il simplement les paradoxes, les erreurs d'infini ?

Il n'était pas question de nous arrêter là. Nous retournâmes à la zone de texte manquant et Ken et moi nous plongeâmes dans la contemplation de la page. J'étais le mieux entraîné au déchiffrement et nous décidâmes Ken à prendre note de ce que je voyais.

Will quitta la pièce, laissant le manuscrit à nos bons soins. Après quelques minutes de frustration, je fis quelque chose que je n'aurais pas dû faire. J'ôtai le bifolio de sa couverture de plastique et le replaçai sous la lampe à ultraviolets. La visibilité était bien meilleure. Je fixai la zone effacée avec un énorme effort de concentration, à la recherche du moindre caractère grec.

Quand soudain, je crus déceler quelque chose. Au début, j'écartai cette hypothèse, car cela ne semblait pas s'intégrer au contexte. Il n'y avait aucune raison qu'Archimède emploie un tel mot. Mais je pensais bien avoir lu trois caractères : epsilon-gamma-epsilon : εγε.

— Je crois avoir lu *ege*, dis-je finalement à Ken. Cela a probablement un rapport avec *megethos*, le terme grec pour « magnitude ». Ça n'a aucun sens.

Parce que, voyez-vous, Archimède parlait de certains objets géométriques concrets : un cylindre, un triangle, une parabole. Dans un tel contexte, un mathématicien grec n'aurait aucune raison de parler de magnitude, d'une manière générale. Le terme « magnitude » est plus approprié dans un contexte abstrait tel que l'étude de la théorie des proportions ou les magnitudes en tant que telles. C'était comme si, au beau milieu d'un calcul avec des nombres concrets, le texte engageait une discussion à propos des principes de calcul eux-mêmes.

— Oh, c'est très intéressant ! commenta Ken.

Je devrais préciser que Ken est un érudit japonais très bien élevé. Sa réponse témoignait en réalité de son extraordinaire agitation. Il voulait sûrement savoir si j'étais sûr de moi, mais il n'osait pas me poser la question, de peur de paraître impoli.

— J'en suis presque sûr, dis-je en le regardant de nouveau.

En fait, plus je fixais la page et plus j'étais sûr de moi. Je commençai même à voir les contours d'un thêta, immédiatement après la séquence epsilon-gamma-epsilon. Nous avions donc epsilon-gamma-epsilon-thêta. À n'en pas douter, Archimède parlait de *megethos*, donc de magnitudes abstraites.

Ce processus de certitude progressive est typique de la lecture du Palimpseste. En vous concentrant sur une page donnée, vous apprenez progressivement à éliminer tout bruit parasite. Vous en venez peu à peu à vous focaliser sur le signal. C'est un peu comme rechercher une fréquence radio : au début, le signal est brouillé, puis progressivement, la fréquence devient de plus en plus audible. Je voyais à présent clairement le mot « magnitude ». Et je restai sans voix.

— Archimède devait sans doute appliquer le résultat 2, dit Ken.

Au début, je crus avoir mal compris ses paroles, tant mon attention était fixée sur la page. Puis je me sentis un peu agacé. Comment Ken pouvait-il avoir une idée du contenu du texte manquant en se fondant sur un seul mot ? Je cherchais toujours d'autres indices, pendant que Ken poursuivait son raisonnement.

— Dans l'introduction de la *Méthode*, Archimède explique qu'il utilisera certains résultats basiques. L'un de ces résultats est prouvé dans son traité *Sur les conoïdes et les sphéroïdes*. Il traite de magnitudes générales. J'ai toujours cru qu'Archimède voulait dire que ce résultat serait utilisé dans les propositions suivantes de la *Méthode*, là où il emploie des méthodes géométriques orthodoxes. Mais apparemment, il l'utilise également dans la proposition 14.

Cette fois, Ken avait piqué ma curiosité. Je replaçai la page dans son enveloppe de plastique et m'emparai de l'édition de Heiberg que Ken avait parcourue de long en large. Bon sang, sa théorie tenait la route !

Nous étions à présent tous les deux en train d'élaborer avec fébrilité une argumentation plausible, dessinant des figures, esquissant des proportions, tentant de comprendre comment ce résultat pourrait combler la lacune de la démonstration, et faire correspondre des tranches aléatoires à des objets entiers. Cela pouvait fonctionner. Archimède pouvait très bien additionner des proportions. Ainsi, ce n'était sans doute pas une transposition implicite : Archimède devait avoir fait une démonstration explicite.

— Mais attends, Ken, il y a un problème...

Je m'arrêtai et détachai mon regard des figures que nous avions esquissées. Si c'est vrai, Archimède devait avoir additionné un nombre infini de magnitudes. Ce qui est impossible. L'addition est sans fin. On ne peut alors obtenir aucun résultat.

Ken était d'accord. Il nous manquait un élément. Le résultat de base utilisé par Archimède s'appuyait sur une proposition démontrée dans *Sur les conoïdes et les sphéroïdes*. Or là, il était clair que le résultat pouvait seulement être démontré grâce à la sommation d'un nombre fini de magnitudes. Sinon il s'agirait de la sommation d'une infinité de magnitudes, ce qui n'avait aucun sens. Car ceci était l'infini actuel – or comment Archimède aurait-il pu ne serait-ce qu'évoquer cette notion ?

— Si une chose est claire, c'est que les Grecs n'utilisaient pas l'infini actuel. Il y a là une erreur. Ou alors, quelque chose de tout nouveau.

Nous étions en janvier 2001 et il était évident que nous avions touché du doigt une découverte majeure pour l'histoire des mathématiques. Restait à déterminer laquelle.

Aurions-nous pu simplement nous tromper ? Je faisais confiance à l'intuition de Ken pour ce qui concernait les mathématiques grecques. Son raisonnement était censé. Et j'étais persuadé d'avoir vu ce mot, ces quatre lettres epsilon-gamma-epsilon-thêta (enfin, au moins les trois premières...) Mais pouvions-nous élaborer une nouvelle interprétation des mathématiques grecques à partir de cet unique élément ? Était-ce un nouveau tournant dans l'histoire des mathématiques occidentales ?

Le soir même, nous expliquâmes à Will qu'il nous fallait absolument voir les pages numérisées de ce passage. Un chapitre entier de l'histoire des sciences attendait d'être écrit à partir de ces images.

La Méthode, *mars 2001*

Je tournais en rond dans mon bureau, vérifiant sans arrêt ma boîte électronique. Quand ces images arriveraient-elles ? Il fallut un mois aux techniciens pour numériser les images, puis, au début du mois de mars, je reçus un CD rom. Je savais qu'il contenait les images en haute définition, réalisées grâce aux ultraviolets, d'une pièce unique du Palimpseste. C'était un passage très court, mais qui contenait les inestimables folios 105 à 110 – ceux que je brûlais de lire.

Je passai la journée à étudier ces images, à examiner la moindre trace d'écriture, à me concentrer sur le signal. Je retrouvai facilement le terme εγε, à présent aussi clair que de l'eau de roche, et je parvins finalement à lire le terme en entier. Pas de doute possible : Archimède parlait bel et bien de « magnitude ». Je pus ensuite déchiffrer quelques mots supplémentaires, se référant à certains objets géométriques : un cylindre par-ci, un rectangle par-là. Archimède appliquait probablement les principes généraux de la sommation de proportions aux figures géométriques concrètes traitées ici. Décidément, les images numériques apportaient un éclairage bien différent.

Après ces premières découvertes, la lecture se corsa. C'était un processus commun dans la progression du déchiffrement de manuscrit : après avoir gravi facilement les premières collines, vous vous attaquez aux montagnes escarpées. Vous devez alors faire une pause. Il ne me restait plus un seul mot « facile » à déchiffrer, même à l'aide des images numériques. À présent, je devais me creuser les méninges : que pouvaient bien vouloir dire ces fragments de signes ?

J'étudiai ainsi le texte quelques heures supplémentaires, ne faisant que de maigres progrès. Comme j'avais besoin de m'aérer l'esprit, j'allai faire un tour. À mon retour, j'examinai, par simple curiosité, non pas la ligne écrite, mais l'espace juste au-dessus. Quelque chose attira mon attention – c'était un bruit familier – un signe qui avait la texture et la consistance de l'encre. Agrandissant l'image, je l'identifiai. Il s'agissait d'un signe apparemment insignifiant qui, dans un texte fragmentaire, pouvait avoir un sens crucial – un accent aigu, juste au-dessus de la ligne : '. Et grâce à ma connaissance du scribe du Palimpseste, je pouvais en dire plus : le scribe utilisait ce type d'accent aigu au-dessus d'un *iota*. C'était un peu comme identifier un i à partir de son point.

Et ce n'était pas tout : je savais de quel type de « i » il s'agissait : un iota avec un accent aigu. Or il n'existait qu'une poignée de mots grecs accentués de la sorte. L'un des candidats potentiels était, dans un contexte mathématique, le mot *ísos*... Archimède pouvait très bien expliquer que telle chose était égale à telle autre, n'est-ce pas ? Et en effet, j'identifiai peu après un sigma, qui confirma mon hypothèse.

De quel genre d'égalité s'agissait-il ? À y regarder de plus près, je pensais déceler un autre terme se référant à la théorie des proportions – mais cette fois, il ne s'agissait pas de « magnitude » mais de « multitude ». On obtenait la séquence suivante : *ísos plethei* – soit « ceci est égal en multitude à cela ». Je poursuivis ardemment mes recherches. Le texte était truffé de « égal en multitude ». Il apparaissait qu'Archimède était précisément en train de démontrer comment le résultat pointé par Ken s'appliquait au cas traité ici, en montrant que ceci était égal en multitude à cela. Il démontrait également comment telle et telle magnitude étaient égales à d'autres magnitudes.

Comme j'aurais aimé que Ken soit à mon côté à ce moment-là ! C'était simplement trop beau pour être vrai. L'expression « égal en multitude » est utilisée en mathématiques grecques pour discuter du nombre d'objets dans deux ensembles séparés. Imaginons que j'aie un ensemble de trois triangles ici et un ensemble de trois droites là – alors un mathématicien grec dira que les deux ensembles sont « égaux en multitude », ce qui signifie qu'ils sont chacun composés de trois objets.

Maintenant, voilà ce qu'Archimède voulait montrer ici : il disait que, avec le nombre infini de tranches produites dans le cube – une fois que toutes les tranches sont faites, le cube est tranché partout – alors les triangles produits de cette manière (soit tous les triangles issus du cube grâce à toutes les coupes aléatoires réalisées) sont « égaux en multitude » aux lignes du rectangle. Vous voyez ? Dans chaque tranche aléatoire, il y a un triangle dans le cube, fondé sur un des petits côtés du rectangle. Et Archimède fait remarquer que le nombre de triangles issus du prisme est le même que le nombre de lignes issues du rectangle. Bien sûr, cette propriété se vérifie grâce à une relation de correspondance biunivoque : chaque triangle s'appuie sur une droite particulière et, vice versa, chaque droite est la base d'un triangle singulier.

Archimède répète cet argument trois fois à travers les différentes configurations produites par les tranches, démontrant que tel ensemble est égal en multitude à tel autre. Et en effet, une fois que ces égalités en multitude sont établies, le résultat évoqué par Ken s'applique. Ce raisonnement est typique d'Archimède. Il ne se réfère pas explicitement à son résultat. Il ne le cite même pas. Mais il pose les conditions nécessaires à l'application de ce résultat. Et il y parvient en nous montrant, dans le détail, quelles égalités en nombre s'appliquent dans un cas particulier.

Seulement, ces égalités en nombre ne ressemblent en rien à ce que nous connaissons des mathématiques grecques. Les objets qu'Archimède dénombre ici – l'ensemble de triangles et de droites – sont infinis. Archimède était donc en train de faire des calculs explicites avec des nombres infiniment grands.

Et Archimède va plus loin : il base ses calculs sur un principe judicieux. Il établissait que tel ensemble était égal à tel autre ensemble parce qu'il y avait une relation de correspondance biunivoque entre les deux ensembles. Il disait cela en peu de mots, mais Archimède n'était pas un auteur explicite. Il donnait toujours du travail à son lecteur.

Notez le fait suivant. Archimède aurait pu supposer, en principe, que parce que les deux ensembles étaient infinis, ils étaient égaux. C'était une assertion simple – tous les infinis sont égaux. Mais si Archimède a jugé nécessaire de prouver que des ensembles singuliers composés d'une infinité d'objets étaient égaux, c'était parce qu'il voulait éviter cette naïve affirmation. Au lieu de cela, il a supposé que des ensembles infinis pouvaient être égaux seulement s'il existait un argument particulier sur lequel baser leur égalité. Et cela ne nous laisse qu'un seul argument pour soutenir cette égalité – l'argument de la correspondance biunivoque.

Il apparaît ainsi que l'outil de la correspondance biunivoque est celui qui permit aux scientifiques du xixe siècle de structurer le concept d'infini. Ce n'est rien de moins que la pierre angulaire de la théorie moderne des ensembles. Ainsi, nous pouvons résumer les leçons que nous avons apprises grâce aux folios 105 à 110 de la *Méthode*.

D'abord, Archimède n'opère pas de transition implicite entre une tranche aléatoire et l'objet composé de ces tranches aléatoires. Il s'appuie en fait sur des principes de la sommation. Il fait ainsi un pas vers le calcul moderne et ne l'anticipait pas de manière naïve.

Deuxièmement, Archimède fait des calculs avec l'infini actuel – ce qui est en totale contradiction avec les croyances des historiens des mathématiques. Les infinis actuels étaient déjà connus des Grecs anciens.

Troisièmement, nous pouvons constater, grâce au concept d'infini – comme avec tant d'autres –, que le génie d'Archimède a ouvert le chemin des réalisations de la science moderne. Au iiie siècle av.

J.-C, à Syracuse, Archimède avait entrevu la théorie des ensembles, produit des mathématiques élaborées de la fin du XIXe siècle

Mathématiques, physiques, infini – et au-delà

Il apparaît que la *Méthode* possède une structure complexe : les treize premières propositions appliquent à la fois la physique et la sommation implicite d'une infinité d'objets. Dans la proposition 14, la physique n'est plus appliquée – mais la sommation d'une infinité d'objets n'est plus implicite ; elle devient explicite et se fonde sur la loi des sommations infinies. En conséquence, pour Archimède, l'application de la physique peut agir comme une sorte de raccourci. Quand ce raccourci n'est pas possible, il faut employer la règle mathématique explicite de l'infini. C'était comme si Archimède pensait que, dans le monde physique, la sommation d'une infinité d'objets n'était pas un problème – après tout, les objets sont constitués d'une infinité de particules. Mais quand on passe à l'abstraction, aux objets mathématiques, il faut un principe mathématique spécial pour faire une telle sommation.

Archimède n'avait pas créé la science du monde physique que Galilée et Newton avaient instaurée plus tard. Pourtant, il avait rassemblé les outils nécessaires à cette science. Je crois savoir pourquoi il n'était pas allé jusque-là. Pour Archimède, la combinaison de la physique et des mathématiques était importante non par pour le bien de la physique, mais pour le bien des mathématiques. Le plus grand désir d'Archimède n'était pas d'étudier le mouvement des planètes mais de mesurer des objets curvilignes. Il apparaît également que, dans notre univers, mathématiques, physique et infini sont si intimement liés que, en cherchant à faire avancer les mathématiques pures, il avait posé les fondations de la science moderne.

Que mon interprétation soit juste ou pas, il est certain que notre compréhension historique des interrelations entre mathématiques, physique et infini devrait être entièrement révisée à la lumière de la proposition 14. Mais ce n'est pas tout. Nous devrions également revoir notre vision du traitement de l'infini par les mathématiciens grecs. Je résumerais ceci en une phrase : « Ce n'est pas qu'ils n'auraient pas pu. » Ils auraient très bien pu envisager l'infini actuel. Ils auraient même pu l'utiliser. Mais dans la plupart des cas, ils ont choisi de l'ignorer. C'était un choix délibéré. Les mathématiciens grecs étaient au-delà du jeu de l'infini. Je pense en fait qu'Archimède aurait pu créer la science de Galilée et Newton, mais il a choisi délibérément de ne pas le faire : il avait autre chose en tête.

Une chose supplémentaire était à présent évidente – pour le plus grand bonheur de toutes les personnes impliquées dans le Projet Archimède – notre travail était crucial. Il y avait encore de nombreux passages importants à déchiffrer. Rien qu'avec ma lecture des folios 105 à 110, nous étions allés au-delà de l'interprétation de Heiberg. D'autres pages semblaient encore moins lisibles, mais notre volonté de les déchiffrer s'en était accrue. Tout reposait à présent sur les épaules des scientifiques de l'imagerie. Ils devaient créer une nouvelle interface – une image capable de faire apparaître l'invisible. Était-ce de l'ordre du possible ?

9.

Le Palimpseste numérique

Abigail avait démantelé le Palimpseste, et Reviel et Ken Saito avaient récompensé son travail par une trouvaille qui avait remis en cause toutes les certitudes à propos de la pensée mathématique grecque. Depuis le début, il était évident que le travail d'Abigail n'était qu'un premier pas vers une transformation radicale du livre de M.B. Pendant qu'elle démantelait le livre de prières, je demandai aux scientifiques de reformer tous les codex palimpsestes qu'il contenait avant l'année 1229.

Je ne voulais pas que les scientifiques reproduisent le Palimpseste. Je voulais qu'ils le remplacent. Qu'ils recréent si bien le codex que les chercheurs n'auraient pas besoin de faire un pèlerinage à Baltimore. Je leur demandai de rendre l'invisible visible, la matière accessible à tous par ordinateur et de remettre les textes dans l'ordre. D'abord Archimède, bien sûr, et ensuite les autres textes du Palimpseste. C'était un projet utopique. Après tout, nous ne savions même pas combien il y avait de codex ni ce qu'ils contenaient !

Pourtant, les résultats, en 2005, dépassèrent toutes nos espérances : les spécialistes pouvaient à présent lire des textes dont ils osaient à peine rêver en 1998. En plus, ils y avaient accès par ordinateur ! Cependant, ce succès fut le fruit d'un travail de longue haleine.

Nous savions que les deux équipes – celle de Johns Hopkins, dirigée par Bill Christens-Barry, et celle de Roger Easton et Keith Knox, de l'Institut de technologie de Rochester, avaient concentré tous leurs efforts et mis toute leur foi dans une technique appelée « l'imagerie multispectrale ». J'avais besoin de comprendre en quoi cela consistait et mon guide, Roger Easton, professeur d'imagerie scientifique au RIT, était le seul pédagogue de l'équipe. Je concevais les images comme des peintures dessinées par des artistes. Roger les voyait comme des nombres produits par la lumière. Il me fallut donc un certain temps pour comprendre sa vision des choses.

Lumière

La lumière, m'expliqua Roger, qu'elle soit solaire ou électrique, se diffuse en ondes électromagnétiques qui sont elles-mêmes constituées de minuscules particules d'énergie appelées photons. Les photons se caractérisent par la distance entre les pics de ces vagues électromagnétiques – c'est leur longueur d'onde. Certains photons ont de grandes longueurs d'ondes – telles que les ondes radio, les micro-ondes, les ondes infrarouges – et d'autres possèdent des longueurs d'ondes plus courtes, comme les ultraviolets, les rayons X ou les rayons gamma. La lumière visible correspond à une bande étroite du spectre électromagnétique, située entre les infrarouges et les ultraviolets. Plus la longueur d'onde d'un photon est courte, plus grande est son énergie. Mais tous les photons voyagent à la même vitesse dans le vide – la fameuse vitesse de la lumière : 300 000 km/s.

Les photons interagissent avec la matière, composée d'atomes. Plus spécifiquement, ils interagissent avec des électrons positionnés à différentes distances du noyau de l'atome. Tous les photons n'interagissent pas avec les électrons : l'interaction dépend de leurs énergies respectives. Ils doivent « entrer en résonance ». Si tel est le cas, le photon modifie le niveau énergétique de l'électron et, en réponse, l'électron émet un photon. Le photon émis a une longueur d'onde et une énergie précises. Cette longueur d'onde dépend de l'énergie que l'électron doit perdre pour revenir à son niveau énergétique initial.

L'œil humain utilise les photons pour former toutes les couleurs de l'arc-en-ciel. Voilà comment il opère. La lentille de l'œil concentre les photons réémis par les objets observés sur les cellules photosensibles de la rétine. Les photons induisent des changements chimiques sur ces cellules réceptrices. Ces changements dépendent des longueurs d'ondes des photons reçus : quand vos cellules reçoivent des photons d'une longueur d'onde d'environ 400 nm, elles se modifient de façon à générer un courant électrique qui rejoint, par le nerf optique, le centre nerveux du cerveau. Celui-ci interprète le courant en termes de couleurs : ici, il s'agit du bleu. Quand vos cellules reçoivent des photons d'une longueur d'onde d'environ 700 nm, le même processus se répète, mais la modification chimique est sensiblement différente, tout comme le courant électrique induit et donc la couleur obtenue. Dans ce cas, vous voyez du rouge. Les mêmes phénomènes sont à l'œuvre pour nous permettre de lire des caractères. Malheureusement, de nombreuses lettres du texte sous-jacent ne peuvent être lues à la lumière du soleil.

« Existe-t-il une meilleure source de lumière que celle du soleil ? demandai-je à Roger. Et un meilleur récepteur que l'œil ? » Le problème du soleil en tant que source de lumière est qu'il constitue un mélange de photons de longueurs d'ondes variées. L'image que votre œil perçoit à la lumière du soleil est la somme des images créées par toutes les longueurs d'ondes visibles. Si on utilise une source qui émet de la lumière dans une bande isolée du spectre électromagnétique, l'image qui en résulte contient l'information spécifique à cette bande, qui n'est pas « écrasée » par la lumière des autres parties du spectre.

Considérez, par exemple, les images créées à l'aide de lampes à ultraviolets. Bien que les photons de ces lampes aient des longueurs d'ondes plus courtes que celles que l'œil peut détecter, elles ont un effet remarquable sur le parchemin. Les photons énergisent les atomes et les molécules du parchemin, qui absorbent une partie de cette énergie et ré-émettent des photons d'une longueur d'onde située dans la section bleue du spectre visible. Pendant que le parchemin ré-émet des photons visibles, l'encre du parchemin les obscurcit. En conséquence, l'encre est efficacement « éclairée par-derrière » grâce à la douce lumière bleue fluorescente. Le contraste du sous-texte effacé augmente et il devient soudain lisible. La lumière fluorescente des ultraviolets est utilisée depuis longtemps avec succès par les chercheurs pour déchiffrer les palimpsestes. Reviel et Ken l'ont utilisée pour lire la proposition 14 de la *Méthode*. Mais on ne peut se servir efficacement d'une lampe à ultraviolets que dans une pièce sombre. À la lumière du jour, les photons des autres fréquences annulent totalement leur action.

L'œil est une mécanique si perfectionnée qu'il est difficile d'imaginer qu'un procédé technique puisse le surpasser. Mais l'œil se heurte à de nombreuses limitations qu'on ne remarque habituellement pas car il s'est adapté à nos besoins quotidiens. Ses limitations deviennent cependant gênantes pour faire des observations inhabituelles. Observer les planètes pose des difficultés, expliqua Roger, car la taille des images sur la rétine est si petite qu'elles ne sont reçues que par un petit nombre de capteurs oculaires. Comme chaque capteur « voit » une grande partie de la planète, l'œil ne peut pas « résoudre » les détails. Là, les télescopes deviennent indispensables.

Un autre problème se pose : j'ai des difficultés à voir ma chatte Gracie dans l'obscurité parce que les cellules de la rétine humaine ne répondent pas aux longueurs d'ondes émises par les animaux à sang chaud. Ces longueurs d'ondes infrarouges sont bien plus longues que celles de la lumière visible. L'œil humain ne réagit qu'à une petite partie du spectre électromagnétique. Mais les appareils photo modernes peuvent détecter les infrarouges et repérer les animaux à sang chaud dans le noir. C'est la raison majeure qui nous pousse à utiliser des appareils photo pour lire le Palimpseste. Au contraire de l'œil humain, les appareils photographiques modernes sont sensibles à la lumière située au-delà du spectre visible et, de ce fait, peuvent « voir » des informations « invisibles » à notre œil.

En résumé, en utilisant les étroites bandes lumineuses capturées par l'appareil photo, on obtient des résultats très différents de ceux obtenus par l'œil humain à la lumière du jour. Grâce à ces techniques numériques, l'imagerie a révélé des textes cachés avec un succès incontestable partout dans le monde. L'équipe de l'université Brigham Young a notamment obtenu d'extraordinaires résultats en numérisant les rouleaux carbonisés d'une bibliothèque autrefois enterrée à Herculanum, sous un monceau de cendres, après l'éruption du Vésuve le 24 août 79. À la lumière du jour, on ne voit pratiquement aucun des textes écrits sur ces rouleaux. Mais une fois photographié selon une longueur d'onde spécifique, le texte « surgit » de manière remarquable. Nous ne pensions pas obtenir les mêmes résultats sur le Palimpseste d'Archimède. D'abord parce que le Palimpseste est un matériau bien plus complexe, d'un point de vue physique et chimique. Les textes des rouleaux n'avaient pas été grattés ni réécrits. De plus, la moisissure ne s'était pas attaquée à eux, contrairement au Palimpseste. Les rouleaux avaient seulement été victimes d'une catastrophe qui avait modifié la composition chimique de leur structure. Ainsi, il n'existait aucune longueur d'onde permettant de faire « surgir » le texte du Palimpseste. Voilà pourquoi nous devions faire appel à l'imagerie multispectrale.

Les nombres

Roger m'expliqua que l'imagerie multispectrale était une technique relativement récente qui s'était développée avec la naissance des ordinateurs et les progrès de l'imagerie numérique. Les ordinateurs transforment toutes les informations qu'ils reçoivent en valeurs numériques – en chiffres. En fait, seuls deux chiffres binaires (bits) sont utilisés – 0 et 1 – mais combinés de manières multiples. Votre ordinateur convertit par exemple les touches du clavier que vous enfoncez en différentes combinaisons de 1 et de 0, qu'il stocke et transforme en instructions permettant d'afficher des motifs sur votre écran. Quand vous numérisez de la musique sur votre ordinateur, le volume du son est interprété en termes de nombres. Quand vous prenez une photo avec un appareil photo numérique, la lumière qui frappe l'objectif est transformée en valeurs numériques. Chaque « partie » de l'image, appelée « pixel », reçoit un nombre composé de 1 et de 0. La plupart des images sont codées sur « 8 bits », c'est-à-dire que les nombres associés à ces pixels sont des combinaisons de huit chiffres binaires. Par exemple, le nombre 10101010 a en réalité la valeur de 170. Le nombre 11111111, la valeur 255 – soit la plus grande valeur de ces séries de huit chiffres. Car il n'existe que 256 combinaisons de huit chiffres binaires, en incluant 00000000.

Pour extraire ces informations numériques, il faut avoir le logiciel adéquat. L'un des avantages de la technologie numérique est que vous pouvez combiner les nombres issus des images de différentes façons. Vous pouvez ainsi donner pour instruction à votre ordinateur d'ajuster les valeurs numériques de l'image – supprimer des nombres trop grands ou trop petits ou amplifier les contrastes si vous le jugez nécessaire. Voilà comment les ordinateurs parviennent à effacer les yeux rouges dus au flash de vos photos de famille. L'intérêt de cette technique est également de pouvoir superposer plusieurs ensembles de nombres. On peut ainsi ajouter un battement rythmique derrière la voix d'un chanteur. Plus important pour nous, on peut combiner une image prise à une certaine longueur d'onde avec une image ayant une longueur d'onde différente afin de rendre certains aspects de l'image plus visibles. Si on stocke dans un ordinateur des images de longueurs d'ondes variées, on obtient un « cube de données » numériques, où chaque information est visible selon une longueur d'onde différente. N'allez pas croire que ce cube de données est un hologramme. Voyez-le plutôt comme un océan de nombres contenant des modèles – ou des courbes – qui reflètent les caractéristiques de la zone photographiée. En écrivant des algorithmes informatiques, les scientifiques sont en mesure de morceler ces données et d'en extraire les informations voulues.

La procédure la plus simple pour extraire une information du cube de données, m'expliqua Roger, était « l'analyse des composants principaux ». On demande à l'ordinateur de créer un ensemble d'images à partir de combinaisons de valeurs numériques associées aux images issues de chaque longueur d'onde. Les images de ce nouvel ensemble sont choisies selon l'écart des valeurs numériques associées aux pixels les plus proches les uns des autres. Ainsi, ces images, au lieu de montrer les couleurs, font apparaître les contrastes. La première image du nouvel ensemble fait ressortir les zones où apparaissent les plus grands contrastes. La seconde image montre le niveau suivant de contraste, et ainsi de suite. Grâce à ce procédé, vous partez d'un ensemble d'images prises à différentes longueurs d'ondes et, à la fin, vous obtenez un ensemble d'images combinant les longueurs d'ondes de la lumière qui révèlent les différents objets de l'image.

Naturellement, dans le Palimpseste, le premier composant principal nous montre l'objet le plus contrasté, à savoir le texte du livre de prières. Ce dernier est d'une belle encre noire soulignée par le halo de lumière marron du parchemin. Bien sûr, le texte d'Archimède est le second composant principal. Un autre composant principal devrait également faire apparaître la moisissure. Une fois que vous avez séparé les composants, vous pouvez les rendre plus clairs ou plus obscurs à l'envi en manipulant les chiffres.

La science moderne a transformé la lumière en chiffres que les scientifiques peuvent agencer à leur guise. Et tout le talent de ces experts réside dans leur capacité à manipuler les chiffres – ce qui relève plus de l'art que de la science.

Cuisine numérique

Les deux équipes d'imagerie se jetèrent dans la compétition en juin 2000. Ils planchèrent sur cinq feuilles qui étaient déjà détachées de la reliure du codex à son arrivée au Walters.

Bill Christens-Barry prit ces images avec un appareil photo numérique Kodak. C'était un appareil photo standard, utilisé par des journalistes professionnels partout dans le monde. Il ne pouvait générer un très gros cube de données, mais il était capable de créer des images à haute résolution. Bill et sa collègue Joanna Bernstein pouvaient atteindre une résolution de 600 points par pouce. Bill aimait faire ce qu'il appelait sa « cuisine numérique ». Il choisissait un ensemble d'images provenant de la bande spectrale des ultraviolets, où il voyait assez bien à la fois le texte de prières et le texte d'Archimède. Puis il séparait les composants principaux des photos prises à la lumière normale et sélectionnait l'ensemble où n'apparaissait que le livre de prières. Il manipulait ensuite les deux ensembles grâce à l'ordinateur. En soustrayant l'image du livre de prières de celle des deux textes prise sous ultraviolets, il obtint le texte d'Archimède seul.

L'appareil photo de Keith et Roger donnait à Bill des airs de Fred Pierrafeu. Pour sélectionner leurs longueurs d'ondes, ils utilisèrent, non pas des filtres de verre placé devant la lentille, mais la toute dernière technologie – un filtre réglable à cristaux liquides (FCLR), grâce auquel ils pouvaient sélectionner les longueurs d'ondes des photons incidents en tournant un simple bouton. L'appareil photo possédait un petit réfrigérateur électrique pour garder ses capteurs au frais. Grâce à cet engin, Keith et Roger élaborèrent des cubes de données de trente-cinq longueurs d'ondes différentes – bien plus puissant que celui que pouvait fournir l'appareil de Bill. Seul désavantage, la résolution des images fournies n'était que de 200 ppp. Comparé à l'appareil de Bill, celui de Keith avait une résolution spectrale plus grande mais une résolution spatiale bien moindre.

Le mode opératoire de Keith et Roger était très différent de celui de Bill. Ils examinaient d'abord attentivement chaque folio et classaient les pixels en trois catégories : les pixels appartenant avec certitude au parchemin, ceux qui provenaient du livre de prières et ceux qui étaient, sans nul doute possible, extraits des écrits d'Archimède. Puis ils localisaient dans chaque image les pixels correspondant aux trois catégories – tous les pixels des trente-cinq images ! L'ordinateur déterminait ensuite des statistiques pour chaque pixel. Il était alors capable de donner pour chacun d'eux une probabilité d'appartenance à telle ou telle catégorie. Si l'ordinateur était sûr qu'un pixel provenait du texte d'Archimède, ce dernier apparaissait très brillant. S'il en était moins sûr, le pixel était moins lumineux. Enfin, l'ordinateur combinait les résultats pour chaque longueur d'onde. Cette technique est appelée « filtrage par correspondance spectrale ».

On aurait dit que Bill se battait contre une arme à feu avec un simple couteau. Ou du moins avec un appareil photo rudimentaire. Mais en fait, en examinant les images des deux équipes, nous constatâmes qu'elles étaient tout aussi exceptionnelles. À mes yeux, les images de Bill étaient au moins aussi performantes que celles de Keith et Roger. Dans les images qui montraient le texte d'Archimède, je voyais des diagrammes là où il n'y en avait pas auparavant. Ils avaient pour ainsi dire surgi de nulle part. Et le texte du livre de prières était devenu invisible. Il avait purement et simplement disparu dans l'arrière-plan du parchemin.

Je pensai alors que nous avions atteint notre but. J'avais bon espoir que ces images puissent recréer le texte d'Archimède à l'identique du manuscrit original, avant son palimpseste. Ce serait le Jurassic Parc de l'étude des manuscrits médiévaux et la résurrection d'Archimède. Si vous regardiez l'une de ces images, vous comprendriez mon engouement. Les deux équipes avaient fait du bon travail, mais un problème se posait : comment les départager ?

Le 20 octobre 2000, un extrait du Palimpseste fut montré dans l'émission de télévision *The World Tonight*, sur la chaîne ABC, avec le défunt Peter Jennings. L'émission détaillait les incroyables efforts déployés par les scientifiques de l'imagerie pour faire apparaître les textes effacés d'Archimède dans un manuscrit ancien conservé au musée de Baltimore. Soudain, les scientifiques étaient sous les feux des projecteurs. Trois jours plus tard, ils présentèrent leurs résultats à Natalie et Reviel. Nous étions tous sous le choc.

Mauvaises recettes

Reviel ne put assister à la réunion – il avait une pneumonie. Natalie Tchernetska exposa toute une série de critiques en leur nom à tous les deux. D'après elle, les photographies des deux équipes, et en particulier celles de l'équipe de Roger et Keith, n'étaient « pas au point ». Elles étaient maculées de toutes sortes d'inexplicables taches blanches. La résolution n'était pas suffisante. Supprimer le texte de prières n'aidait en rien à la lecture du texte d'Archimède. Des photographies à haute résolution ou prises sous ultraviolets auraient été bien meilleures que ces images. D'où venaient ces imperfections ? Apparemment, les spécialistes de l'imagerie et les paléographes médiévaux avaient du mal à se comprendre. Nous allons donc tenter de décrypter une à une les réclamations de Natalie.

D'abord, les photographies n'étaient « pas au point ». Or il s'agissait d'un phénomène courant dans le domaine de l'imagerie multispectrale. Pour obtenir des images à différentes longueurs d'ondes lumineuses, il faut changer les filtres des appareils photo. Comme la lumière qui passe par les différents filtres est réfractée à des angles variés, les images qui en résultent sont de tailles légèrement différentes. Elles sont alors mal « enregistrées » et, de ce fait, peuvent paraître « troubles ». Cela ne pose guère de problème lorsque vous photographiez de larges territoires depuis l'espace ou que vous essayez d'identifier un champ de coca au beau milieu de l'Amazonie – objectifs principaux de cette technique – mais cela se révèle très gênant quand vous tentez de lire les subtilités de la minuscule écriture grecque du xe siècle. Il était clair que Roger, Keith et Bill allaient devoir utiliser des longueurs d'ondes encore plus courtes, ou bien trouver une solution à ce problème d'« enregistrement ».

Ensuite, les images étaient apparemment maculées de taches blanches – un peu comme si le manuscrit d'Archimède en était recouvert, ce qui n'était pas le cas. Les ingénieurs appelaient ces taches des « artefacts ». En fait, le travail sur le manuscrit de M. B. était extrêmement délicat. Ils avaient dû écrire des algorithmes complexes pour extraire le texte d'Archimède. Maintenant, chaque fois que vous manipulez une image, vous manipulez des données. Vous faites ressortir le texte voulu, mais vous ajoutez malgré vous certains parasites – des bruits, des effets lumineux – simplement en remuant les ingrédients. Une nouvelle fois, dans la majorité des applications de l'imagerie multispectrale, cela n'a aucune importance. Mais pour lire le texte d'Archimède, cela pose de vrais problèmes. Les spécialistes allaient devoir trouver des algorithmes plus simples.

Roger et Keith avaient pris des images d'une résolution de 200 ppp – soit environ 8 pixels par millimètre. C'était une résolution adaptée. Elle correspondait plus ou moins aux cônes et aux bâtonnets de l'œil lorsqu'il observe une page à distance normale. Et elle permettait de photographier un seul folio complet du Palimpseste en deux parties. Mais cette technique ne fournissait pas d'agrandissements des folios – il aurait fallu une résolution plus grande. Nous ne savions pas que Reviel et Natalie voulaient voir des images « grossissantes », leur permettant d'examiner le moindre détail du texte. Si possible, ils auraient voulu faire apparaître un seul énorme caractère sur leur écran, sans que celui-ci ne soit pixellisé. Ils auraient adoré lire le texte grec comme au microscope. Voilà un autre paramètre que les spécialistes de l'imagerie allaient devoir prendre en compte.

Mais la réclamation la plus inattendue concernait le texte de prières. Natalie et Reviel ne comprenaient pas pourquoi il avait été effacé des photos. Ils voulaient que les scientifiques le fassent réapparaître. Pourquoi ? Ceux-ci s'étaient donné un mal fou pour isoler le texte du Palimpseste de celui du texte de prières et à présent, les paléographes leur expliquaient que cela ne les aidaient pas à déchiffrer les écrits grecs. La raison en était simple. Parfois, certains caractères du texte d'Archimède s'étaient glissés sous les lettres du livre de prières. Ainsi, par endroit, il manquait des lettres au texte d'Archimède et les spécialistes ne savaient pas si c'était parce qu'elles étaient manquantes ou bien parce qu'elles avaient été effacées par l'ordinateur en même temps que le texte de prières. Finalement, les scientifiques avaient créé des photographies selon des critères que les érudits ne cautionnaient pas.

La journée fut une litanie de complaintes. À la fin de l'après-midi, j'étais persuadé que les résultats des photographies seraient totalement inutiles. Mike Toth, le chef du projet, Abigail et moi décidâmes de nous réunir en comité restreint à la fin de la journée. C'est alors que Mike, à mon grand étonnement, nous expliqua que la situation n'avait rien d'alarmant. En fait, ajouta-t-il, c'était ainsi que les projets d'imagerie expérimentaux se déroulaient.

Si vous demandez à des scientifiques de donner une solution à un problème difficile, vous ferez des erreurs dans l'énoncé du sujet et, dans un premier temps, ils ne fourniront pas une solution adéquate. Les problèmes très délicats, poursuivit Mike, sont résolus par étapes incrémentales. La première étape consiste en réclamations et la dernière aboutit à la résolution du problème. Pour lui, il était tout à fait normal que les scientifiques aient donné un produit inapproprié. Nous n'étions qu'au début d'un long processus au cours duquel les scientifiques allaient apprendre à comprendre parfaitement les besoins des paléographes, afin d'affiner toujours plus leur technicité. Bien au contraire, plaidait Mike : les deux équipes avaient fait du bon boulot. Elles avaient réussi à séparer le texte d'Archimède du reste du manuscrit et fait apparaître des caractères invisibles à la lumière normale. Ainsi, conclut Mike, au lieu de renvoyer les experts de l'imagerie, il fallait qu'ils joignent leurs forces – et donc le mieux était de les embaucher tous. Mike pensait que M. B. devait les payer tous les trois pour travailler sur le projet. Nous pourrions alors combiner l'approche expérimentale de Bill Christens-Barry aux compétences en matière de traitement de Keith et Roger.

Je prenais l'avis de Mike très au sérieux, car j'avais toute confiance en son expérience de tels projets techniques. Mais je n'aurais su prédire la réaction de l'autorité pensante du Projet Archimède. Qu'allait répondre M.B. à ma demande ? Comme toujours, sa réponse fut claire et concise : O.K.

Les premiers mots

Durant la période difficile, qui dura jusqu'à mars 2001, Natalie et Reviel tentèrent de déchiffrer le texte d'Archimède à partir des images photographiées. Les mails que je recevais en copie de leurs échanges me donnaient une idée de la difficulté de leur tâche. En voici un exemple typique, émanant de Reviel :

Natalie, je progresse !
Regarde le 48v, col. 1, l. 6, après le mot facile à lire perile/psomen. Heiberg se trompe sans doute en ajoutant un rhô tout de suite après l'espace blanc – il manque sûrement un caractère ; de plus, son êta est un très mauvais êta. Le scribe avait tendance à incurver le pied de son êta, un peu par réflexe. Or ce pied est courbé de façon parabolique, ce qui fait davantage penser à l'un de ses kappa. Le caractère précédant le rhô est à peine visible, mais on devine un alpha. Heiberg conclut qu'il s'agit de to/s. Nous avons donc sûrement ark [2-3 caractères]to/s – et si c'était arkounto/s ? Dès lors, le couple de mots serait le suivant : perile/psomen arkounto/s – nous « devrions inclure », « suffisamment ». Le passage entier pourrait se déchiffrer ainsi : kai allo/n pleiono/n (homoio/n touotois) theo/roumeno/n ta (pleista) ou perile/psomen, arkounto/s gar ho tropos hupodedeiktai dia to/n

proeire/meno/n. J'ai mis entre parenthèses les mots qui sont vraiment spéculatifs, bien qu'il y ait des traces d'un lambda pour pleista, et le fameux « moi » au début de la ligne 5.

Cette transcription de Reviel avait été réalisée grâce aux images tests. Mais c'était insuffisant. Reviel était freiné dans sa lecture et il trouva un moyen d'indiquer aux scientifiques quelle partie du texte était déchiffrable et quelle autre réclamait des efforts supplémentaires. Il fit des dessins. Sur les images à ultraviolets, Reviel dessina en vert ce qu'il avait réussi à lire et en rouge ce qu'il s'était contenté de deviner. Il y avait une masse alarmante de rouge sur ces images. Parfois, il renvoyait des images en posant une question. Le folio 105 contenait un passage particulièrement important. Reviel nota ce qu'il voyait en précisant que sa transcription découlait de la pure divination. Le défi était de taille. Mais il en valait la peine – au final, nous pourrions découvrir ce qu'Archimède savait sur l'infini actuel.

Faire parler la lumière

Roger, Bill et Keith devaient faire leurs preuves. Non seulement ils avaient beaucoup appris de ces critiques, mais ils avaient déterminé un nouveau concept d'imagerie à partir des premiers résultats. Ils décidèrent de résoudre le problème de la résolution en passant de 200 ppp à 600 ppp. Pour la question épineuse de l'enregistrement, ils choisirent de ne plus du tout filtrer la lumière. Les images seraient désormais capturées selon trois conditions lumineuses différentes – la lumière à tungstène à bas voltage (qui dégage une lumière rougeâtre), la lumière stroboscopique Xénon (qui produit des sortes de flashes très lumineux), et des lampes à ultraviolets à « larges ondes » qui émettent la lumière à 365 nm, ce qui est juste un peu en-dessous des longueurs d'ondes les plus courtes visibles à l'œil humain.

Ils prendraient également des photographies grâce à un appareil photo numérique couleur professionnel – matériel utilisé par les reporters. Il est inutile d'utiliser les toutes dernières technologies si elles ne vous apportent rien. Bien que l'appareil photo Kodak de Bill n'ait pas la précision spectrale de celle de Roger et Keith, il pouvait fournir la résolution spatiale qui intéressait les paléographes. Les problèmes d'enregistrement seraient réduits et Bill avait démontré qu'il n'avait pas besoin de traiter davantage les images pour séparer le texte de prières de celui d'Archimède.

Ainsi, le nouveau concept fut mis en place au début de l'année 2001. Il avait fallu plusieurs mois pour que les scientifiques me fournissent un nouveau procédé efficace.

Le chemin du succès passait par les méandres des tests et des erreurs, mais cette fois, les experts nous avaient fourni d'excellentes données et les chercheurs s'en réjouissaient. Bien sûr, les scientifiques jouaient avec des chiffres. Mais dans le passage suivant, j'explique leur fonctionnement, en termes de couleurs. Ce qui est bien plus facile à comprendre.

Jusqu'à maintenant, les paléographes avaient trouvé que les images les plus intéressantes étaient celles fournies par les UV. Les scientifiques se penchèrent sur les défauts de ces images : elles posaient deux problèmes majeurs. D'abord, elles étaient légèrement « floues », comme si leur définition était mauvaise. Ensuite, elles étaient essentiellement monochromes – des nuances de bleu. Le parchemin était parfois d'un beau bleu clair, et d'autres fois d'un bleu profond. Et même si les textes ressortaient mieux qu'à la lumière du jour, il était très difficile de distinguer le texte de prières de celui d'Archimède.

Keith Knox reprit le procédé des images à UV à zéro. Il voulait différencier les deux textes avec un minimum de traitements. Et restaurer la définition des images.

Dans le nouveau concept, il y avait une grande différence entre l'apparence du manuscrit à la lumière stroboscopique et celle du texte à la lumière à tungstène. La lampe à tungstène à bas voltage dégage une lumière rougeâtre comparée à celle de la lampe stroboscopique, et le texte d'Archimède paraît moins visible. L'image est constituée de « composantes » rouge, verte et bleue, et à la lumière rouge, le texte d'Archimède disparaît presque totalement. Pour moi, c'était une catastrophe, mais pas pour les scientifiques : ils avaient deux photographies totalement différentes d'une même page. En les combinant, ils obtiendraient une troisième image de synthèse.

Keith produisit ainsi une toute nouvelle image. Il commença par un « canevas numérique » vierge, dans lequel il inséra ses images, et il avait pour ce faire trois composantes numériques – rouge, verte et bleue. Pour la composante rouge, il utilisa l'image rouge de la lampe à tungstène. Pour la composante bleue, l'image bleue de la lampe à ultraviolets (et pour la verte, il se servit de nouveau de l'image bleue). L'important, aux yeux de Keith, n'était pas de faire disparaître le texte d'Archimède dans la lumière rouge tungstène, mais que le parchemin et le texte d'Archimède soient tous deux rouges. Ainsi, dans la composante rouge de son image, le texte d'Archimède et le parchemin étaient lumineux et le texte de prières sombre. Dans les composantes bleue et verte, seul le parchemin ressortait. En combinant ces éléments dans une seule image, le parchemin apparaissait lumineux, le texte de prières assombri et le texte archimédien d'une teinte rouge sombre.

Ce procédé était très minutieux. Il nécessitait beaucoup moins de traitements, différenciait clairement les prières du texte d'Archimède par le biais de la couleur et rendait le texte d'Archimède bien plus apparent que les images de la lampe à UV. Les images obtenues correspondaient exactement aux attentes de Reviel. Leur résolution était de 600 ppp, elles possédaient une couleur différente pour le parchemin, les prières et le texte d'Archimède et recelaient très peu d'artefacts. Ce procédé présentait un autre avantage : il fonctionnait très bien avec des parties relativement grandes du texte du Palimpseste et seul un petit traitement local était nécessaire – qui pouvait même être automatisé. L'équivalent de toute une journée de prises pouvait être scanné du jour au lendemain et enregistré dans l'ordinateur de Keith. Nous les avions nommées les « pseudocouleurs », la méthode pour les réaliser était le « procédé du bouton poussé » et le code du logiciel créé par Keith « Archie I.I ».

En septembre 2001, nous avions les clés pour révéler les secrets du Palimpseste. Personne n'avait réussi à donner une transcription sérieuse du Palimpseste avant l'arrivée de Reviel et Ken, le 6 janvier 2001.

Une nouvelle boîte dans le cerveau

Écrire des livres au Moyen Âge était un commerce laborieux. Un scribe nommé Raoul, qui travaillait au monastère de Saint-Aignan, en France, témoignait : « Vous ne savez pas ce que vous écrivez. C'est une corvée. Elle vous éreinte le dos, diminue votre vue, tord votre estomac et vos côtes. Priez, mon frère, vous qui lisez ce livre, priez pour le pauvre Raoul, serviteur de Dieu, qui l'a entièrement recopié de ses propres mains dans le cloître de Saint-Aignan. »

Roger, Keith et Bill étaient les Raoul du XXIe siècle, et nous devons avoir une pensée pour eux. Ils avaient créé ce texte exactement comme Raoul l'avait fait, et même si leurs procédés étaient très différents, ils en avaient retiré le même sentiment d'épuisement. Depuis 2001, ils se rendaient au Walters tous les six mois et, durant dix jours, photographiaient les quinze folios du livre du M. B. qu'Abigail et son équipe venaient de libérer. Pendant qu'Abigail préparait les feuilles, j'installais les scientifiques dans leur propre cellule – une chambre aux murs blancs sans fenêtres, sans doute à peine plus grande que les quartiers médiévaux de notre moine. Et je devais les enfermer là-dedans. Ils travaillaient souvent tard dans un musée renfermant des milliers d'œuvres inestimables. Ils devaient donc m'appeler chaque fois qu'ils voulaient sortir, même pour aller aux toilettes. À chacune de leurs visites, les experts remplissaient la cellule de matériel que Roger avait emporté de Rochester. Roger avait fabriqué un portique spécial pour l'imagerie du codex : les appareils photo étaient fixés au-dessus d'une plate-forme X-Y motorisée, sur laquelle chaque bifolio était posé et photographié. Les techniciens ne touchaient jamais le Palimpseste. Chaque folio était acheminé par un spécialiste du studio de restauration situé à 15 m de là. Chaque folio était placé sur son propre support, fait sur mesure. Le restaurateur le disposait avec précaution sur la plate-forme X-Y. Une fois positionné, le folio ne pouvait être tourné que par le personnel de la restauration, que les techniciens appelaient par téléphone.

Roger était littéralement dans le siège du conducteur. Il pilotait la plate-forme X-Y et prenait les photographies d'un simple clic de souris. Chaque côté de la feuille était photographié trente fois : pour obtenir une résolution de 600 ppp, dix photos de chaque folio étaient prises, sous trois champs lumineux différents. Keith était « la lumière » : il appuyait sur un bouton pour passer de la lumière stroboscopique à la lampe tungstène ou aux ultra-violets. Bill enregistrait le moindre mouvement sur le tableur. Nous avions à présent 15 000 enregistrements. Pour chaque image, nous notions le folio, le côté du folio, la position de la page, la date, l'appareil photo utilisé, le numéro de série de l'appareil photo, la taille de la lentille, la longueur d'onde de l'illumination, fluorescente ou réflexive, le numéro de série et le voltage de la source, l'ouverture du diaphragme de l'appareil photo, la vitesse de l'obturateur, la résolution, le compte de pixels X, de pixels Y, l'angle incident de l'appareil photo. La liste est encore longue, mais il y a certaines informations qu'aujourd'hui encore, je ne comprends pas. Mais les scientifiques notaient tout scrupuleusement, pas seulement pour leur propre base de données, mais aussi pour la postérité. Il est en effet possible que quelqu'un utilise ultérieurement ces données pour créer de meilleures images grâce à de nouveaux algorithmes.

Si vous pensez que c'est un travail laborieux, vous n'êtes pas les seuls. Dix jours coincé dans une cellule à prendre des photographies dans une lumière aveuglante puis dans le noir complet – Bill disait que c'était un « travail de singe ». C'était incroyablement ennuyeux. Et aussi extrêmement frustrant : parfois, cela ne fonctionnait pas et il fallait recommencer. De longues pauses étaient également nécessaires, le temps de démanteler les feuilles. Et le pire était sans doute le vrombissement de la machine X-Y quand elle passait d'une section à une autre. Mais il était impossible de huiler les rouages. Et pour Keith, le travail ne s'arrêtait pas là. Tous les soirs, il retournait dans son hôtel pour collecter les données et réaliser ses merveilleuses créations : des images entièrement nouvelles composées grâce aux lampes à UV et à tungstène. Ainsi, ces images ne sont pas celles du Palimpseste. Ce sont des images synthétiques créées à partir du manuscrit. De véritables œuvres d'art, d'une importance cruciale.

Pourtant, à ce moment-là, nous n'avions encore rien sous les yeux. Les images devaient être assemblées afin que les spécialistes puissent les étudier. D'abord, les dix photographies de chaque folio seraient « cousues » ensemble – procédé qui devait être appliqué aux images stroboscopiques, à UV et aux pseudocouleurs. Roger Esaton et ses étudiants diplômés du RIT avaient réussi 5 520 opérations de « suture ». Il fallait à présent trouver un moyen de rendre ces images accessibles aux paléographes. Ils créèrent un navigateur qui permettait aux lecteurs de feuilleter le Palimpseste d'un simple clic de souris. Ce procédé est infiniment plus flexible que le manuscrit. Le lecteur peut lire le livre de prières puis, d'un clic, passer à la lecture du Palimpseste, dont les pages se mettent automatiquement dans l'ordre. Ensuite, ils choisissent le type de lumière requise : UV, tungstène ou pseudocouleurs. Ils peuvent alors voir le texte bien plus en détails qu'à l'œil nu et zoomer sur les parties qui les intéressent, sans pour autant perdre la résolution.

Bien sûr, les scientifiques ne comprenaient pas ce qu'ils créaient. C'était à Nigel Wilson et Reviel de déchiffrer le texte d'Archimède. Reviel et lui travaillaient maintenant sur des éditions totalement nouvelles de la *Méthode*, du *Stomachion* et de *Des corps flottants*. C'était, à bien des égards, la collaboration idéale. Nigel était plus familier que Reviel des transcriptions et du déchiffrement de l'écriture cursive grecque du xe siècle. D'un autre côté, Reviel comprenait si bien les mathématiques d'Archimède qu'il pouvait deviner des mots invisibles. Une fois les mots déchiffrés, ils devaient être approuvés par les deux autorités complémentaires – Nigel et Reviel. Tous deux travaillaient indépendamment – l'un à Stanford, en Californie, l'autre à Oxford, en Angleterre. Ils conversaient chaque fois qu'ils avaient complété un passage et comparaient leurs notes. Le folio 105v, qui contenait la proposition 14 de la *Méthode*, en est un bel exemple. Voici le message de Nigel :

Cher Reviel,

Dans la col. 2, l. 4, je pense que la transcription phANERON h WS EIRHTAI n'est pas correcte. Aussi je suggère, après avoir longuement étudié ce passage, le texte suivant : PhANEROI TO SKhHMA. Cela introduit un verbe se terminant en A, ce qui est correct en grec. Dis-moi ce que tu en penses.

Ce à quoi Reviel avait répondu :

Je vois à présent très bien ton chi, ce qui donne SKhHMA – une lecture très intéressante. Si on va plus loin, je me demande s'il ne s'agit pas d'un nu à la fin de PhANERON. Que dis-tu de TOUTO GAR PhANERON Twi SKhHMATI, où le scribe aurait substitué, comme il le fait souvent, omicron à oméga – ainsi, avec les deux accusatifs neutres suivants, il n'y aurait pas de faute à SKhHMA ?

Je ne suis pas sûr que TOUTO GAR PhANE-RON Twi SKhHMATI soit correct en grec, mais c'est moins radicalement différent que TOUTO GAR PhANEROI TO SKhHMA (qui, si c'était correct, serait plutôt excitant). Si nous demandons une très haute résolution aux rayons X de ce passage, nous pourrons peut-être clarifier ce point.

Parfois, Reviel m'écrivait pour me faire part de son enthousiasme. Le premier folio de la lettre d'Archimède à Ératosthène fut photographié le 20 novembre 2003, quatre jours après qu'Abigail eut fini de le préparer. Mais Reviel ne parvint pas à le déchiffrer avant le 12 octobre 2005. Il garda les pages les plus difficiles pour la fin, parce qu'avec l'habitude, il finissait par réussir à déchiffrer les caractères effacés :

Je fais des progrès. Quelle sensation étrange que de transcrire l'introduction de la Méthode. *C'est un peu comme si un littéraire transcrivait le passage manuscrit de « Être ou ne pas être... » Certains changements subtils sont fondamentaux (par exemple : « Eudoxus fut le premier à* publier *tel résultat et non à le* découvrir. ») Cela *devrait prouver à tout un chacun que la lecture des folios contrefaits 57 à 64 est absolument cruciale.*

À bientôt,
Reviel

Je possède déjà deux versions imprimées du Palimpseste numérique. La première est le magnifique livre imprimé par Nigel. Comme les lettres d'Archimède, ce livre est à usage privé, pour les amis de Nigel. Il n'en existe que cinquante copies. Il s'agit de sa transcription, réalisée à partir des pseudo-couleurs, des propositions 1 et 2 de *Des corps flottants*, diagrammes inclus. Il comprend également une transcription du folio 81v, que Heiberg avait mis de côté et qui est aujourd'hui au verso d'une page enluminée, couverte de colle. Il n'y a pas de lacunes dans la transcription de Nigel, mais une partie est une transcription latine, fondée sur le texte de Moerbeke, car quand Nigel a imprimé ce livre en 2004, il n'avait pas à sa disposition encore les pseudocouleurs du folio 88r.

La seconde version est le premier volume de l'opus monumental réalisé par Reviel, intitulé *Les Œuvres d'Archimède* et publié par Cambridge University Press. Il contient la première traduction anglaise de *De la sphère et du cylindre*, ainsi que les commentaires d'Eutocius sur le sujet. Il est truffé de diagrammes. Ceux-ci reproduisaient pour la première fois fidèlement les figures qu'Archimède avait dessinées sur le sable de Syracuse. Cela me rappelait la pertinence des premiers mots de Reviel à mon encontre :

— Je dois absolument voir les diagrammes, en particulier ceux *De la sphère et du cylindre*.

Nous avions répondu à sa demande et livré au monde une meilleure compréhension du plus grand scientifique de tous les temps.

Le Palimpseste numérique est conservé dans une boîte argentée – un disque externe de 300 gygabytes que vous pouvez brancher à votre ordinateur. Les spécialistes ne sont plus obligés de lire Archimède en déchiffrant des caractères inscrits à la plume sur la peau d'un animal. Les traités d'Archimède sont à présent stockés dans un ordinateur (sous forme de nombres binaires composés de 1 et de 0). Archimède avait franchi avec succès cette nouvelle innovation technologique. Seul Nigel Wilson n'utilisait pas ce disque dur. Au grand étonnement des scientifiques, il préférait se référer aux sorties papier des images. Nigel est un utilisateur exigeant – il obtient ce qu'il veut. Même aujourd'hui, il réalise la plupart de ses transcriptions à partir des impressions, à l'aide d'une loupe, aux meilleures heures de l'été, quand la lumière est optimale.

Une voix nouvelle

Un grand codex qui avait déjà livré la plupart de ses secrets – rappelez-vous, c'était ainsi que les experts voyaient le Palimpseste au moment de sa vente aux enchères chez Christie's. Étant donné la réputation de Heiberg, philologue de renom, et des mauvais traitements subis par le Palimpseste au XXe siècle, le scepticisme était de mise. Même Reviel pensait que le travail le plus important se ferait sur les diagrammes. La découverte de deux folios inconnus de *Des corps flottants* et la relecture de la proposition 14 de la *Méthode* avaient totalement modifié les perspectives de Reviel. Il ne fallut pas longtemps au monde pour qu'il comprenne à son tour l'ampleur de ces découvertes.

Le 6 décembre 2000, je reçus un appel de Will Peakin : il voulait écrire un article sur le livre de M. B. pour le *Sunday Times* de Londres. La couverture du magazine daté du 17 juin 2001 représentait une image du Palimpseste, avec la mention suivante : « Eureka : il ne s'agit que de quelques lignes d'un texte grec effacé, mais les nouvelles technologies ont démontré qu'il était de la main d'Archimède – et les résultats nous autorisent à réécrire l'Histoire. » Mais nous n'avions encore rien vu. Ceci n'était que le début.

Jusqu'à l'été 2002, nous avions tous travaillé pour Archimède. Mais les choses allaient changer. Environ trente folios du Palimpseste contenaient des textes d'autres auteurs. Natalie Tchernetska avait la lourde responsabilité de les étudier. Elle commença par une page où Heiberg avait déchiffré une phrase qui n'avait donné lieu à aucune interprétation. Lorsque nous avons reçu les pseudocouleurs de cette page, Natalie réussit à transcrire, au prix d'une grande application, quelques lignes supplémentaires. Puis elle chercha à faire des recoupements entre ces quelques mots et des textes byzantins. L'une des sources byzantines les plus riches est la Souda – une impressionnante encyclopédie du Xe siècle regroupant des auteurs antiques et modernes. Au final, Natalie parvint à trouver une correspondance : il s'agissait d'une citation d'un discours perdu d'un auteur de l'Antiquité du nom d'Hypéride. Quelques jours plus tard, le 19 octobre 2002, Natalie m'envoya le mail suivant :

Cher Will,

Dans mon exploration des autres folios du Palimpseste, j'ai récemment déchiffré le texte d'un orateur grec qu'on ne trouve nulle part ailleurs. J'ai pu identifier des extraits de deux discours perdus d'Hypéride : les folios 135 à 138 contiennent un fragment du discours Contre Timandros *; les folios 136 et 137 celui d'un discours politique qui pourrait être* Contre Diondas *; les folios 174 et 175 sont sans doute un extrait du même discours politique.*

Amicalement,
Natalie

Natalie n'avait jamais entendu parler d'Hypéride. Pas plus que moi. On aurait dit le nom d'un personnage d'Astérix, peut-être un cousin proche d'Epidemaïs, le judicieux Phénicien dans *Astérix gladiateur*. En fait, nous venions de faire une découverte sensationnelle. Hypéride est en réalité l'un des dix orateurs canoniques de l'Antiquité. Il est né en 389 av. J.-C., cinq ans avant Aristote. Comme Aristote, Hypéride vivait à Athènes. C'était donc un politicien de la démocratie la plus influente du monde.

Dans le monde antique, soixante-dix discours étaient attribués à Hypéride, orateur renommé pour son style et sa sagacité. Son discours le plus célèbre a disparu. Il concernait Phryné, une hétaïre renommée pour sa beauté. La légende raconte que son corps servit de modèle à la célèbre statue *Aphrodite de Cnide*, réalisée par Praxitèle. Mais Phryné était aussi la maîtresse d'Hypéride et quand elle fut accusée d'avoir offensé les Mystères d'Eleusis, l'orateur prit sa défense. Comme la situation ne tournait pas à son avantage, il eut l'idée d'arracher sa robe pour exposer ses seins aux yeux du jury. Cette astuce lui valut d'être acquittée. Mais en dépit du style et des sujets abordés par Hypéride, ses discours pâtirent de la transition du rouleau au codex. En 1998, Lázló Horváth, de Budapest, chercha ardemment un codex du xvie siècle censé contenir les discours d'Hypéride. Mais ses recherches s'avérèrent infructueuses. Ainsi, jusqu'au xixe siècle, les seules mentions d'Hypéride provenaient de citations d'auteurs postérieurs. Puis, en 1847, des papyrus contenant des textes d'Hypéride furent découverts dans une tombe à Thèbes, en Égypte. La dernière grande découverte eut lieu en 1891. Et voilà qu'en 2002, Natalie identifiait de nouveaux textes de l'orateur, et qui plus est dans un codex. Si nous parvenions à déchiffrer tous ces folios, nous ajouterions plus de vingt pour cent à l'œuvre de cette grande figure de l'âge d'or de l'histoire d'Athènes.

Hypéride fut cité pour sa résistance aux forces militaires de Philippe de Macédoine et de son fils Alexandre le Grand. À la mort d'Alexandre, en 323 av. J.-C., il se fit le chantre d'une rébellion totale. Celle-ci fut réprimée et Hypéride eut la langue coupée, humiliation à la hauteur de son statut d'orateur. Puis il fut exécuté. Plutarque, dans *Vies parallèles des hommes illustres*, disait d'Hypéride : « Sa mémoire est aujourd'hui perdue et oubliée de tous, balayée par le temps. » Cela n'est pas tout à fait vrai. Natalie venait de découvrir dix folios du Palimpseste contenant les discours d'Hypéride. Mais déchiffrer les écrits de cette figure légendaire posait de nombreux problèmes. Les folios de ces discours s'avéraient encore plus délicats à déchiffrer que ceux d'Archimède. À l'heure où j'écris ces mots, une équipe internationale de spécialistes, composée de

Natalie, Pat Easterling, Eric Handley, Jud Hermann, Lázló Horváth et Chris Carey collabore pour réaliser une édition critique de ces textes.

L'un des discours identifiés par Natalie mentionnait quelques-unes des plus grandes figures de l'Antiquité – Démosthène, le célèbre orateur ; Philippe de Macédoine et son fils, Alexandre le Grand. Il cite également un personnage beaucoup mois connu – un certain Diondas. Natalie émit une audacieuse hypothèse sur les circonstances de l'écriture de ce discours.

Les forces de Philippe de Macédoine ne cessaient de croître et Athènes dut réagir. Démosthène était tout particulièrement hostile à Philippe de Macédoine, qu'il appelait le « valet pestilentiel venu de Macédoine », et il négocia avec succès une alliance avec la cité de Thèbes. Hypéride approuva l'idée d'offrir à Démosthène une couronne honorifique pour son triomphe diplomatique. Mais en 338, en dépit de leur alliance, les Athéniens et les Thébains subirent une grave défaite lors de la bataille de Chéronée. À ce moment, Diondas accusa Hypéride de son soutien inconditionnel à Démosthène. Il voulait vraisemblablement faire du tort à Démosthène et Hypéride. Nous savons qu'Hypéride avait écrit un discours pour sa propre défense et qu'il fut acquitté. D'après les déductions de Natalie, il s'agissait de ce discours perdu. Celui-ci donnerait non seulement un éclairage sur la politique athénienne dans les jours sombres qui suivirent Chéronée, mais aussi un nouveau contexte à l'un des plus grands discours de l'Antiquité – le discours de Démosthène intitulé *Sur la couronne*.

Ces pages allaient être étudiées durant des années, mais déjà, de nombreux progrès avaient été réalisés. L'une des feuilles les plus difficiles d'Hypéride est actuellement déchiffrée par Lázló Horváth, à Budapest. Il m'avait envoyé un mail pour me dire que dans ce passage, quand Hypéride traite des alliances entre Athènes et les autres cités grecques, il attribue à la flotte grecque un nombre de navires qui ne correspond pas à celui avancé par le grand historien Hérodote, lors de la célèbre bataille de Salamine – où les Athéniens menés par Thémistocle ont triomphé des Perses, guidés par le sanguinaire Xerxès, en 480 av. J.-C. Comme les chiffres d'Hérodote sont sujets à caution, Lázló pense que le discours d'Hypéride peut apporter des éclairages cruciaux à l'histoire des grandes batailles, fondatrices de la civilisation occidentale.

On croirait que le Palimpseste recèle d'inépuisables secrets. Le 11 juin 2005, je reçus un mail de Nigel Wilson. Il m'informait qu'il avait identifié plusieurs autres feuilles d'un texte philosophique où il avait « lu le nom d'Aristote assez distinctement ». Il y avait sept folios de ce texte à identifier et transcrire. Je transmis cette information à Reviel, qui déchiffra quelques passages supplémentaires. Il ne trouva aucune correspondance avec les textes grecs connus, même en utilisant des moteurs de recherche. Peut-être s'agissait-il d'un commentaire inconnu sur Aristote. Comme Nigel pensait que ce texte avait été écrit à la fin du IXe siècle, il devait s'agir d'un commentaire datant de l'Antiquité. Ces déductions étaient assez simples. L'idée la plus convaincante était celle de Marwan Rashed, un spécialiste français que Reviel avait contacté. Il suggérait qu'il s'agissait d'un texte d'un auteur chrétien qui critiquait les différentes philosophies grecques – celle de Pythagore incluse – pour leur refus de considérer la possibilité de la Création issue de rien. Il est possible que nous ayons dans le Palimpseste le témoignage unique de l'un des premiers auteurs chrétiens et de sa vision des inadéquations du monde pré-chrétien.

Nous savons que le livre de M. B. n'est pas seulement de la plume d'Archimède. Le codex d'Archimède n'est que l'un des précieux manuscrits que renferme le Palimpseste. Le livre de M. B. est une bibliothèque unique de textes antiques. Tout comme pour le codex d'Archimède, il est l'unique source de cinq feuilles contenant les discours de l'un des plus célèbres orateurs athéniens et de sept feuilles de commentaires sur Aristote. Il renferme également des textes byzantins : quatre feuilles d'un livre d'hymnes du IVe siècle, en partie en l'honneur de saint Jean le Psichaite, père supérieur de Constantinople qui reconstruisit son monastère après sa destruction en 813 par Krum, le khan bulgare à la curieuse coupe de vin. Deux feuilles de la vie d'un saint furent également retrouvées. Sept feuilles, émanant au moins de deux manuscrits différents, n'avaient pas encore été identifiées, à l'heure où j'écris ces lignes.

Le Palimpseste n'a sans doute pas encore révélé tous ses secrets, mais je peux faire une prédiction. Reviel et Ken Saito seront très probablement les premiers à découvrir les derniers textes du Palimpseste, qui aurons alors subi de grandes transformations. Au XXIe siècle, ceux qui veulent savoir ce qu'Archimède avait à dire à Ératosthène au IIIe siècle av. J.-C. et ce que Hypéride disait aux Athéniens le siècle précédent n'auront pas besoin de faire un pèlerinage à Baltimore. Ils pourront lire le codex à distance. Il leur suffira de récupérer l'une des petites boîtes argentées de Roger Easton.

Le jumeau de Parenti

Quelle extraordinaire bibliothèque le livre de prières avait-il recyclé ? John Lowden m'avait dit un jour, en plaisantant, qu'il s'agissait de la fabuleuse bibliothèque de Photius lui-même. Bien sûr, c'était impossible. En dehors des commentaires d'Aristote, les textes palimpsestes avaient été écrits bien après la mort de Photius. Cela dit, Hypéride était l'un des auteurs cités par Photius. Or personne, parmi les spécialistes modernes, ne pensait que Photius avait pu lire Hypéride. Il apparaît aujourd'hui qu'il disait la vérité. Néanmoins, tout comme pour la bibliothèque de Photius, ces textes avaient sûrement été collectés à Constantinople. Ce qui ne veut pas dire qu'ils étaient restés à Constantinople. Les livres voyageaient avec leur propriétaire. Dès lors, une question se pose : où se trouvaient ces textes quand ils avaient été transformés en livre de prières ?

En rassemblant une équipe pour travailler sur le livre de M. B., j'avais recruté des spécialistes pour m'aider à déchiffrer les textes palimpsestes. Ce n'est que lorsque le légendaire liturgiste Robert Taft est entré en contact avec moi que j'ai commencé à m'intéresser aux prières elles-mêmes. Celui-ci me suggéra d'envoyer des photos de ce livre à un spécialiste italien, Stefano Parenti. Stefano remarqua qu'il contenait quelques prières très rares – l'une était dédiée à la purification d'un récipient souillé, une autre au stockage du grain. En étudiant ces prières, Stefano retrouva un manuscrit qui aurait pu être le jumeau du nôtre. Il se trouvait dans le monastère Sainte-Catherine, dans le Sinaï, à l'endroit même où Tischendorf avait trouvé le Codex Sinaiticus, et son auteur était un prêtre du nom d'Auksentios en 1152-1153. Certaines prières étaient exactement les mêmes. Quant à d'autres, comme celles sur l'élévation de l'hostie et les offrandes dans la liturgie présanctifiée, Stefano était certain qu'elles étaient spécifiques à la Jérusalem du Moyen Âge. Finalement, il nota des références récurrentes aux prières « pour cette cité » dans notre livre de prières. Il semble donc peu probable qu'il ait été fabriqué à Saint-Sabas, même s'il s'était retrouvé là-bas au XVIe siècle. En revanche, il semblerait qu'il ait été terminé à Jérusalem, à 24 km de là, le 14 avril 1229...

Nous ne savons pas comment les textes palimpsestes sont arrivés en Terre sainte, et peut-être ne le saurons-nous jamais. Il y avait mille façons pour un livre de voyager de Constantinople à Jérusalem au XIIIe siècle. À cette époque, la Terre sainte était une destination privilégiée pour les chrétiens d'Europe – en pèlerinage ou en croisade. Jérusalem était un lieu très prisé en 1229. Frédéric II, saint empereur romain germanique, roi de Sicile, de Chypre, de Jérusalem et d'Allemagne, un homme connu pour son « émerveillement du monde » pour son énergie, son savoir et son scepticisme religieux, décida finalement d'entrer en croisade.

Le 18 février 1229, moins de deux mois avant la date inscrite dans le livre de prières, il reprit Jérusalem aux musulmans – hormis le Dôme du Rocher –, ainsi que d'autres villes telles que Nazareth, où Jésus avait grandi, et Bethléem, où Jésus était né. C'était un jour de gloire pour les chrétiens. Le scribe de notre livre était tout en joie quand il écrivit ses prières. Maintenant que je sais que nous pouvons récupérer les textes palimpsestes, je comprends notre scribe et je lui suis reconnaissant d'avoir utilisé de si précieux manuscrits pour fabriquer son livre de prières. J'aurais voulu le remercier personnellement. Seulement, je ne connaissais même pas son nom.

10.

Le *Stomachion*, 2003,
ou le jeu d'Archimède

Un cadeau de M. Marasco

Nous étions en septembre 2003 et je venais juste de rentrer de mes vacances d'été. Un certain Joe Marasco m'avait envoyé un cadeau. Un paquet amusant m'attendait dans mon bureau, avec une pléthore de messages électroniques. Son expéditeur se décrivait lui-même comme un fan d'Archimède plutôt inquiet. J'avais reçu moins de messages fantasques que Will, mais j'eus ma part. (Et non, je n'avais découvert aucune trace de la filiation de Raspoutine dans le Palimpseste.)

J'ouvris précautionneusement le paquet qui contenait un très beau jeu : de grandes pièces de verre rouge, de formes diverses, s'emboîtaient pour former un carré. C'est joli, pensai-je. Malheureusement, ces pièces étaient trop fragiles et trop tranchantes pour que je les ramène chez moi (mon épouse attendait un bébé et je m'étais lancé dans la recherche de jouets). Je pouvais cependant les conserver dans mon bureau et les exposer, comme un exemple des présents amusants que suscitait notre travail sur Archimède.

Je comprenais l'objectif de M. Marasco : il m'avait envoyé une réplique du *Stomachion*. Mais ces pièces de puzzle me firent prendre conscience de mon ignorance. Le *Stomachion* demeurait encore un fragment obscur du Palimpseste. D'après mes souvenirs, il s'agissait d'un jeu ancien, dont le but était de rassembler les quatorze pièces de manière à créer certaines figures. Je savais que personne ne s'était plongé dans l'étude de ce passage. L'idée générale était qu'Archimède utilisait ce jeu comme point de départ à des discussions géométriques de toutes sortes – mais nous ne savions pas lesquelles. La difficulté résidait dans le fait que notre connaissance n'était fondée que sur un fragment.

Qui se trouvait sur mon bureau. J'avais en effet reçu de Roger Easton un disque dur qui contenait, entre autres, les images digitales des folios 172 à 177. Eh bien, me dis-je, M. Marasco a fait un beau geste. Le moins que je puisse faire pour le remercier était de tenter d'en savoir plus sur le *Stomachion*.

Cela serait une tâche ardue. Au XVIe siècle, ou peut-être même avant, le livre de prières avait perdu ses derniers folios – 178 à 185. Aujourd'hui, on trouvait à leur place un autre texte, inséré au XVIe siècle. Devenu le dernier folio du manuscrit, le folio 177 avait été le plus exposé à la moisissure et aux autres dommages causés par le temps.

J'avais bien entendu demandé à voir ce folio quand j'étais venu à Baltimore, mais je m'étais rapidement aperçu qu'il était impossible de lire le moindre caractère à l'œil nu. Le parchemin était trop endommagé, voire littéralement désagrégé. Il était troué de toutes parts – des mots grecs avaient donc disparu à jamais. Ce n'était plus une pièce rectangulaire aux contours réguliers, mais un assemblage de morceaux de parchemin épars à la surface rongée.

Et ce n'était pas là le seul problème. Là où le parchemin n'était pas trop altéré, l'écriture était si effacée, si tachée qu'on n'en distinguait pas la moindre lettre. À l'œil nu, c'était comme s'il n'y avait pas de Palimpseste du tout. Ce qui frappait au premier abord, c'étaient les grosses taches d'une affreuse substance noire – des restes de moisissure. Puis on apercevait – avec difficulté – le texte du dessus, mais celui du dessous était totalement invisible. Je m'approchai du folio avec précaution. Cette fois, je n'osai l'ôter de sa couverture plastique et tentai de déceler quelques fragments de texte grâce à la lampe à ultraviolets. Mais je ne vis rien du tout.

Voilà, pensai-je alors. Nous n'allons faire aucun progrès sur le *Stomachion*. C'était dommage, mais après tout, ce n'était pas un traité si important. Même si nous parvenions à le déchiffrer, à quoi cela nous servirait-il ? Ce texte était beaucoup trop fragmentaire ; nous ne comprendrions jamais le *Stomachion* – je ferais mieux de m'investir dans une recherche plus fructueuse.

Je me contentai donc des études traditionnelles. Heiberg n'avait réussi à lire que quelques fragments de texte et il ne s'était pas risqué à en donner la moindre interprétation. Dijksterhuis, un grand spécialiste d'Archimède, avait rédigé des commentaires précis sur chacun des traités d'Archimède, mais il n'avait pratiquement rien dit au sujet du *Stomachion*. On peut deviner sa frustration. En effet, disait-il, « [le traité] indiquait peut-être qu'[Archimède] étudiait le jeu d'un point de vue mathématique... [Il] traitait de certaines propriétés du texte intitulé *Stomachion* ». Mais ensuite, Dijksterhuis perd confiance en lui : « Cependant, dans le fragment grec, nous ne trouvons guère d'éléments prêtant à l'interprétation. » Voici la conclusion de Dijksterhuis : « Il est impossible de vérifier si ce résultat était l'objectif visé ou bien s'il jouait un rôle (et si tel était le cas, quel rôle ?) dans l'investigation annoncée au départ. »

Le point fondamental était que cet unique bifolio du Palimpseste était tout ce que nous avions en notre possession. Dans ce bifolio, Archimède concluait son traité sur *La Mesure du cercle*. Puis il commençait un nouveau traité, dont le titre (très difficile à lire) pouvait s'apparenter à quelque chose comme « *Stomachic* » ou le « *Stomachion* ». Il y avait quelques mots d'introduction, puis une proposition et le début d'une seconde. Toutes deux, apparemment, étaient les préludes à la véritable démonstration du *Stomachion*. Rien ne subsiste de la substance mathématique d'origine. En fait, quand le fabricant du Palimpseste a choisi les folios du manuscrit original d'Archimède, il a jeté tous les folios du *Stomachion*, excepté ce seul bifolio. Et il est aisé de deviner pourquoi. Le *Stomachion* était le dernier traité du manuscrit original et nous connaissons l'un des principes de base de tout manuscrit : les dernières pages sont toujours les plus endommagées. Le parchemin sur lequel était écrit le *Stomachion* était probablement déjà en très mauvais état au XIIIᵉ siècle. Il a donc tout bonnement été jeté – car pas assez bon pour servir de parchemin recyclé. Le fabriquant du Palimpseste s'était sans doute dit que cette partie de la peau animale ne supporterait pas un nouveau grattage.

Certains indices remontant à l'Antiquité se référaient à un jeu, appelé le Stomachion, ou le « Mal de ventre » – un jeu si difficile qu'il était censé vous retourner l'estomac. (La difficulté de l'imbrication des pièces est un thème récurrent du *Stomachion*.) Il impliquait quatorze pièces qui s'imbriquaient les unes avec les autres. Celles-ci formaient un carré. Il semblerait que ce jeu n'ait pas été inventé par Archimède lui-même, mais qu'il ait servi de base de réflexion mathématique. (De la même manière, les mathématiciens modernes utilisent le Rubik's Cube pour réfléchir à la Théorie des Groupes.) Ces réflexions mathématiques étaient bien connues dans l'Antiquité, de sorte que les gens appelaient ce jeu « la boîte d'Archimède ». Mais à l'époque, peu de gens avaient lu les traités d'Archimède. Le seul manuscrit grec encore existant, en 1229, qui contenait le texte du *Stomachion*, était celui que nous avons sous les yeux – le Codex C qui avait servi à la fabrication du Palimpseste. Ainsi, en 1229, quand le fabricant du Palimpseste avait jeté la majeure partie du *Stomachion*, il avait jeté la seule version grecque encore existante.

Il restait cependant encore une pièce du puzzle. Tout comme le Palimpseste lui-même, cet élément avait été méconnu durant des années. Dans ce cas, l'obscurantisme était le fait, non pas de revers de fortune, mais de négligence scolastique. Le manuscrit en question était à la portée de tous, mais il avait été laissé de côté durant des années car très peu d'érudits étaient en mesure de lire l'arabe. Ce n'est qu'en 1899 que Suter – un savant allemand – trouva mention du « Stumashiun d'Archimède » dans un manuscrit arabe.

En effet, une grande partie de l'héritage grec ne survivait que dans les textes arabes (et nombre d'entre eux n'avaient toujours pas été publiés, par pure négligence scientifique. Il était donc fort possible qu'il existe encore des travaux d'Archimède enfouis dans des manuscrits arabes inconnus du monde universitaire). Ces traductions en arabe avaient été faites dans des centres d'apprentissage, tels que Bagdad, à partir du IXe siècle. Cependant, les traductions arabes n'étaient généralement pas conformes à l'original. Les mathématiciens arabes étaient de grands scientifiques. Ils ajoutaient des développements qui n'existaient même pas dans la science grecque. Ainsi, ils réécrivaient souvent leurs sources, les abrégeaient, les reformulaient. C'était clairement le cas ici, avec le *Stomachion*. Le manuscrit découvert par Suter n'était malheureusement rien d'autre que l'abrégé arabe d'une petite partie du texte original d'Archimède. Le manuscrit arabe est en effet très court – une simple paire de folios – et ne nous fournit que très peu d'informations. Mais il nous apprend une chose cruciale : le traité d'Archimède traite de la construction du Stomachion, un carré formé de quatorze pièces. D'après le texte arabe, on peut reconstituer les formes précises des pièces du puzzle (figure 10.1). C'est un diagramme célèbre : tous ceux qui connaissent le Stomachion sont familiers de ce carré composé de quatorze pièces aux contours précis. Voilà avec quoi jouait Archimède.

Ainsi, le modèle de Marasco était censé être une copie d'un diagramme dessiné dans un manuscrit arabe du XVIIe siècle. (Selon une condition que nous verrons plus tard.)

Telle était toute l'étendue de notre connaissance : un texte d'Archimède traitait d'un certain jeu, dont l'objectif était de reconstituer des figures à partir de quatorze formes données. C'était tout ce que nous savions.

FIGURE 10.1

Et une fois encore, personne ne s'inquiétait particulièrement d'en savoir plus. Après la vente du Palimpseste, tout le monde répétait avec engouement que nous allions découvrir de nouveaux développements de la *Méthode*. Mais personne ne faisait allusion au *Stomachion*. Ce traité fut en quelque sorte délaissé – en partie parce qu'il était fragmentaire. Mais aussi et surtout parce que chacun s'accordait à dire que ce n'était qu'un jeu. Celui-ci ne pouvait avoir aucun rapport avec des considérations aussi importantes que le traitement de l'infini ou l'application des mathématiques au monde physique. Le jeu d'Archimède n'était qu'un passe-temps.

Ce fut également mon sentiment quand le Palimpseste refit surface. Je commençai donc à examiner les images numériques du *Stomachion*, mais avec une certaine réticence. Ce serait un travail ardu et sans doute peu rentable. Mais je décidai malgré tout de tenter ma chance : un jour ou l'autre, il me faudrait bien étudier ce folio et si je le faisais maintenant, je pourrais ajouter quelques lignes à propos du *Stomachion* au mot de remerciement que je comptais envoyer à M. Marasco.

Donner du sens au Stomachion

On aurait pu penser que le texte en notre possession nous fournirait suffisamment d'indices. Nous n'avions qu'un unique bifolio, mais c'était le premier du traité. Il contenait donc une introduction, censée nous expliquer l'objectif de cette étude. Pourtant, le texte que Heiberg avait réussi à déchiffrer n'était que fragmentaire et son sens bien obscur. Il avait plus ou moins complété le premier paragraphe, que voici :

Comme ledit Stomachion a une théorie de la transposition des figures, je juge nécessaire de : d'abord, exposer mon étude de la grandeur de la figure tout entière, puis des différentes figures qui la composent ; de déterminer le [nombre], puis les angles qui les caractérisent, selon certains assemblages donnés. Tout cela dans le but de découvrir si, en additionnant les mesures des pièces assemblées, les côtés de la figure ainsi formée peuvent créer une ligne droite, ou bien à si peu de différence près que l'on ne pourrait la déceler à l'œil nu.

De telles considérations sont un défi intellectuel ; et, si les côtés des figures ne forment pas tout à fait une ligne droite, mais que cela n'est pas visible, on ne doit pas pour autant écarter ces figures.

Ce paragraphe peut paraître obscur, mais il nous apprend quelque chose. Archimède va étudier les différentes mesures des pièces qui composent le Stomachion. Il examinera également leurs angles pour voir quelles pièces, assemblées ensemble, créent une combinaison (en créant une ligne droite, soit un angle de 180°). Ainsi, le traité est une sorte d'étude des différentes combinaisons de figures possibles.

À présent, passons à la considération la plus importante.

Ceux qui avaient le plus influencé l'interprétation du *Stomachion* de Heiberg étaient les grammairiens romains de la fin de la période impériale, plusieurs centaines d'années après la mort d'Archimède. Ces auteurs s'étaient attachés à certains clichés, comme comparer les combinaisons d'expressions que l'on peut former avec quelques mots aux multiples figures que l'on peut constituer à partir de quelques formes données. Ainsi, disaient-ils, on pouvait prendre les pièces du Stomachion et les assembler de façon à créer un éléphant, un soldat ou bien un oiseau. Les possibilités étaient infinies (figure 10.2). Nous avons là l'idée de la diversité : les pièces peuvent être assemblées selon une créativité libre. Il paraît aussitôt évident que l'on peut créer une quantité infinie de figures. Car, pour créer un éléphant ou un soldat, on peut assembler les figures « librement », sans être obligé de faire coïncider les sommets. Si l'on s'en tient à cette règle - où l'assemblage des pièces se fait librement - la logique de l'infini prend tout son sens. Car les pièces peuvent être positionnées n'importe où le long du bord - à la moitié du bord, à un tiers du bord, à un cinquième du bord, etc. Deux pièces peuvent donc être jointes

FIGURE 10.2

bord à bord d'une infinité de façons. La quantité d'éléphants (figure 10.3) que l'on peut créer avec les mêmes quatorze pièces est littéralement infinie. Cela nous rappelle, une fois encore, l'omniprésence de la notion d'infini en mathématiques.

Heiberg, fort de son immense savoir, était conscient de ce cliché des grammairiens romains. Ainsi, quand il passa du premier au second paragraphe, il pensait avoir compris l'objectif d'Archimède. Selon lui, Archimède traitait de la pluralité illimitée des éléphants. Mais ensuite, Heiberg ne put déchiffrer que très peu de mots – l'écriture était de plus en plus effacée. Pourtant, il espérait pouvoir recons-

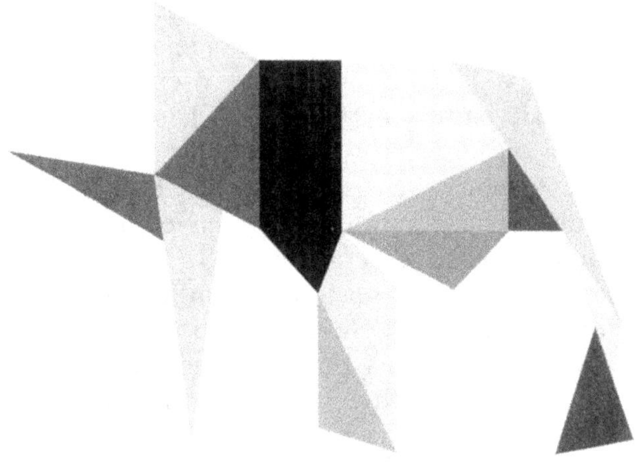

FIGURE 10.3

tituer le sens de certains passages : « Il est donc possible... plusieurs... avec les mêmes figures... assemblées différemment... » Archimède disait donc, d'après Heiberg, que l'on pouvait former une quantité illimitée à la fois d'éléphants et de soldats.

Où cela nous menait-il ? Heiberg ne le savait pas, pas plus que nous, qui suivions ses traces. S'il était vrai qu'on pouvait créer une quantité illimitée d'éléphants, on ne voyait pas pour autant quelle réflexion mathématique en découlait. Combien pouvait-il y avoir d'éléphants et de soldats ? Une quantité infinie, et assemblés d'une infinité de façons. Mais où diable Archimède voulait-il en venir ? Peut-être, nous disions-nous, Archimède faisait-il de simples commentaires sur la géométrie des quatorze pièces ? Ce n'était décidément pas un traité important.

Je continuai pourtant à réfléchir. Je me sentais en grande forme et j'étudiai de nouveau attentivement les images de mon disque dur. Les pseudocouleurs étaient très efficaces. Le manuscrit s'était beaucoup détérioré depuis l'époque de Heiberg, mais grâce à la technologie des pseudocouleurs, l'encre était parfois parfaitement claire – un peu comme si on lui avait donné un coup de baguette magique. Quand je regardais le manuscrit à l'œil nu, je ne distinguais pratiquement rien et à présent, grâce aux pseudocouleurs, le texte d'Archimède s'inscrivait nettement sur mon écran. Je pus bientôt vérifier l'exactitude de la transcription de Heiberg et je fis quelques ajouts afin de donner plus de sens au premier paragraphe. Heiberg n'avait pas tout déchiffré, mais il avait perçu le sens général et j'avais à présent matière à prouver certaines déductions.

Pourtant, je ne comprenais toujours pas le but d'Archimède. Pour progresser dans ma compréhension du texte, je décidai de revenir à la transcription de Heiberg. C'était un processus standard dans l'analyse de manuscrit : avant de se plonger dans le déchiffrement d'un texte, il est essentiel d'avoir quelques pistes de lecture, aussi imprécises soient-elles. J'éteignis donc l'ordinateur et repris le livre de Heiberg, tentant de recueillir un maximum d'informations en grec, avant de m'attaquer au texte de Suter.

Pour être sûr de bien suivre le texte, je comparai le diagramme fourni par Heiberg – le diagramme canonique du manuscrit arabe – au modèle que m'avait envoyé M. Marasco. Il serait en effet beaucoup plus amusant de travailler sur le modèle que sur le diagramme.

C'est alors que je me mis en colère contre M. Marasco. Son modèle ne reproduisait pas exactement le diagramme. Quelque chose n'allait pas – était-ce un excentrique incapable de lire correctement un diagramme ? Ou bien m'étais-je trompé dans l'interprétation de la figure ? Je l'examinai de nouveau et commençai à me demander si cette erreur n'était pas accidentelle. Peut-être M. Marasco avait-il créé un modèle identique au diagramme, dont les pièces auraient été mélangées par erreur.

Mais attendez ! me dis-je. Était-il possible de recréer un carré en assemblant les pièces d'une autre façon que sur le diagramme original ? Et s'il y avait plus d'une manière d'assembler les mêmes quatorze pièces ? Cela paraissait plutôt compliqué... Mais si c'était vrai...

Eh bien, cette hypothèse méritait d'être vérifiée. Ma curiosité avait été piquée au vif. Je décomposai le modèle pièce par pièce. La figure de Marasco correspondait bel et bien au diagramme original, mais les pièces étaient assemblées différemment. Bien sûr ! Je comprenais la logique, à présent : il y avait plusieurs manières d'arranger les quatorze pièces pour former un carré.

Et soudain, j'eus la gorge sèche.

N'était-ce pas justement là l'objectif d'Archimède ? Il y avait *plusieurs façons de former le même carré en assemblant les mêmes pièces.* C'était extrêmement excitant ! Laissez-moi vous expliquer pourquoi.

Combinaisons improbables

Cette idée – le but de Stomachion serait de calculer le nombre de façons dont on peut former un carré avec les mêmes pièces – était un problème très censé. Il n'était plus question d'une infinité d'éléphants ou de soldats. Il devait exister un nombre fini de façons de former le carré avec quatorze pièces données. J'avais toujours cru qu'il n'existait qu'une seule et unique manière de faire – à mes yeux, le diagramme reflétait l'unique solution. À présent, grâce à Marasco, j'avais l'intuition de m'être trompé. Les possibilités étaient multiples – et si c'était le cas, alors trouver la solution de ce problème était pour Archimède un défi intéressant à relever.

Il fallait également prouver que l'on pouvait déterminer le nombre exact de combinaisons possibles, ce qui impliquait un calcul complexe. Car nous devions maintenant étudier, en termes de mathématiques pures, le problème du carré du Stomachion : combien existait-il de manières de former un carré avec les mêmes pièces ?

Je rallumai alors mon ordinateur et entamai la lecture du second paragraphe de l'introduction pour vérifier mon hypothèse. Un travail ardu nous attendait. Car nous étions en bonne voie de découvrir la préhistoire de la science combinatoire.

La combinatoire est une science très simple : comme son nom le suggère, son objet est l'étude des combinaisons. Supposons que vous vouliez faire un choix : vous avez trois candidats à la présidence. Combien de combinaisons s'offrent à vous ? À l'évidence, trois. Maintenant, compliquons un peu les choses. Imaginons que vous deviez élire non pas un président mais deux consuls romains, aux pouvoirs égaux. Nous devons alors sélectionner deux consuls parmi trois candidats. Combien d'options avons-nous ? Cela peut sembler délicat, à première vue, mais là encore, la réponse est tout simplement trois : choisir deux élus parmi trois personnes équivaut à en choisir une sur trois, car, en fait, cela revient à choisir le seul candidat à éliminer. Choisir A et B revient à éliminer C ; choisir A et C équivaut à éliminer B et choisir B et C revient à éliminer A – telles sont les options exhaustives.

Maintenant, imaginons que nous deviez élire non pas des consuls aux pouvoirs égaux mais un président et un vice-président. Les choses se corsent. Si nous choisissons pour consuls A et B, alors nous avons deux paires de président et vice-président à extraire de cette sélection – A, le président et B, le vice-président, et vice versa. En résumé, pour chaque choix de consuls, nous avons deux combinaisons possibles de président et vice-président – en d'autres termes, le nombre de possibilités devient 3 x 2 = 6. Il y a six manières de combiner président et vice-président à partir de trois candidats.

Cet exemple est très représentatif de la science combinatoire. D'une certaine façon, c'est une science simple : la plupart des cas peuvent être appréhendés à l'aide d'outils très simples. Tel est également le principal inconvénient de la combinatoire : il existe très peu de moyens rapides pour obtenir un résultat. Aucune théorie surprenante ne permet de résoudre facilement un problème donné. Au contraire, c'est un peu comme si, pour chaque problème posé, il fallait inventer une nouvelle approche ingénieuse. La combinatoire est une science subtile, impliquant une infinité de jeux et de puzzles.

D'où venait cette science ? Cette question en soi était une énigme. La plupart des érudits pensaient qu'elle était née du jeu, qui avait également donné naissance à la science des probabilités. C'était au XVIIe siècle, après l'introduction des jeux de cartes en Europe. Rapidement, les Européens s'étaient passionnés pour les jeux de cartes. Tout le monde faisait des paris : quelle serait la prochaine donne ? Et quand vous pariez des fortunes sur la donne, des questions hantent votre esprit. Quelle chance ai-je de tirer un as ? Un joker ? Les réponses à ces questions font appel à la science combinatoire. Vous devez calculer le nombre total de combinaisons possibles et le nombre de combinaisons impliquant un as. Disons qu'il existe un million de combinaisons possibles et que parmi elles, cent mille contiennent un as. Cela signifie que vous avez une chance sur dix d'avoir un as dans votre jeu. Donc, ça vaut le coup de parier si la cote est de plus de un sur dix.

Voilà qui est bon à savoir. Durant une longue partie de cartes, celui qui a la combinatoire dans sa manche risque de l'emporter. Il ne gagnera pas chaque partie, mais il a plus de chances de terminer vainqueur à la fin de la session. Voilà pourquoi les casinos sont si prospères : ils appliquent la science combinatoire contre des individus qui ne la maîtrisent pas. C'est la science qui l'emporte.

Fermat – célèbre pour son dernier théorème – et Pascal – plus connu pour ses observations théologiques profondes – furent parmi les premiers à appliquer cette science. Ils ne firent pas fortune en faisant des paris (des sources historiques tendent à prouver que les mathématiciens – au contraire des casinos de Las Vegas – n'étaient pas très doués pour faire fructifier leurs connaissances mathématiques). Au lieu de faire fortune, ils créèrent la science des combinatoires, aussitôt utilisée pour calculer les probabilités d'événements non seulement dans les jeux de cartes, mais aussi dans bien d'autres domaines. Les calculs de combinaisons n'ont rien d'un jeu insignifiant. Ils sont au contraire le fondement même de la science des probabilités.

Les probabilités sont aujourd'hui les pierres angulaires de la science. Et c'est la raison pour laquelle la science combinatoire est si importante. En effet, la physique actuelle pense que l'univers est gouverné par la mécanique quantique – dont l'essence même est probabilistique. Aucune loi ne prévoit ce qui va arriver ; la physique ne donne que des probabilités événementielles. Einstein n'était pas d'accord avec cette théorie. Il refusait d'accepter l'idée que « Dieu jouait aux dés ». Aujourd'hui, il apparaît que, pour une fois, Einstein se trompait.

La combinatoire antique ?

La combinatoire possède une qualité déconcertante et intangible. C'est le plus souvent une science abstraite, qui use de peu de diagrammes. Vous devez étudier le problème – examiner les différentes options et possibilités – dans votre tête. C'est un sujet amusant mais, généralement, peu visuel.

Ce caractère non visuel de la combinatoire fait toute la différence. Nous avons déjà vu un certain nombre de problèmes étudiés par Archimède et la plupart traitaient de géométrie. Bien que les mathématiciens grecs aient fait des découvertes intéressantes dans, disons, la théorie des nombres (en démontrant par exemple qu'il existe une infinité de nombres premiers), leur domaine de prédilection est la science concrète et visuelle – la géométrie. Calculer le nombre de manières de faire telle sélection ou combinaison ? Un problème bien trop abstrait. Pas assez visuel. C'est pour cette raison que nous ne pensions pas que la combinatoire pouvait entrer dans le champ des mathématiques grecques. L'opinion la plus répandue était que les problèmes de mathématiques pures n'avaient pas été abordés avant le xviie siècle.

Durant l'été 2002, à Delphes, au cours d'un séminaire sur l'histoire des mathématiques grecques, une conférence donnée par Fabio Acerbi bouleversa cette vision des choses. Fabio préparait un doctorat de physique quand il décida que ce n'était pas sa voie. Il devint alors professeur de lycée et se consacra à son amour de l'Antiquité. (Il était diplômé d'une école italienne où on étudiait non seulement les sciences mais aussi le grec et le latin.) Il écrivit une série d'articles combinant mathématiques et linguistique, inspirés d'études des mathématiques anciennes. Le premier article qui ébranla le monde universitaire fut celui présenté à Delphes. Son sujet était les nombres d'Hipparque.

Fabio traitait d'une question qui n'avait jusqu'alors jamais retenu l'attention de quiconque. Plutarque mentionnait (au cours d'une discussion philosophique) une ancienne querelle entre un philosophe et un mathématicien. Le philosophe – le stoïcien Chrysippe – disait que, suivant la logique stoïcienne, on pouvait combiner dix assertions de plus d'un million de façons. Le mathématicien Hipparque fit alors le calcul et rétorqua que le nombre exact de combinaisons était 103 049 ou 310 954 – tout dépendait de la manière dont le nombre était défini – de sorte que, selon lui, Chrysippe avait tort. Hipparque était un grand mathématicien et un grand astronome. (Entre autres choses, il avait été le premier à réaliser un catalogue de toutes les étoiles visibles à l'œil nu – ce qui était remarquable.) Mais cette querelle avait été considérée comme une sorte de boutade et personne n'y avait réellement prêté attention. De ce fait, historiens et mathématiciens n'avaient jamais cherché à donner un sens à ces nombres.

De Delphes en 2002, remontons le temps jusqu'à l'année 1994 – où David Hough, diplômé en mathématiques à l'université George Washington, feuilleta un traité de combinatoire où étaient mentionnés les nombres d'Hipparque. Au même moment, il étudiait un important traité sur les nombres mathématiques qui évoquait les « nombres de Shröder ». Le dixième nombre de Shröder était 103 049 – soit le plus petit nombre d'Hipparque. Hough pensa qu'il s'agissait d'une coïncidence. Il s'entretint avec l'auteur du traité de combinatoire, Richard P. Stanley, un professeur du MIT et, en 1997, ils publièrent un petit article dans *American Mathematical Monthly*, suggérant qu'Hipparque avait peut-être effectué un ingénieux calcul combinatoire. Lucio Russo, un historien des mathématiques italien, lu cet article et suggéra à Fabio Acerbi d'y réfléchir. Et durant l'été 2002, Fabio avait élaboré une théorie à propos de l'affirmation d'Hipparque – il défendait l'idée que les nombres 103 049 et 310 954 étaient les deux solutions correctes du problème. Il pouvait même démontrer comment ces résultats étaient obtenus à partir de techniques anciennes.

En essence, l'une des interprétations possibles des nombres de Shröder est le nombre de façons dont on peut mettre une séquence de caractères entre parenthèses. Par exemple, quatre caractères abcd peuvent être assemblés de différentes façons :

(a(bcd)), (ab(cd)), ((a)(b)(cd)), etc.

Le quatrième nombre de Shröder est le 11, soit il existe 11 façons différentes de mettre 4 caractères entre parenthèses. (C'est un nombre étonnamment élevé – comme c'est souvent le cas dans les problèmes combinatoires.) Acerbi démontra que, d'après la logique stoïcienne, le problème de la combinaison de dix assertions pouvait être analogue à celle de la mise entre parenthèses de dix caractères. Il développe ensuite une méthode pour résoudre le problème dans l'esprit d'Hipparque. Il finit par démontrer qu'avec une condition supplémentaire (à savoir, quand il est également permis de nier une assertion), le nombre de combinaisons s'élève alors à 310 954, ce qui correspond au second nombre rapporté par Plutarque.

À Delphes, nous étions plutôt septiques. Toute cette argumentation allait contre nos idées reçues. Mais plus nous étudiions la démonstration d'Acerbi, plus nous étions convaincus du bien-fondé de sa théorie. Il ne pouvait en effet s'agir d'une coïncidence. Vous ne pouviez tomber sur le dixième nombre de Shröder par accident. La seule façon dont Hipparque avait pu calculer ces nombres était celle utilisée par Acerbi – la combinatoire. Ainsi, même si Plutarque ne nous disait presque rien – il nous en disait assez, assurément, pour prouver l'existence de la science combinatoire antique.

C'était une découverte incroyable : l'étude du calcul pur – compter le nombre de combinaisons possibles – avait déjà été inventé par les Grecs et porté à un degré élevé de sophistication grâce à Hipparque.

Hipparque vivait au IIe siècle av. J.-C. – il avait donc au moins cinquante ans de moins qu'Archimède. Mais rien ne nous empêchait de dire qu'Archimède lui-même s'était intéressé à la science combinatoire. Il serait même la première personne, d'après nos sources, à avoir fait usage de cette science. Historiquement, cela faisait parfaitement sens : Archimède aurait été l'initiateur d'une tradition qui aurait atteint son apogée avec les travaux d'Hipparque. Les pièces du puzzle s'imbriquaient. Mon interprétation du *Stomachion* était viable, mais pour corroborer mon analyse, j'envoyai un bref message à Acerbi – avait-il jamais entendu dire que le *Stomachion* pourrait être une étude des combinatoires ? Puis je retournai avec ferveur à la transcription du manuscrit. J'envoyai un autre mail à Nigel Wilson pour l'informer de la signification des folios 172 à 177 et lui demander d'avancer le plus possible dans le déchiffrement de ces folios. J'avais besoin de son expertise pour confirmer mes propres supputations.

J'envoyai également un autre mail à mon collègue Persi Diaconis, au département de mathématiques de Stanford. Persi était un magicien. Il adorait résoudre des énigmes et son domaine de prédilection était l'application des mathématiques aux jeux. Il était célèbre pour avoir prouvé qu'il fallait battre un jeu de cartes au moins sept fois pour le battre correctement. Récemment, il étudia le jeu du pile ou face et prouva que le résultat n'était pas si hasardeux que cela : dans 51 % des cas, la pièce atterrissait sur la face de départ. Il était adepte de ce genre de combinaisons improbables. Je savais que mon problème l'intéresserait au plus haut point. Persi était aussi un brillant combinateur et surtout, un ami – il ne se moquerait pas de moi si je lui posais une question triviale. Aussi lui demandai-je tout de go : « Combien existe-t-il de façon de former un carré avec les quatorze pièces données ? »

L'assemblage des pièces

La première réponse vint de Fabio. Il était presque certain que personne n'avait jamais envisagé la possibilité que le *Stomachion* puisse être une étude de la science combinatoire, ajoutant à raison que, jusque récemment, personne n'avait même imaginé qu'un traité ancien puisse être dédié à cette science. Je lui répondis aussitôt en lui indiquant mes dernières lectures et lui suggérai de se joindre à Nigel Wilson et à moi pour écrire un article sur le *Stomachion*. J'avais apprécié l'esprit de l'équipe que nous avions formée pour la publication d'un article sur l'infini et la *Méthode* et j'espérais pouvoir le récréer – même si, cette fois, notre collaboration ne serait fondée que sur des échanges électroniques. Jusqu'à ce jour, Fabio n'avait encore jamais posé les yeux sur le bifolio manuscrit du *Stomachion*.

L'équipe allait s'agrandir. Je n'eus aucunes nouvelles de Persi pendant un moment, puis j'appris qu'il n'était pas familier des ordinateurs. Je lui envoyai finalement une note et, le jour suivant, il vint me trouver dans mon bureau pour me dire qu'il planchait déjà sur le sujet. Il avait posé le problème à ses étudiants. Sa femme, Susan Holmes – une statisticienne de renom –, s'était elle aussi penchée sur la question. Certains collègues, qui avaient entendu parler de nos recherches, m'envoyaient leurs propres calculs. Chacun essayait de trouver le nombre de combinaisons possibles pour former un carré à partir des quatorze pièces. Et il y avait bien plus de deux réponses. À l'évidence, le calcul exact était beaucoup plus complexe qu'il n'y paraissait au premier abord.

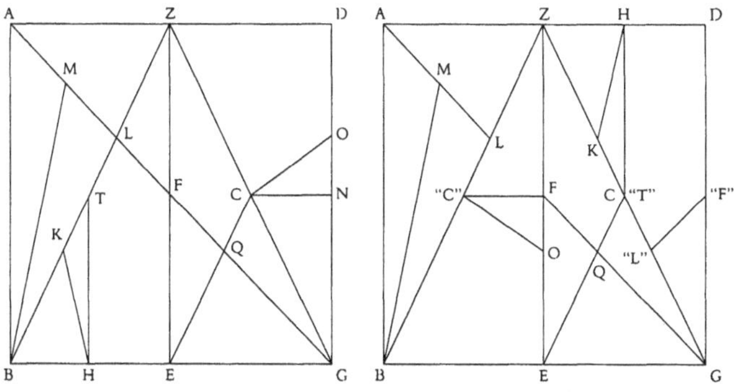

FIGURE 10.4

La façon la plus simple de visualiser les différentes combinaisons possibles du puzzle du Stomachion était de l'imaginer comme la résultante de substitutions et de rotations. Imaginons que nous prenions l'arrangement original du manuscrit arabe (figure 10.4). Puis prenons, disons, le triangle BZE (composé des quatre pièces ZLF, LFEHT, TKH, KHB) et substituons-le au triangle ZDG (composé des pièces ZDOC, ONC, NCG). Il en résulte un nouvel arrangement. C'est un exemple de substitution. Appelons-la la substitution S (figure 10.4 à droite).

Ou bien on peut prendre le triangle AGB (composé des sept pièces AMB, MLB, KHB, TKH, LFEHT, FQE, QEG) et lui faire opérer une rotation autour d'un axe imaginaire passant par les points F et B. Il en résulte un nouvel arrangement (figure 10.5). C'est un exemple de rotation que nous nommerons R.

Il serait plus simple de dénombrer toutes les substitutions et les rotations possibles, puis de les multiplier pour obtenir le nombre de combinaisons possibles. Tout le monde a d'abord envisagé cette

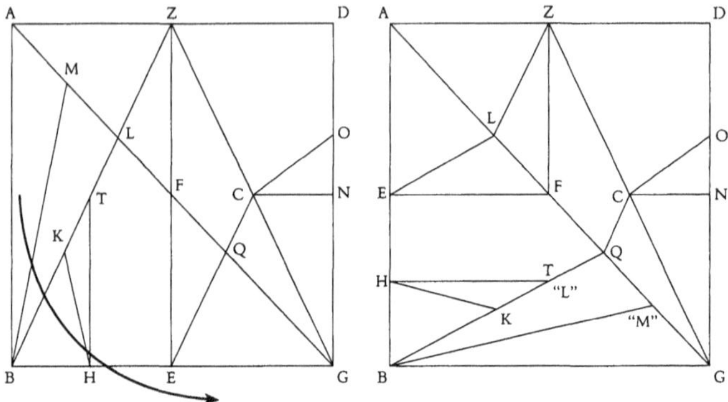

FIGURE 10.5 : *Rotation R.*

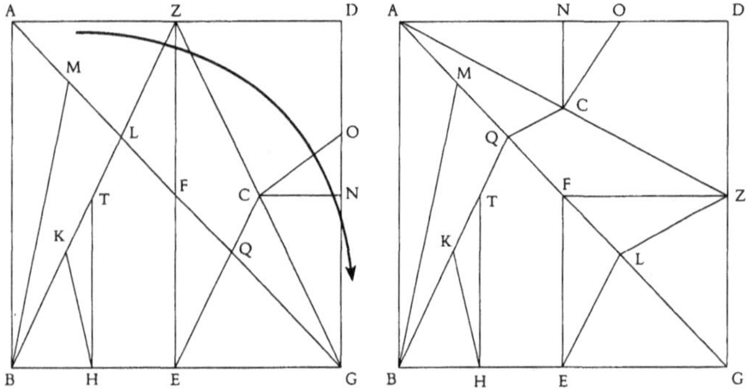

FIGURE 10.6 : *Rotation R*.*

approche. Mais cela ne fonctionne pas, car les substitutions et les rotations interagissent de multiples façons. Voici un exemple simple : une fois que vous avez appliqué la substitution S, vous ne pouvez plus effectuer la rotation R. La substitution S élimine la droite AG du triangle ABG. Il n'est alors plus possible de faire pivoter le triangle. Et vice versa : une fois la rotation R opérée, on ne peut plus effectuer la substitution S, car la rotation R finit par détruire le triangle ZBE : il n'y a alors plus de triangle correspondant au triangle ZDG. En résumé, il y a des combinaisons complexes de rotations et de substitutions possibles et d'autres combinaisons impossibles. Tel est le second problème combinatoire en jeu ici : comment combiner substitutions et rotations ? Ce type de difficultés, impliquant des combinaisons de combinaisons, est courant en mathématiques discrètes.

À cela s'ajoute une difficulté supplémentaire. Nous avons vu que certaines substitutions et rotations peuvent s'exclure, mais d'autres peuvent aussi tout simplement s'annuler. Pour éclaircir cette idée, prenons un exemple. L'une des rotations possibles est la rotation R : faire pivoter le triangle ABG autour de l'axe imaginaire FB. Une autre rotation possible, que nous nommerons la rotation R*, consiste à faire pivoter le triangle AGD autour de l'axe imaginaire FD (figure 10.6). Que se passe-t-il si nous appliquons successivement les rotations R et R* ? Nous en venons à faire pivoter le carré tout entier. Rien n'a changé dans l'arrangement interne. Dans ce cas, les deux rotations se sont annulées. Pire : si nous ajoutons une autre rotation, disons R**, où nous faisons pivoter le carré tout entier autour de l'axe imaginaire DFB, alors l'effet de la combinaison des trois rotations R, R* et R** s'annule totalement : le carré reprend sa position de départ (figure 10.7).

Il s'agit là encore d'une situation typique en mathématiques finies, tout particulièrement dans la branche des mathématiques connue sous le nom de la « théorie des groupes ». Cette théorie vise essentiellement à étudier les différentes façons dont des permutations se combinent ou s'annulent. Elle est illustrée par le Rubik's Cube et nous venons de

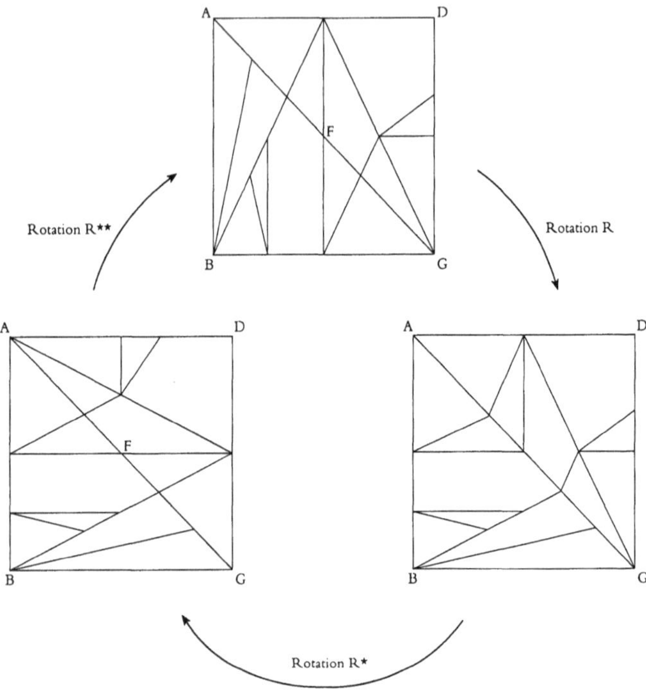

FIGURE 10.7 : *La combinaison des trois rotations, R, R*, R** s'annule : nous revenons au carré initial.*

découvrir qu'elle pouvait également être démontrée grâce au Stomachion. Ce simple jeu est en lui-même une introduction aux mathématiques du fini.

Mais revenons au problème qui nous intéresse. Une simple multiplication de toutes les substitutions et rotations nous amènerait à un « surnombre » de solutions et ce pour deux raisons : certaines rotations et substitutions interagissent et ne peuvent être combinées ; d'autres se combinent mais s'annulent. Il y a donc moins de solutions au Stomachion que la multiplication suggérée.

Combien de solutions existe-t-il ? J'étais sur des charbons ardents. J'avais besoin d'un nombre suffisamment élevé. Si le résultat était de vingt ou trente, ce serait une grande déception. Car Archimède n'aurait certainement pas perdu son temps à étudier un problème aussi trivial.

Les semaines passaient et les mathématiciens planchaient toujours. Pendant ce temps, je poursuivais le déchiffrement du bifolio. J'ajoutais chaque jour quelques caractères à ma transcription. Ainsi, mot à mot, le texte devenait peu à peu compréhensible. En un sens, ce sont les mathématiciens qui me permirent de progresser dans ma lecture. Vous pouvez en effet déchiffrer un texte quand vous avez une idée préalable de sa signification. Voilà pourquoi Heiberg avait eu tant de mal à déchiffrer le *Stomachion*. À aucun moment il n'avait envisagé qu'il puisse traiter d'infini actuel ou de science combinatoire.

Je commençai à comprendre le petit théorème qui suivait l'introduction. Les mathématiciens m'avaient expliqué que l'une des simplifications majeures découlait de l'idée que certaines pièces étaient « collées ensemble ». On pouvait démontrer géométriquement qu'aucune rotation ou substitution ne pouvait séparer, par exemple, les deux pièces AMB et MLB. Il n'y avait aucune façon de les faire entrer dans le carré sans être collées l'une à l'autre par le côté MB. Donc, c'était comme si on avait qu'une seule pièce, ALB – la droite MB s'avérant être un axe purement décoratif. En appliquant ce raisonnement à deux autres endroits, on en arrivait à démontrer que le problème du Stomachion mettait en jeu onze pièces, et non quatorze. Ce qui était une simplification importante.

De plus, l'analyse de la structure des substitutions et des rotations semblait évoquée dans le second et dernier paragraphe de l'introduction – celui que Heiberg n'avait pas réussi à lire. Je pouvais enfin proposer une transcription de ce passage – que Nigel Wilson avait approuvée. C'était essentiel, car Nigel était au courant de toutes les discussions mathématiques. Voici le texte que nous avions mis au point ensemble :

Ainsi, il ne s'agit pas d'un petit nombre de combinaisons, parce qu'il est possible de substituer une pièce par une autre exactement identique ; et aussi avec deux figures, prises ensemble, similaires à une autre figure unique, et deux figures prises ensemble similaires à deux autres figures prises ensemble – alors, de nombreuses transpositions sont possibles.

Archimède traitait précisément du phénomène des substitutions et des rotations.

À un niveau plus élémentaire, cette nouvelle lecture écartait l'interprétation impliquant « les éléphants » et « les soldats ». Ce texte ne traitait pas du nombre de figures différents que l'on pouvait former avec les quatorze pièces. Nous le savions maintenant grâce à la répétition insistante de la congruence des différentes pièces et des combinaisons de pièces. S'il s'agissait simplement d'assembler différemment des éléphants et des soldats, cette insistance serait hors de propos. Mais elle était au contraire parfaitement logique si le but était de combiner différemment les pièces à l'intérieur du carré. Ces combinaisons multiples résultaient précisément du fait que l'on pouvait substituer une pièce à une autre (ou une combinaison de pièces à une autre) parce qu'elles étaient congrues.

Nous étions à présent persuadés que l'objectif du traité d'Archimède était de résoudre un problème combinatoire. Nous pouvions même en dire plus : dans l'introduction, l'accent était mis sur une petite assertion qui s'avérait être la clé du traité. Heiberg n'avait pas pu déchiffrer cette phrase : « ... Ainsi, il ne s'agit pas d'un petit nombre de combinaisons... »

Or c'était bien là l'objectif d'Archimède : calculer un grand nombre. Le terme employé pour « nombre » était celui-là même (*plethos*) qui était si crucial pour la lecture du passage sur l'infini de la *Méthode* (dans le contexte de théories abstraites, *plethos* est traduit par « multitude », mais dans le cas qui nous occupe, la traduction correcte est « nombre »).

Dans les deux cas, on constate avec surprise qu'Archimède s'intéresse aux grands nombres : ceux de l'infini, dans la *Méthode*, et ceux de la science combinatoire, dans le *Stomachion*.

Le nombre en question était-il si grand que cela ? Nous n'en savions toujours rien. Tous ceux qui avaient appliqué la méthode de calcul basique avaient trouvé un nombre erroné, à cause des problèmes mentionnés ci-dessus. Combien d'entre eux avaient-ils persisté dans leurs recherches ? Je n'en avais aucune idée. Et les jours passant, je commençais à me dire avec inquiétude que le problème – qu'au début je pensais être trop trivial – était en réalité trop compliqué. Si les mathématiciens modernes n'étaient pas capables de le résoudre rapidement, peut-être Archimède n'en était-il jamais venu à bout ?

Je finis par écrire un mot de remerciements à Marasco, mentionnant que le *Stomachion* pouvait s'avérer bien plus intéressant qu'il n'y paraissait au premier abord. Il vint alors me rendre visite à Stanford. En fait, Marasco était un homme d'affaires retraité de l'industrie informatique, titulaire d'un doctorat en physique. Il comprenait très bien les enjeux mathématiques, avait l'expérience du privé et un important carnet d'adresses. Aussi nous fit-il une suggestion intéressante pour relancer le projet : mettre le monde informatique au défi et offrir une petite récompense au premier qui trouverait la solution du puzzle du Stomachion. Cent dollars paraissant une somme adéquate. Ainsi naquit l'informel prix « Marasco Stomachion ».

Mes amis mathématiciens décidèrent de se lancer eux aussi dans l'aventure. Persi Diaconis et Susan Holmes avaient déjà fait entrer dans la course un couple renommé, Ron Graham et Fan Chung, de l'UC, à San Diego. Ils conversaient par téléphone et par mail depuis plusieurs semaines déjà, mais ils avaient décidé de tenter une approche plus pragmatique. Persi et Susan se rendirent à San Diego pour travailler durant un long week-end avec Ron Graham et Fan Chung. Ils passèrent leur temps à dessiner des figures et à étudier les principes combinatoires sous-jacents au puzzle du Stomachion. À la fin du week-end, ils finirent par trouver le compte juste.

Dans le même temps, Bill Cutler, un informaticien de l'Illinois, avait trouvé un moyen d'interpréter le problème en termes d'algorithmes. Il avait décrit à l'ordinateur comment former le carré du Stomachion, puis il avait créé un logiciel capable de trouver tous les arrangements potentiels. Un certain nombre d'entre eux s'annulèrent. Et le logiciel parvint à dénombrer le nombre exact de solutions. Bill Cutler fut le premier à donner le nombre correct : il remporta le prix !

La réponse était 17 152. Cela signifiait qu'il y avait 17 152 façons de former le carré à partir des quatorze pièces du Stomachion. Dans la figure 10.8, vous avez un extrait du listing informatique créé par Cutler. Dire que je pensais qu'il n'y avait au départ qu'une seule solution au problème !

Dieu merci, le groupe de mathématiciens trouva le même nombre. Ils n'avaient pas été les plus rapides, mais ils fournirent un travail crucial pour notre compréhension du problème. Le logiciel de Cutler était fondé sur le dénombrement des solutions une par une – technique qui, en principe, ne peut fonctionner que par ordinateur. Archimède n'avait bien évidemment pas procédé ainsi. Mais les mathématiciens avaient trouvé ce nombre à l'aide « d'un papier et d'un crayon » – exactement comme Archimède (si ce n'est qu'il s'était servi d'une plume et d'un papyrus). Les scientifiques n'avaient utilisé ni ordinateurs ni outils indisponibles à l'époque d'Archimède. Ils s'étaient employés à réaliser une carte « ingénieuse » des différentes possibilités. Les multiples solutions avaient été rangées dans vingt-quatre familles de base, selon un certain arrangement des principaux constituants. À l'intérieur de ces vingt-quatre familles, une liste de solutions basiques fut établie, avec des lignes connectées à deux solutions pouvant chacune être transposée grâce à de simples rotations et substitutions. Enfin, certaines rotations simples, n'impliquant aucune substitution, pouvaient être appliquées indépendamment de tout le reste, de manière à ce qu'on puisse générer, à partir de chaque solution de base, trente-deux rotations. Les mathématiciens en arrivent alors au nombre de 17 152 solutions.

Tout était à présent en place. Nous avions le contexte historique, essentiellement grâce aux travaux de Fabio Acerbi. Nous avions déchiffré le texte, approuvé par Nigel Wilson. Nous connaissions la solution mathématique, trouvée par un groupe de mathématiciens brillants et confirmée par un logiciel informatique. Nous savions également que cette solution avait été trouvée grâce aux outils à la disposition d'Archimède. Les pièces du puzzle s'imbriquaient : une argumentation solide nous permettait de démontrer que le *Stomachion* était la première pierre à l'édifice de la science combinatoire.

Cela se passait début décembre 2003. J'annonçai ces nouvelles découvertes lors d'une conférence à Princeton. Gina Kolata, correspondante scientifique pour le *New York Times*, était présente et, deux semaines plus tard, nous faisions la une du *Sunday New York Times*. L'article était intitulé : « Dans le puzzle d'Archimède, un nouvel Eureka ! » C'était tout à fait cela. Nous étions parvenus à une toute nouvelle compréhension d'Archimède, ainsi qu'à une relecture de la fabrication de la science occidentale. Une fois encore, nous avions réécrit les livres d'histoire. Et, plus important que tout, nous avions joué avec Archimède.

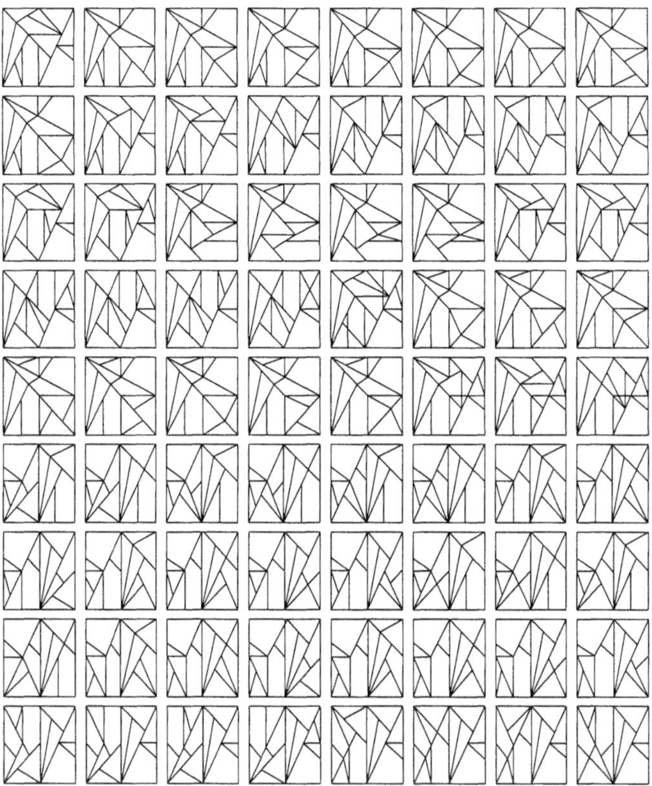

FIGURE 10.8 : *Une partie des solutions trouvées par le logiciel de Bill Cutler.*

11.

Éclairage nouveau
sur un sujet ancien

L'automne 2003 fut un grand moment d'excitation pour Reviel, alors que pour le reste de l'équipe, ce fut une période difficile. La nouvelle interprétation du *Stomachion* était très excitante, mais on avait beau examiner le Palimpseste de 17 152 façons, après trois ans et demi, il n'était toujours pas complètement démantelé.

Et quelle que soit la façon dont on observait les images, elles ne semblaient toujours pas d'assez bonne qualité – du moins du point de vue de M. B. Il n'était pas satisfait de nos progrès et il me le signifia clairement. Et le pire, c'était que Reviel était d'accord avec lui. Certains passages des folios photographiés restaient illisibles – et il s'agissait de passages importants. Le tout premier folio du Palimpseste, par exemple, appartenait au traité *Des corps flottants*. Heiberg ne l'avait ni lu ni transcrit, et Reviel et Nigel ne s'en sortaient guère mieux. Les folios contenant les contrefaçons présentaient encore davantage de difficultés. Les pseudocouleurs et les ultraviolets n'étaient pratiquement d'aucune utilité pour ces pages. Et nous avions fait très peu de progrès en ce qui concernait les folios des autres textes palimpsestes. Après la découverte des textes d'Hypéride, le déchiffrement de ces textes inconnus était devenu beaucoup plus pressant.

Je leur annonçai que je serais heureux de chercher d'autres solutions. En réalité, je mentais. J'étais épuisé et je ne voyais vraiment pas comment nous pourrions faire mieux. Mike Toth me dit qu'il était inutile de lancer un nouvel appel d'offres. Depuis le 11 septembre 2001, m'expliqua-t-il, le gouvernement avait offert de juteux contrats à la plupart des spécialistes de l'imagerie pour qu'ils développent des systèmes capables de localiser et d'identifier les terroristes. Pas besoin d'en dire davantage. Le simple fait de rester dans la course paraissait déjà miraculeux à Abigail, Roger et moi. Les contrefaçons, en particulier, représentaient un obstacle insurmontable.

Communion d'esprits

Bien entendu, c'est Mike - notre guide - qui nous fit faire un nouveau pas en avant. Sa première idée fut de nous entraîner au cœur de la CIA, chez les sorciers de Langley. Mike parvint même à me faire entrer - moi, un étranger - dans le quartier général de la CIA. Un exploit, après la récente attaque du 11 septembre. Un conservateur nous fit visiter le musée de la CIA et nous présenta « Charlie le poisson-chat ». Charlie ressemblait vraiment à un poisson-chat et il nageait tout aussi bien. En réalité, c'était un gadget mécanique dont la mission était top secrète. Je vis également un mouchard, au sens propre comme au figuré – une libellule téléguidée voleuse de sons. À l'inverse de Charlie, elle n'avait jamais été opérationnelle, car elle était facilement mise à mal par les bourrasques de vent.

Après la visite, je me rendis dans un bureau à un étage supérieur où je fis la connaissance du Dr Don Kerr – directeur du département de Sciences et technologies de la CIA. Je lui offris des images extraites de *Des corps flottants* pour décorer son bureau. Après tout, c'était le gouvernement qui avait inventé l'imagerie multispectrale. Puis les spécialistes en imagerie discutèrent durant deux heures avec les experts de la CIA (qui en savaient manifestement beaucoup plus qu'ils n'étaient autorisé à le dire). Ce fut très intéressant, mais cela ne résolut en rien le problème qui nous occupait.

Mike ne se laissa pas démoraliser pour autant. Il opéra un virage à 180° par rapport à ses ressources secrètes et décida de tirer avantage de la presse. Archimède avait toujours été plébiscité par les journalistes. C'était grâce au *Washington Post* que Mike était entré en contact avec nous et que Keith, Roger et Bill avaient appris que le manuscrit se trouvait au Walters. Quelques jours après la publication de l'article de Will Peakin dans le *Sunday Times*, je rencontrai John Lynch, de la BBC, à l'Union Station de Washington, où nous avons discuté et mangé un morceau. Là, John m'expliqua qu'il avait produit une émission scientifique qui racontait l'histoire d'Andrew Wiles, qui s'était lancé seul dans la douloureuse démonstration du dernier théorème de Fermat. Cette émission m'avait fait forte impression. Aussi acceptai-je de participer à un documentaire pour *Horizon*, la série scientifique phare de la BBC. La réalisatrice de *Les secrets d'Archimède* – c'était le titre du documentaire – était Liz Tucker. Diffusé le 14 mars 2002, il attira deux millions neuf cent mille spectateurs – soit près de 13 % de l'audience. Notre projet de révélation de l'œuvre d'Archimède était désormais connu du monde entier. Assurément, les scientifiques de l'imagerie les plus ambitieux relèveraient le défi.

Mike m'expliqua que personne, dans cette aventure, ne devait perdre son temps – et surtout pas moi. Il me conseilla de ne pas rédiger un appel d'offres trop compliqué. Il suffisait de poser le problème de façon simple et concrète – nous voulions déchiffrer un texte écrit sur une peau animale en 970, grattée peu avant le 14 avril 1229, puis réécrite, avant d'être grattée de nouveau, et enfin recouverte de peintures. Quiconque accepterait de relever le défi devrait proposer une solution succincte résumée en cinq cents mots.

D'après Mike, il fallait préciser que nous ne recherchions pas de techniques expérimentales – mais des solutions pratiques qui donneraient des résultats en moins de six mois. Les dix meilleures suggestions seraient invitées à une table ronde au Walters. Telle était, selon Mike, la meilleure façon d'explorer de nouveaux horizons, et ce à un moindre coût. Car les participants ne seraient pas rémunérés. S'ils venaient à Baltimore, ce ne serait pas pour l'argent, mais pour Archimède.

Et Archimède ne fut pas en reste. Le succès de l'opération fut en grande partie dû à Keith, Roger et Bill, qui se démenèrent pour trouver de l'aide. Kirk Martinez, que Bill et Keith avaient rencontré à Londres un an auparavant, se déplaça de l'université de Southampton. De l'université de Rutgers, Bill enrôla le professeur de chimie, Gene Hall, et de Bartlesville, dans l'Oklahoma, Bob Morton et Jason Gislason, qui travaillaient pour ConocoPhillips. Andy Johnston, qui planchait sur la base de données d'Archimède, fit venir John Hillman, de l'université du Maryland, ainsi que son collègue Bill Blass, de l'université du Tennessee. Ils avaient récemment photographié le « Star-Spangled Banner ». Abigail recruta Emanuele Salerno. À Pise, il représentait le consortium Easyreadit, un pôle d'imagerie avancée européen auquel collaboraient des représentants des Pays-Bas, de l'Italie, du Royaume-Uni et de la France. Elle contacta également Mike Attas et Doug Golz, de l'université de Winnipeg, au Canada. Enfin, Uwe Bergmann vint de Stanford. Sa mère, Ingrid, qui vivait à Karlsruhe, en Allemagne, souscrivait au magazine *GEO*. Uwe était venu de Californie, où il travaillait comme scientifique au Centre d'accélération linéaire de Stanford (SLAC). Bien qu'Ingrid ne sût que très peu de chose du travail de son fils, elle pensait qu'il pouvait être intéressé par un article de *GEO* sur le placebo. Machinalement, il lut également la page suivante, qui contenait un excellent article signé Katja Trippel sur le Palimpseste. Ce récit frappa l'imagination de Uwe et il se dit qu'il pouvait nous aider. Il nous contacta au moment idéal.

La table ronde commença le 1er avril 2004. Sceptique, je conviai M. B. à se joindre à nous. Je ne voulais pas avoir à le convaincre d'accepter une idée à laquelle je ne croirais pas et que j'aurais même du mal à comprendre. S'il suivait les suggestions de tel ou tel scientifique, il devait savoir précisément de quoi il retournait – à la fois en termes de planning et de financement.

Au cours de la réunion, chacun joua sa partie. Mon rôle était de distribuer les boissons. Ce fut un moment intense. Nous n'avions pas de temps à perdre en politesses. Nous voulions un exposé clair, des propositions concrètes, des résultats rapides. L'atmosphère devint électrique quand d'éminents scientifiques défendirent leurs propres propositions tout en critiquant celles de leurs confrères, ainsi que leur équipement et leurs compétences. Dans ces circonstances, distribuer les boissons s'avéra très important. Comme toujours, j'avais un généreux budget à ma disposition, et les discussions se poursuivirent une bonne partie de la nuit.

Le dimanche matin, M. B., Abigail, Roger et Mike organisèrent une réunion en petit comité. À ce moment-là, M. B. accepta l'idée d'explorer trois nouvelles approches.

Nouvelles approches

Derek

Le 10 février 1996, Deep Blue, un superodinateur IBM programmé par Feng-Hsiung Hsu et Murray Campbell, avait battu le champion du monde Gary Kasparov aux échecs. C'était une véritable humiliation pour l'humanité : non seulement les ordinateurs pouvaient calculer plus vite que les humains, mais ils pouvaient aussi se montrer plus malins que les meilleurs d'entre eux – et à leur propre jeu ! Un ordinateur pouvait-il deviner les caractères mieux que Reviel Netz et Nigel Wilson ? M. B. pensait qu'il fallait tenter l'expérience. Reviel était du même avis. Je pensais que, comme Kasparov, il voulait vaincre la machine. Cependant, je gardai mon opinion pour moi-même. Mais bon sang ! Cela ne pouvait pas faire de mal. Les nouveaux logiciels n'interféreraient pas avec le traitement actuel des images et le manuscrit ne serait nullement en cause, puisque les techniciens travailleraient sur les pseudocouleurs déjà produites.

Trois propositions étaient particulièrement alléchantes, mais elles étaient loin d'entrer dans le planning établi. Mike, cette fois encore, proposa une solution. Les trois équipes seraient mises en compétition. Le but serait de trouver un procédé capable d'aider Reviel à déchiffrer le texte. La machine qui parviendrait, à partir de deux folios en pseudocouleurs, à donner la transcription la plus proche de celle de Reviel aurait gagné, et M. B. donnerait une récompense d'un montant de 10 000 dollars au vainqueur. 10 000 dollars peut paraître une somme importante – c'est une question de point de vue. Pour fabriquer une machine aussi sophistiquée, on peut penser que c'est une somme dérisoire. Mais Derek Walvoord était licencié du RIT de Roger Easton et 10 000 dollars était pour lui une grosse somme. Six mois plus tard, il nous livra sa machine.

Derek lui donna pour tâche d'identifier les caractères en les comparant à un alphabet connu. Sa machine était très simple d'utilisation. Elle fonctionnait avec n'importe quel PC. On prenait la pseudocouleur du folio que l'on voulait étudier et on sélectionnait une « zone d'intérêt », correspondant généralement à une zone sombre. Puis on lançait le logiciel et on attendait le résultat. Il nous fournissait une liste de caractères probables. Si vous cliquiez sur un thêta partiellement obscurci, la machine reconnaissait que le thêta était le caractère le plus proche de la forme analysée. Incroyable ! Le seul problème, dans ce cas, était que nous savions déjà qu'il s'agissait d'un thêta. Or les lettres que nous avions besoin d'identifier étaient justement si obscures que l'œil humain ne pouvait les déceler.

La machine de Derek portait le nom affectueux de DEREK. Un outil impressionnant. Mais il n'était pas Deep Blue et ne pouvait battre le processeur de dix giga-neurones logé dans le crâne de Reviel. Cependant, il se montra suffisamment performant pour que M. B. donne son accord pour lancer DEREK II. La seconde version était bien plus puissante, car elle combinait la reconnaissance optique des caractères à une approche statistique de l'alphabet grec et du vocabulaire d'Archimède. Ce procédé allait aider les spécialistes à imaginer différentes combinaisons de mots pour les parties du Palimpseste rongées par la moisissure. Il était testé au moment même où ce livre était sous presse.

EL GRECO

De nombreuses propositions d'imagerie multis-pectrale avaient été faites lors de la réunion. Nous aurions pu, en théorie, inviter n'importe lequel des intervenants à intégrer notre équipe. Emanuele Salermo avait travaillé très dur à partir des données que nous lui avions transmises, mais ses résultats n'étaient pas plus concluants que les nôtres. Comme les autres participants, Emanuele voulait davantage de données. Il n'y avait virtuellement aucune limite à la quantité de tranches du cube de données. On pouvait obtenir une image hyper-spectrale en ajoutant des images prises à un grand nombre de longueurs d'ondes supplémentaires. Mais M. B. pensait qu'il était inutile de creuser des techniques déjà explorées.

Bill Christens-Barry était lui aussi sur les rangs. Il savait que M. B. ne voulait pas pousser plus avant les recherches dans le domaine de l'imagerie multispectrale. Mais Bill était venu à la table ronde avec une méthode extrêmement peu coûteuse, susceptible de résoudre tous les problèmes qui s'étaient posés aux spécialistes, en créant un cube de données aux tranches bien plus fines que celui obtenu avec la technique de Keith. Bill nous exposa son idée. Un ou deux ans auparavant, Keith et lui s'étaient rendus à la National Gallery de Londres pour observer un dispositif d'imagerie multispectrale appelé Vasari. Giorgio Vasari était un peintre italien du XVIe siècle, mais Vasari était l'acronyme de « Système d'arts visuels pour l'archivage et la récupération des images ». Vasari intéressait Bill et Keith, car il ne filtrait pas la lumière devant l'objectif de l'appareil photo. Au lieu de cela, il utilisait des sources de lumière à des longueurs d'ondes très spécifiques, évitant ainsi l'utilisation de filtres. Cela résolvait également les problèmes d'enregistrement qui avaient tant gêné Keith et Roger quand ils compilaient des cubes de données très denses. À l'époque, cette technique posait un problème majeur : les sources de lumière contenues dans une bande étroite et d'intensité suffisante étaient très coûteuses. Mais la technologie était toujours en mouvement et en 2004, Bill découvrit un moyen extrêmement bon marché de générer de la lumière à des longueurs d'ondes spécifiques. On pouvait utiliser des « diodes de faible intensité lumineuse » – des LED (Light Emitting Diodes). Les LED sont les lumières que l'on trouve sur les tableaux de bord des voitures. Depuis quelques années, elles étaient disponibles à des longueurs d'ondes variées. Les LED étaient si bon marché qu'elles étaient pratiquement jetables. L'idée de Bill était de les fixer à des câbles en fibre optique afin d'illuminer le parchemin à des longueurs d'ondes diverses.

M. B. accepta de creuser l'idée de Bill. Roger rapporta du RIT l'appareil photo scientifique monochrome qu'il avait utilisé avec Keith lors de leurs premières expérimentations. Pour obtenir la même résolution que le Kodak, il fallut prendre quarante photos de chaque folio. La machine de Bill avait l'air d'un gros gadget, et Bill en avait automatisé le fonctionnement de façon à prendre plusieurs photos très rapidement. Les LED, d'un seul tenant, étaient faciles à intégrer dans les circuits électroniques. L'automatisation du système paraissait donc très simple. On obtenait ainsi un processus d'imagerie hyper-spectrale à faible coût. Même si l'idée découlait de Vasari, la machine de Bill ne lui ressemblait pas du tout, et la technologie utilisée était très différente. Nous l'avons donc baptisé El Greco, du surnom du grand peintre Domenico Theotokopoulos – clin d'œil au texte grec qu'il devait reproduire.

Grâce à El Greco, Bill s'affranchit des problèmes de stockage de données initiaux et avait à sa disposition l'étroite bande de lumière dont il avait besoin pour affiner les tranches de son cube de données. Bill constata que la technique de traitement des photos la plus efficace était l'algorithme que Keith avait écrit pour son procédé du « bouton poussé ». Durant cette phase expérimentale, nous constatâmes une fois encore combien ce procédé était efficace pour récupérer le texte d'Archimède. Les images El Greco se révélèrent légèrement meilleures que celles dont nous disposions. Surtout, EL GRECO nous permettait d'adapter les longueurs d'ondes aux différents textes du manuscrit. Les pseudocouleurs standard fonctionnaient mieux pour le texte d'Archimède que pour celui d'Hypéride ou le commentaire sur Aristote. En utilisant des LED différentes adaptées à chacun des codex du manuscrit, nous espérions pouvoir faire des progrès significatifs.

EL GRECO représentait une indéniable avancée, mais il ne nous apportait aucune solution pour la lecture à travers les pigments dorés des contrefaçons. Pour cela, il nous fallait une tout autre technique.

RAYONS X

Gene Hall, professeur de chimie à l'université de Rutgers, se décrit lui-même comme un « détective du papier ». Sa spécialité est l'identification et la datation des contrefaçons de toutes sortes et plus particulièrement des billets de banque, en examinant leur composition chimique grâce à la fluorescence des rayons X. Les rayons X, comme la lumière visible, sont constitués de photons. Mais les photons des rayons X ont une longueur d'onde beaucoup plus courte (des centièmes de nanomètres par rapport aux centaines de nanomètres de la lumière visible) et une énergie bien plus grande. L'œil humain ne peut les distinguer, contrairement à d'autres détecteurs. Ces détecteurs peuvent convertir l'information sous forme visible. Nous sommes tous familiers des rayons X du dentiste. Les images aux rayons X de nos dents sont en réalité générées par le passage de rayons X – les rayons X traversent notre mâchoire et sont réceptionnés par une plaque à émulsion située de l'autre côté. Gene ne s'intéressait pas aux rayons X transmis, mais aux rayons X non transmis. Ceux-ci interagissent avec le matériau qui les stoppe et renvoient d'autres rayons X à des longueurs d'ondes très particulières. Ces rayons X réémis contiennent des informations fondamentales – encore faut-il savoir les décoder.

Nous en arrivons au point crucial : alors que les photons de la lumière visible transmettent des informations en termes de couleurs, les photons des rayons X transmettent des informations de nature chimique. Et ce parce qu'ils interagissent différemment avec les atomes. Au début des années 20, Niels Bohr et son équipe se représentaient l'atome comme un noyau composé de protons, de neutrons et d'électrons gravitant autour du noyau à différents orbites. On pouvait très bien s'imaginer l'atome de cette façon. Cette toute récente représentation de la physique classique allait nourrir notre propos. Bohr affubla chaque orbite d'une lettre – l'orbite la plus proche du noyau étant désignée sous le vocable K. (Au moment de cette indexation, les scientifiques ne savaient pas combien de niveaux d'orbites ils allaient découvrir, aussi avaient-ils commencé leur étiquetage par la lettre K afin d'avoir une certaine marge de manœuvre.) Les photons de la lumière visible interagissent avec les électrons situés sur les orbites de Bohr les plus éloignés du noyau – comme ils sont loin du noyau, il faut moins d'énergie pour modifier l'état de ces électrons. Les photons des rayons X – de longueurs d'ondes plus courtes et d'énergie plus grande – interagissent avec les électrons de la couche interne K de Bohr (les plus près du noyau) où une quantité d'énergie bien plus importante est nécessaire pour modifier l'état des électrons. Quand je dis que les photons des rayons X modifient l'état des électrons de la couche interne, j'entends par là que ces électrons sont en réalité éjectés de cette couche. Cependant, au moment précis où un électron de la couche K est déplacé, il est aussitôt remplacé par un électron de la couche suivante, L. L'électron de la couche L effectue un « saut quantique » vers la couche interne. Au passage, il perd une grande quantité d'énergie, l'obligeant à émettre un nouveau photon de rayons X. Comme les atomes de chaque élément chimique ont un arrangement d'électrons propre, la longueur d'ondes précise du photon ré-émis correspond à la différence d'énergie des éléments impliqués. De ce fait, elle est spécifique à l'élément de l'atome frappé par le premier rayon X. Si vous parvenez à analyser le photon ré-émis, vous pourrez en déduire de quel élément il provient.

Gene pensait que sa machine serait capable de détecter les photons des rayons X renvoyés par le fer contenu dans l'encre des textes palimpsestes. C'était une idée brillante. Une idée que Gene avait rapidement testée dans son laboratoire sur une feuille enluminée du manuscrit. Mais les résultats n'étaient guère concluants.

Un autre participant de la conférence était persuadé que l'idée de Gene était la bonne. Il s'agissait de Bob Morton, chercheur pour la compagnie pétrolière ConocoPhillips. Bob n'est pas un homme ordinaire. Son psychiatre était sans doute du même avis. Bob n'avait pas de QI car il n'entrait pas dans les catégories de populations conçues pour ce test. C'est l'une des personnes les plus drôles, inventives et étonnantes que j'aie jamais rencontrées. Et pourtant, je ne suis jamais allé à l'une de ses fameuses fêtes du 4 juillet organisée à Bartlesville. Bob vint à la conférence avec son garde du corps, Jason Gislason, qui joua le rôle d'interprète, le temps que nous nous habituions à lui.

La présentation de Bob fut absolument incroyable. Il nous parla, non pas d'Archimède, mais de fossiles. À l'aide de la même machine que Gene, Bob avait observé les fossiles provenant des fameux Shale de Burgess. Il avait cartographié la composition chimique des fossiles. Mieux que cela, il avait établi la composition chimique de la pierre située sous les os fossilisés, de façon à déterminer la composition chimique des tissus mous du fossile. Il nomma ses résultats des EXAMS, acronyme de Elemental X-rays Area Map (cartographie des éléments chimiques aux rayons X). Les images obtenues des fossiles étaient bien plus précises que les photographies normales. Sa dernière image, intitulée SEXI – stéréogramme chimique obtenu par rayons X –, fut le clou de sa présentation. C'était une image tridimensionnelle du fossile *Marrella spendens*, formée à partir de plusieurs EXAMS associés au silicone, au fer et au potassium. Il avait obtenu ce résultat en prenant deux EXAMS du même fossile à deux angles légèrement différents – en fait à un écart de 7,5°, correspondant à la différence angulaire entre les deux yeux quand ils observent un objet situé à 1,20 m. Enfin, il superposa les deux images en leur assignant un code couleur, de manière à ce que chaque œil puisse les voir séparément grâce à des lunettes spéciales pour les images en trois dimensions. Le résultat était vraiment extraordinaire. On voyait non seulement le fossile avec une parfaite netteté en trois dimensions, mais aussi sa composition chimique. Bien sûr, M. B. et moi-même voulûmes aussitôt intégrer Bob et Gene dans notre équipe d'imagerie.

Gene et Bob utilisaient tous les deux un EDAX Eagle 2, un instrument d'imagerie à fluorescence par rayons X. Dans une chambre noire se trouve une plate-forme X-Y (mobile et calibrée) contrôlée par ordinateur. La plate-forme permet de se déplacer entre le tube générateur de rayons X et le détecteur de rayons X. Le logiciel de la machine est particulièrement évolué. Le détecteur est sensible à un large spectre de rayons X. Il en résulte un cube de données analogue à ceux fournis par les appareils multispectraux. En revanche, comme il s'agit d'un cube de données obtenu à partir de rayons X, il contient des informations de nature chimique au lieu de données de couleurs. Au fur et à mesure que l'échantillon est scanné, l'ordinateur génère automatiquement des EXAMS à partir du cube de données – chacun étant associé à un élément chimique particulier de l'échantillon. L'EDAX coûtait au bas mot une centaine de milliers de dollars. M. B. était d'accord pour en acheter un, mais il me paraissait plus sage de pousser d'abord l'expérimentation plus loin. Nous nous mîmes en relation avec Tara Nylese et Bruce Scruggs, de la société EDAX. Nous leur demandâmes de venir passer une semaine dans leurs bureaux du New Jersey pour tester leur machine sur deux folios du Palimpseste. Ainsi, Abigail, Bob Morton, Gene Hall et moi-même prîmes position dans leurs bureaux. Tara, Bruce et toute l'équipe de la société nous ouvrirent leurs portes.

Nous avions emporté avec nous le folio 81 – l'un des folios les plus difficiles à analyser – dans le but de photographier le recto. Ce n'était pas la partie la plus importante du Palimpseste – il contenait un extrait de *De l'équilibre des figures planes*, texte bien connu grâce au Codex A. Ce folio était plutôt bien conservé, mais il était presque entièrement recouvert par une contrefaçon. Les premiers scans ne furent pas particulièrement réussis, mais en discutant avec Bruce, Bob et Gene, nous décidâmes d'affiner les paramètres. Nous doublâmes le temps d'échantillonnage (c'est-à-dire la durée pendant laquelle le détecteur reste positionné sur une zone donnée). Nous pouvions ainsi récupérer un plus grand signal, ce qui nous permettait d'augmenter la résolution (le grain de l'image en point par pouces) et de réduire encore davantage la zone observée. Nous nous concentrâmes sur une ligne où le texte d'Archimède était censé se situer. Quinze heures plus tard, nous avions toute une série de cartes contenant les éléments des contrefaçons. Nous avions une carte de l'or, une du zinc, une du baryum et une du cuivre. Chacune d'elles faisait apparaître une partie de la contrefaçon. Mais nous possédions également une carte du fer. J'envoyai à Reviel la carte du fer par mail. Il parvint à déchiffrer les mots : *para eutheian*. Nous avions réussi à lire à travers l'or ! Il y avait juste un petit problème. En quinze heures, nous avions scanné seulement une demi-ligne du texte d'Archimède. Il y avait environ trente-cinq lignes de textes sous chaque contrefaçon. Si nous voulions analyser chaque ligne des quatre contrefaçons, cela nous prendrait quatre mille deux cents heures. Bob m'avait prévenu que le temps était le facteur clé de l'imagerie par rayons X. Si nous utilisions ce procédé, je serais à la retraite avant la fin de l'imagerie du Palimpseste.

Le temps du faisceau

La conclusion était claire. Comme nous manquions de temps, il nous fallait trouver une source plus énergétique pour nos rayons X. C'est là qu'Uwe Bergmann entra en scène. Dans sa présentation, il suggérait d'utiliser les rayons X pour déchiffrer le texte d'Archimède. Mais, tandis que Gene et Bob proposaient de travailler sur des EDAX Eagle – des machines de la taille d'un petit réfrigérateur –, Uwe Bergmann proposa de travailler avec une machine de la taille d'un terrain de football – le SPEAR, acronyme de l'Anneau d'accélération de positrons et d'électrons de Stanford. Il appartient au Centre de l'accélérateur linéaire de Stanford, le SLAC, en Californie. Le SPEAR fut construit pour générer des collisions d'atomes. Ce qu'on appelle en termes techniques un « syncroton », soit un accélérateur de particules de forme ovale. Les particules des électrons et leurs équivalents de charge positive, les positrons, peuvent atteindre une vitesse très proche de celle de la lumière. Les électrons tournent dans un sens donné à l'intérieur de l'anneau et les positrons dans le sens contraire. Quand ils entrent en collision, ils créent de nouvelles particules et les physiciens de la matière en analysent les résultats. En 1974, Burton Richter découvrit, grâce au SPEAR, le « quark charme », et Martin Pearl trouva le « lepton tau » en 1976. C'était si fantastique que j'étais déterminé à y emmener Archimède, même si je devais pour cela lui faire traverser tous les États-Unis. Le SPEAR n'était plus utilisé aujourd'hui comme un collisionneur d'atomes. De toute façon, nous ne voulions pas bombarder le Palimpseste de particules voyageant à 99,999999986 % de la vitesse de la lumière. Nous voulions en fait l'éclairer avec la lumière elle-même et aujourd'hui, le SPEAR était utilisé comme la plus grande ampoule électrique du monde. Pour expliquer ceci, je vous renvoie à deux des célèbres lois du mouvement de Isaac Newton. D'après la première, tout objet se déplaçant à une vitesse uniforme tend à conserver sa vitesse, à moins qu'une force externe n'agisse sur lui. Cela dit, même si les électrons dans le syncrotron voyagent à une vitesse uniforme extrêmement élevée, leur déplacement n'est pas uniforme. Ils ne voyagent pas en ligne droite. En fait, ils sont courbés par des aimants très puissants. La troisième loi de Newton dit que pour toute action, il y a une réaction opposée égale. Donc, que se passe-t-il quand des électrons très énergétiques font des embardées ? Quelle est la réaction qui s'ensuit ? Eh bien, de très nombreux rayonnements électromagnétiques sont propulsés en tous sens – un peu comme des tomates seraient projetées à toute vitesse hors d'un camion en plein virage.

Pour les physiciens des particules, ces rayonnements du syncroton étaient de l'énergie perdue – effet indésirable du procédé de collision des atomes. Mais un jour, au milieu des années 60, quelqu'un interrogea les physiciens des particules : pouvaient-ils « exploiter » l'anneau et capturer les rayonnements émis ? Durant plusieurs années, dans le SPEAR, les scientifiques des rayons X, tels des parasites, exploitèrent des rayonnements du syncrotron dont le but premier était de produire des collisions d'atomes. Finalement, les physiciens des hautes énergies se tournèrent vers des machines encore plus puissantes et, à partir des années 90, le SPEAR fut dédié aux rayonnements du syncroton. Un rayon X issu du syncrotron est dense – il contient un nombre impressionnant de photons orientés (tous les photons vont dans la même direction) – et polarisés (le champ électromagnétique de chaque photon est contenu dans un plan bien défini). En d'autres termes, vous avez une armée colossale de rayon X, marchant tous au pas, et l'expérimentateur peut battre la mesure. Le laboratoire de rayonnements syncrotron de Stanford (SSRL) est l'une des sources de lumière les plus avancées du monde. Aujourd'hui, plus de cinquante syncrotons sont en activité dans le monde et d'autres sont en construction. Ils ont des noms tels que Bessy, Boomrang, Diamond, Soleil, SPRING-8 et SPEAR$_3$ – le SPEAR$_3$ est la toute dernière génération de l'anneau de Stanford.

Plusieurs « faisceaux » rayonnaient du synchrotron vers de petits laboratoires (salles d'expérimentation) indépendants. Le « faisceau 6-2 » nous fut attribué. La plupart des faisceaux ont deux « compartiments » ; ainsi, lorsqu'une expérience était en cours, une autre pouvait être initiée. Il n'y avait pas de temps mort pour les faisceaux au SSRL, car le faisceau est un produit précieux. Les compartiments étaient « hermétiques ». Lorsqu'une expérience était en cours, personne ne pouvait pénétrer dans le compartiment. Il valait mieux ne pas être irradié par le faisceau. Voilà ce que vous obteniez quand on vous donnait une « pause faisceau » au SSRL : un faisceau lumineux dans un compartiment. Alors que l'EDAX Eagle était une machine commerciale, conçue pour une multitude d'applications et équipée d'une grande quantité de logiciels, le synchrotron est juste une source de lumière. Uwe devait construire sa machine.

À la différence de la machine EDAX, qui émettait des rayons X à des longueurs d'ondes différentes, Uwe avait la possibilité de régler précisément son faisceau à la longueur d'onde adaptée à l'observation du fer ou de tout autre élément. Uwe et Abigail obtinrent de Greg Young – membre de l'Institut de restauration canadien – l'exécution d'une série de tests sur un parchemin ancien d'Abigail. L'objectif était d'acquérir la certitude que cette expérience n'endommagerait pas les parchemins. Alors qu'il menait cette batterie de tests, Uwe se rendit compte qu'il pouvait augmenter l'intensité de son faisceau à la longueur d'onde à laquelle répondait le fer. Uwe atténua son faisceau en utilisant des filtres spéciaux. Il parvint à un réglage très fin grâce à un filtre de papier aluminium qui, m'assura-t-il, était tout à fait adapté à la situation. Il conçut sa plate-forme mobile et calcula précisément la distance entre l'échantillon et le détecteur. Il construisit une chambre humide, de façon à ce que l'humidité reste constante et que le folio du Palimpseste ne se déforme pas lors du scannage. Tous les ordinateurs et les stations de travail étaient situés à l'extérieur du compartiment. Chaque ordinateur exécutait une tâche différente : l'un enregistrait la position du rayon ; l'autre la position de l'échantillon posé sur la plate-forme mobile – et, en cas d'arrêt de la plate-forme, l'expérience était automatiquement stoppée pour ne pas endommager le parchemin. Un autre ordinateur enregistrait les données du scan, et le dernier était chargé de convertir les données dans un format qui nous permettait de créer un logiciel de traitement de données accessible aux chercheurs.

Uwe était secondé de Martin George pour écrire le logiciel équipant les ordinateurs, qui devait répondre à deux critères : être suffisamment sophistiqué pour enregistrer les données avec précision et suffisamment simple pour que je puisse l'utiliser. Abigail, Mike et moi-même étions à même de prendre des quarts chacun notre tour, pendant que Uwe lançait le scan, pour pouvoir garder un œil sur le Palimpseste et procéder parfois à des réglages fins du faisceau. Si cela était suffisamment simple pour moi, alors Mike et Abigail s'en sortiraient aussi bien. Mais croyez-moi, quand je dis simple, c'était vraiment simple. Ce travail d'équipe était obligatoire, car l'expérience devait être menée sept jours sur sept, vingt-quatre heures sur vingt-quatre. Nous devions donc faire ces rotations.

Ceci ne ressemblait pas à une organisation professionnelle. Dans le compartiment, les boyaux de la machine se répandaient un peu partout ; l'extérieur du compartiment ressemblait à une décharge pour déchets électroniques. Mais je réalisai soudain qu'il s'agissait bien d'une opération sérieuse et menée avec professionnalisme – les apparences importaient peu. En fait, de nouvelles machines étaient fabriquées quotidiennement dans cet endroit extraordinaire.

Uwe estima à trente heures le scannage de l'une des deux colonnes du folio 81r, la page contrefaite. C'était environ 17 fois plus rapide qu'avec la machine EDAX. Abigail posa le folio sur la plateforme mobile, et le scan commença. C'était extrêmement impressionnant. Le scan allait et venait et la carte du fer apparaissait lentement, révélant le texte d'Archimède. Nous devions surveiller en permanence un signal faible, car la position et la force du faisceau était variables. En cas de variation, il nous fallait « renforcer » le faisceau. Nous ne pouvions pas non plus scanner de grandes portions car les fichiers auraient été trop volumineux. C'est pourquoi Mike écrivit pour moi *Le guide du synchrotron pour les nuls* et le colla sur un des ordinateurs. C'est la chose la plus proche d'un programme informatique que je connais : « Appuyer sur STOP. Ouvrir le compartiment. Allumer la lumière. Vérifier l'humidité. Vérifier ARCHIE. Éteindre la lumière. Fermer le compartiment. Enclencher l'interrupteur SECURITY. Appuyer sur EXIT PLOTTER. Appuyer sur EXIT RASTER. Vérifier les fichiers sauvegardés dans Dir/*.*. Sélectionner RASTER. Appuyer sur RETURN. Changer les coordonnées XY. Appuyer sur APPLY. Enclencher l'interrupteur SHUTTER 3. Sélectionner RASPLOT.Choisir le pixel I. Appuyer sur START. »

Trente heures plus tard, nous avions obtenu une colonne de texte à montrer à Reviel. Et Reviel parvint à le lire : nous avions atteint notre objectif. Nous donnâmes l'assurance à Uwe que nous reviendrions et qu'à ce moment-là, nous apporterions les pages du Palimpseste les plus importantes, celles qui contenaient les défis les plus difficiles à relever.

Mars 2006

Nous revînmes passer deux semaines au SLAC en mars 2006. Cette fois, nous invitâmes davantage de personnes. Nous avions besoin de tous les talents. Uwe passait tout son temps à tirer profit d'expériences qu'il était le seul à comprendre. Bob s'évertuait à tester l'imagerie aux rayons X fluorescents. Keith et Roger étaient là pour traiter les images. Abigail et Jennifer Giaccai, la conservatrice scientifique du Walters, joignirent leurs forces. Et Mike et moi étions là pour donner un coup de main quand nous le pouvions.

Cette fois, nous emportâmes la toute première page du manuscrit. Celle que Reviel et Natalie avaient identifiée comme appartenant à *Des corps flottants* en avril 2001 et qui contenait l'inscription du scribe du livre de prières avec la mention de la date du 14 avril 1229. Cette page était dans un état déplorable et la pseudocouleur n'avait rien donné.

Dès le début du scannage, nous comprîmes que quelque chose d'extraordinaire se produisait. Le parchemin carbonisé, taché et rongé par la moisissure apparut sur l'écran comme un treillis dense de caractères grecs. Ici, dans le syncrotron de Stanford, se dessinait sous nos yeux, pixel après pixel, ligne après ligne, l'une des pages de la version grecque encore inconnue du traité d'Archimède *Des corps flottants*. Keith Knox envoya les premières images par mail à Reviel. Il reçut la réponse suivante :

De : Reviel Netz
Le : 13/03/2006 12 h 32
À : Keith Knox
Cc : Nigel Wilson ; Mike Toth ; Uwe Bergmann ; Roger Easton ; William Noel
Objet : Folio 4, col 1

Merci, Keith, pour les images.
Le fol 4, col 1 est sensationnel. J'ai mis en pièce jointe la transcription des lignes 2 à 11. Auparavant, même en me concentrant sur les pseudocouleurs, je ne parvenais pas à déchiffrer les lignes 2 à 5. Mais à présent, je peux lire aisément le texte en entier et j'ai même repéré quelques erreurs dans mon ancienne version.
Reviel

La feuille contenait une partie de la longue proposition finale de *Des corps flottants* qui est, de l'avis général, la plus complexe d'Archimède. Elle traite des conditions dans lesquelles une section conique – semblable à la coque d'un navire – peut être stable quand elle est immergée dans l'eau. La transcription est sensiblement différente du texte latin que Heiberg avait tiré de Moerbeke. De plus, un ensemble de diagrammes apparaissait là où personne ne le suspectait. Ce texte unique de *Des corps flottants* en grec fut révélé le 13 mars 2006, 777 ans après avoir été effacé puis réécrit.

Retour à l'envoyeur

Le colophon où John Lowden avait si péniblement déchiffré la date inscrite par le scribe du livre de prières – le 14 avril 1229 – se trouvait également sur cette page. J'envoyai le message suivant :

À tous : en pièces jointes, deux images de la section basse du fol 4. L'image « Avant » a été prise quand le Palimpseste est arrivé au Walters. « Après » est d'aujourd'hui : c'est une image aux rayons X fluorescents prise au SLAC. Il contient un texte écrit le 14 avril 1229. Quelqu'un peut-il me donner plus de détails ?

Mon ami Georgi Parpulov fut le premier à répondre :

De : Georgi Parpulov
Le : mar 14/03/2006 4 h 39
À : William Noel
Sujet : Colophon

Bonjour Will

[Ceci] est écrit de la main d'un moine du nom de John Pogonatos (?) le 14ᵉ jour du mois d'avril 1229, un samedi de l'année 6737, indication 2.

Attends la réponse de Nigel Wilson. Il le déchiffrera avec encore plus de précisions.

Avant d'avoir des nouvelles de Nigel, je reçus ce message de John Lowden :

De : John Lowden
Le : jeu 16/03/2006 10 h 31
À : William Noel ; Georgi Parpulov ; Nigel Wilson ; Reviel Netz
Objet : Re : Colophon

Je viens juste de rentrer de Dublin et j'ai lu ton message. La lisibilité est incroyable ! Ma première impression est que le nom (reprenant GP) est Iw(annou)iere(os) tou Murwna. Je vais rechercher un scribe du nom de Ioannes Myronas. Mais j'aurais peut-être dû faire des recherches avant de vous écrire !
John

Finalement, dimanche, nous eûmes la confirmation de Nigel.

De : Nigel Wilson
Le : dim 19/03/2006 7 h 32
À : William Noel ; Georgi Parpulov ; John Lowden ; Reviel Netz
Objet : Re : Colophon

Chers Will, John, Reviel, etc.,
Je suis d'accord avec la suggestion de John : Myronas est probablement le nom de famille. La

dernière lettre pourrait être alpha et est accentuée. J'ai demandé à l'un de mes étudiants grecs de vérifier dans l'annuaire téléphonique si c'est toujours un nom grec. (Mylonas est déjà attesté.)
Amicalement
Nigel

Voilà, le projet touchait à sa fin. Nous savions enfin qui avait préservé les textes d'Archimède, d'Hypéride et des autres auteurs du Palimpseste. Le prêtre Ioannes Myronas acheva son travail le 14 avril 1229. Comme dans toutes les histoires policières, il nous fallait un mobile. En l'an 1229, le 14 avril était la veille du dimanche de Pâques. Traditionnellement, c'était un jour où les gens faisaient des dons aux institutions religieuses pour le salut de leur âme. Quel cadeau extraordinaire ! Ioannes ne se contenta pas de sa propre rédemption. Pour l'anniversaire de la résurrection du Christ, Ioannes Myronas fit don au monde du plus extraordinaire palimpseste et, par là-même, préserva le précieux héritage d'Archimède.

Épilogue

« Le grand livre de l'univers »

Le crépuscule d'Archimède

Notre projet n'avait rien d'un travail universitaire ordinaire. Le Palimpseste d'Archimède était réellement unique et son décryptage eut de nombreuses répercussions. Un travail remarquable avait été accompli en moins de dix ans et, plus incroyable encore, il avait été réalisé durant les week-ends par des passionnés, motivés par la joie et la gloire d'étudier l'œuvre d'Archimède. Nous avions tous un métier en parallèle. Will Noel était commissaire d'expositions pour le Walters. J'enseignais la science grecque à Stanford, Roger Easton l'art de l'imagerie à Rochester, et Nigel Wilson éditait l'œuvre d'Aristophane pour la collection Oxford Classical Texts. Je ne savais pas exactement ce que faisait Mike Toth. En fait, une seule personne se consacrait à Archimède à plein temps – ce qui rappelait la priorité en matière d'étude des manuscrits. Abigail Quandt avait mis de côté la majeure partie de ses obligations afin de se concentrer, jour après jour, sur le démantèlement et la restauration du manuscrit. C'était elle qui assumait la plus lourde tâche.

Et chacun de nous agissait pour une raison simple : nous éprouvions le plus grand respect pour un homme qui avait vécu, quelque 2 250 ans auparavant, sur une île triangulaire au beau milieu de la Méditerranée. Et si nous avions réussi à abattre de telles montagnes, c'est, à mon sens, grâce à trois individus, qui méritent toute notre reconnaissance.

Le mécène

Si nous avons progressé si rapidement, nous le devons d'abord au propriétaire du Palimpseste. L'équipe des spécialistes et des scientifiques du projet a bénéficié du soutien d'une personne précieuse : un riche mécène. Il fut un temps où c'était une pratique courante. La science à Alexandrie – tout comme à Syracuse – était sous le patronage des rois hellènes. Il ne faisait aucun doute qu'un riche mécène avait commandité le manuscrit d'Archimède au xe siècle. La plupart des artistes et des érudits de la Renaissance œuvraient pour des mécènes. Cependant, depuis le Moyen Âge, les sciences pouvaient être patronnées par des institutions publiques. L'Église en est l'exemple le plus édifiant. C'est grâce à elle que de nombreux manuscrits ont survécu. Aujourd'hui, les manuscrits les plus importants du monde sont presque tous entre les mains d'un autre type d'institutions – l'État et les universités. Au début, nous avions tous le sentiment que le Palimpseste d'Archimède devait appartenir au grand public. L'histoire nous a démontré que nous avions tort. Au regard de l'histoire passée, nous savons que le Palimpseste a eu une chance fabuleuse de tomber dans une telle collection privée. Aucune institution publique ne nous aurait accordé autant de libertés, de générosité et de ressources. Pensez-y : son propriétaire avait fait une chose incroyablement risquée. Il avait confié son précieux manuscrit à Will Noel – aujourd'hui expert mondial de l'œuvre d'Archimède – mais, il y a huit ans, Will n'aurait pu distinguer Archimède de Pythagore. Il l'avait ensuite laissé disposer du manuscrit presque à sa guise, lui promettant implicitement de payer tous les frais nécessaires. (Je dis « implicitement », car M. B. ne s'est jamais montré très loquace.) Jamais meilleure décision n'avait été prise. Si le manuscrit avait été entre les mains d'une université, la poursuite des recherches académiques aurait été bien plus difficile. Et toute dépense aurait été l'objet d'une étude longue et fastidieuse. Pour résumer, le propriétaire du Palimpseste nous avait épargné les désavantages d'une institution publique. En principe, les collections privées ne paraissent pas une bonne option. Ce ne sont généralement pas les meilleurs garants de la sauvegarde des manuscrits. Après tout, l'Église grecque avait préservé le manuscrit durant un millénaire – et c'est ensuite un particulier qui, au cours du seul XXe siècle, l'avait pratiquement détruit. Le Palimpseste était tombé entre de bonnes mains. Nous avons eu beaucoup de chance. M. B. avait fait tout ce qui était en son pouvoir pour le bien d'Archimède.

Le philologue

Je ne connais pas très bien le propriétaire du Palimpseste. Will Noel, en revanche, était en contact quotidien avec lui, par le biais d'Internet. Ils discutaient de l'avancement du projet. Ma propre correspondance quotidienne était beaucoup plus virtuelle. Elle se déroulait dans mon esprit, avec un autre bienfaiteur – sans qui, une fois encore, nous n'aurions jamais obtenu de tels résultats. Dans mes pensées, je conversais régulièrement avec Johan Ludvig Heiberg.

Nous l'avons beaucoup critiqué dans ce livre, et même dans les dernières pages – les lacunes, les erreurs d'interprétation du texte, les diagrammes laissés de côté. À présent, il est temps de rétablir la vérité : sans Heiberg, nous n'aurions jamais réussi. En observant le manuscrit, on ne voyait qu'un entrelacs de signes incompréhensibles. On en déchiffrait quelques-uns, puis on faisait des conjectures. Et on en arrivait à une impasse. C'est alors qu'on se plongeait dans la transcription de Heiberg, qui avait déjà plus ou moins compris le passage en question. Il était même allé plus loin que nous ! On revenait alors au manuscrit et on retrouvait les caractères identifiés par Heiberg. Dès lors, on pouvait enrichir la transcription de notre prédécesseur éclairé.

Notre projet de transcription pouvait s'apparenter à une expédition sur une île déserte. On croyait découvrir une terre inconnue. Puis, soudain, on réalisait qu'un grand explorateur – Heiberg – nous avait précédés !

J'avais été très excité en décelant des symboles circulaires après la restauration du parchemin.

J'étais persuadé d'avoir fait une grande découverte. Mais Heiberg avait déjà identifié ces cercles dans son édition critique. Une fois encore, il m'avait pris par surprise.

Ainsi, de nombreux lecteurs s'essayèrent à la lecture d'Archimède - des érudits tels que Héron d'Alexandrie, Eutocius d'Ascalon et Léon le géomètre de Byzance - mais aucun, dans cette tradition, ne rivaliserait jamais avec l'expertise de Heiberg. Nous sommes extrêmement chanceux que cet homme se soit trouvé à Istanbul en 1906 pour étudier ce manuscrit durant ce bref moment historique. Car aucun autre n'aurait pu en extraire une telle substance. Heiberg fut, tout simplement, le sauveur de l'œuvre d'Archimède. Ce n'est que grâce à une technologie très avancée que nous avons réussi à pousser plus avant le décryptage. Heiberg mérite donc lui aussi toute notre reconnaissance.

Les outils du fondateur

J'ai commencé ce livre en disant qu'Archimède était le plus grand scientifique de tous les temps. Nous savons maintenant que c'est grâce aux outils qu'il a créés et au chemin qu'il a tracé pour la science future. Archimède, plus que tout autre, a posé les fondements du calcul - l'étude fondamentale de la mesure des objets incurvés - et il était aussi, étonnamment, le précurseur de la science combinatoire, qui sous-tend la théorie des probabilités. Ces deux principes - le calcul et la théorie des probabilités - sont la base de la science contemporaine de l'imagerie. Les scientifiques de l'imagerie qui avaient étudié le palimpseste d'Archimède appliquaient des principes fondamentalement archimédiens.

Pour illustrer cette idée, concentrons-nous sur un outil relativement courant utilisé par les scientifiques de l'imagerie : l'égalisation des courbes de probabilité. Bien que standard, cette introduction nous est utile pour mettre en valeur le concept principal de la science de l'imagerie : l'information. Nous avons souvent mentionné dans ce livre le terme « information », en termes de stockage... Nous avons également évoqué la façon dont l'évolution de la technologie influençait les savoirs. Il est temps d'éclaircir ce principe et d'expliquer que l'information n'est pas un vague concept métaphorique. L'information est un terme technique qui possède une définition claire mais néanmoins subtile. Plus important encore : dans la science contemporaine, elle peut être mesurée.

L'intuition fondamentale peut être exposée de la manière suivante. Étudions une suite de nombres et posons-nous la question : dans quelle mesure est-elle prévisible ? Imaginons la suite suivante :

255, 255, 255... 255

Soit tous les nombres de la suite sont 255.

Nous avons l'intuition claire que cette liste est très prévisible et peu informative.

À l'inverse, la suite suivante : 127, 45, 254, 11, 6, 189... 39 est beaucoup moins prévisible et contient plus d'« informations ».

Reprenons nos deux listes :

255, 255, 255... 255

127, 45, 254, 11, 6, 189...

Que signifient-elles en termes d'imagerie ?

Comme Will Noel l'a déjà expliqué, les scientifiques de l'imagerie ne se représentent pas les images comme des visages ou des fleurs, mais comme des listes de nombres entiers à deux dimensions (voire à davantage de dimensions). Chaque nombre de la liste correspond aux propriétés d'un pixel. Les nombres peuvent ainsi représenter le niveau de gris d'un pixel dans une image en noir et blanc. Dans une image en noir et blanc, on associe à chaque pixel un niveau de gris qui va généralement de 0 (le niveau le moins lumineux : noir) à 255 (le niveau le plus lumineux, c'est-à-dire blanc).

La suite 255, 255, 255, 255... représente ainsi une image totalement vide, donc blanche.

La suite 127, 45, 254, 11, 6, 189... représente une combinaison complexe d'ombres et de lumières.

L'image totalement vide est très prévisible (blanche) et ne contient aucune information.

La combinaison complexe d'ombres et de lumières est beaucoup moins prévisible, mais détient un grand nombre d'informations.

Dès lors, on peut donner la définition mathématique suivante : l'image qui contient le plus d'informations est celle dans laquelle le niveau de gris est aussi imprévisible pour chacun des pixels.

Ainsi, dans l'image totalement blanche, un seul niveau de gris était prévisible : le niveau du blanc. Il n'y avait aucune probabilité de voir apparaître un autre niveau de gris.

Dans la suite complexe, à l'inverse, tous les niveaux sont probables. En conséquence, d'un point de vue mathématique, elle contient beaucoup d'informations.

Le but de l'imagerie est d'obtenir des images contenant le plus d'informations possible. Les spécialistes pourront alors les utiliser pour déchiffrer le texte d'Archimède. Le résultat mathématique ci-dessus suggère une application technologique : pour rendre une image plus informative, il faut égaliser la distribution des probabilités. Nous devons essayer de donner à tous les niveaux de gris la même probabilité.

Comment parvenir à ce résultat ? Nous avons besoin d'une nouvelle conceptualisation mathématique. Reprenons l'image et considérons-la, non pas comme une suite de nombres, mais comme une courbe. Dessinons une matrice bidimensionnelle avec les axes familiers x et y. X horizontalement, y verticalement. L'axe x représente les différents niveaux de gris possible – de 0 (le noir total) à 255 (le blanc parfait). Pour chacun des 256 niveaux de gris, on note sur l'axe y le nombre de ses occurrences dans l'image.

Ainsi, une image parfaitement blanche a une apparence très simple sur ce graphique : elle est représentée par une seule haute colonne s'élevant au niveau 255, à l'extrémité de l'axe x (figure 12.1).

À l'inverse, une image complexe composée d'ombres et de lumière présente une apparence plus complexe (voir figure 12.2).

Simplifions : la courbe de la plupart des images prend la forme d'une cloche, avec la majorité des pixels quelque part au milieu, entre le noir et le blanc, et le reste des pixels – plus noirs ou plus blancs – ont moins d'occurrences à mesure que l'on s'éloigne du centre.

À présent, rappelez-vous : notre objectif – pour rendre une image aussi informative que possible – est d'égaliser le plus possible la distribution des probabilités. Les images les plus informatives apparaissent donc comme une courbe « plate », voire comme

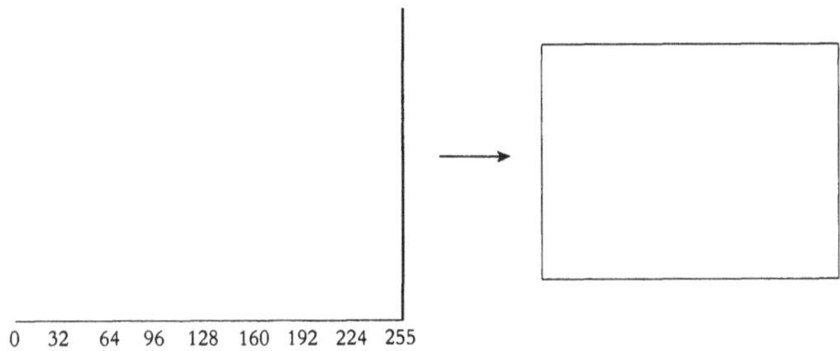

FIGURE 12.1 : *Une distribution de pixels où tous les pixels ont un niveau de lumière égal à 255 correspond à une image parfaitement blanche.*

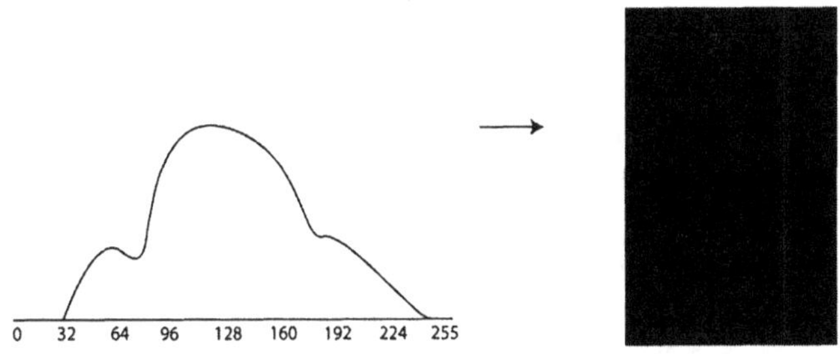

FIGURE 12.2 : *Une image normale est associée à une courbe qui s'apparente à une cloche.*

un rectangle – où tous les niveaux de gris ont la même probabilité d'apparaître (figure 12.3). Dès lors, nous aimerions transformer une courbe en cloche et en un rectangle plat.

C'est à ce moment-là que la science d'Archimède intervient de nouveau. Cette opération subtile – la transformation de la cloche en rectangle – correspond simplement à la mesure d'un objet curviligne par un objet rectiligne. Quand Archimède démontrait qu'une parabole était égale aux deux

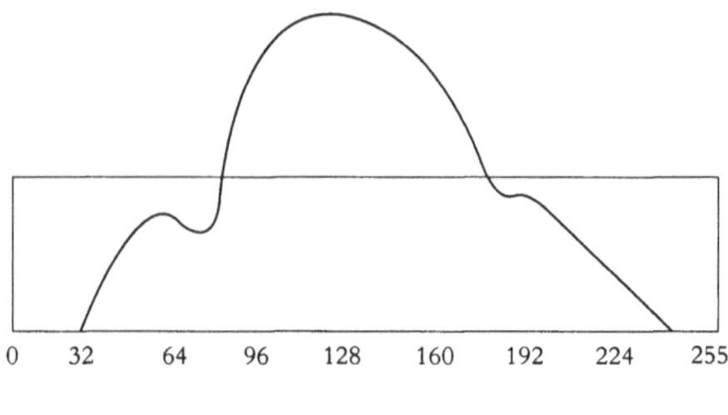

FIGURE 12.3

tiers d'un triangle donné, il faisait exactement le type d'opération dont nous avons besoin ici. (En effet, certaines des courbes que nous allons mesurer peuvent prendre la forme d'une parabole.) À ce stade, les scientifiques contemporains appliquent les outils du calcul – soit de la science découlant de la mesure d'objets curvilignes par Archimède – de façon à « aplanir » correctement la courbe.

Nous appliquons la théorie des probabilités pour développer la notion d'information et découvrir que l'image la plus informative est celle associée à une égale distribution de niveaux de gris. Nous appliquons ensuite le calcul pour, à partir de la courbe de distribution de probabilités réelles, obtenir la courbe plate souhaitée, associée à l'égale distribution des probabilités. Le résultat final n'est donc rien d'autre que l'application conjointe des probabilités et du calcul.

Ceci est un exemple simple de ce que les scientifiques de l'imagerie peuvent faire, mais c'est aussi un exemple représentatif – même si, pour développer les images nécessaires à la lecture du Palimpseste, il faut aller beaucoup plus loin. Cependant, c'est exactement ce type de techniques mathématiques qui sont appliquées. La science de l'imagerie est faite de probabilités et de calcul. Ainsi, sans Archimède, nous n'aurions pas eu à notre disposition la science nécessaire à sa lecture.

Le projet d'Archimède pour la science

Au-delà du contenu de son œuvre, Archimède avait imprimé sa marque à la science future. Sa science combinatoire avait été perdue – quand, en 1229, Ioannes Myronas avait décidé de n'utiliser pour son palimpseste qu'une seule feuille de parchemin du *Stomachion*. Il fallut attendre le XVIe siècle pour que les mathématiciens réinventent la science combinatoire, avant de créer les probabilités. Cela se serait produit même si Archimède n'avait pas écrit le *Stomachion*. Et pourtant, sans l'exemple d'Archimède, je doute que la science d'aujourd'hui eût été la même. Car Archimède était l'inventeur de l'application des mathématiques et des modèles abstraits au monde physique.

Reprenons notre point de départ – la notion mathématique d'information. L'imagerie – à l'instar de l'informatique ainsi que d'autres disciplines liées à la révolution numérique – s'appuie essentiellement sur ce concept.

C'est un concept récent, introduit en 1948 par un mathématicien du nom de Claude Shannon, qui travaillait aux laboratoires Bell. Il s'employait à faire fonctionner au mieux les lignes de téléphone, quand il se rendit compte qu'il y avait sûrement une théorie mathématique sous-jacente à la somme d'informations véhiculée par ces lignes. Il s'inspirait directement de la physique et le concept d'information, tel que l'imaginait Shannon, était fondamentalement un concept de physique mathématique.

En fait, Shannon reprit le concept d'entropie, défini en physique mathématique, et l'appliqua au flot d'informations des lignes téléphoniques. Qu'est-ce que l'entropie ? C'est la mesure du degré de probabilité d'un état physique donné. Un état physique peut être très probable – dans ce cas, son entropie est haute ; ou bien peu probable – dans ce cas, son entropie est basse. Nous comprenons alors la source d'inspiration de Shannon : l'information correspond à l'entropie inversée.

L'une des plus grandes observations de la science est la suivante – retenez votre respiration : les choses probables se produisent plus souvent. Ainsi, la plupart du temps, les états physiques ont tendance à passer d'états peu probables – associés à une faible entropie – à des états plus probables – associés à une grande entropie. Attendez suffisamment longtemps et le degré d'entropie de l'univers va augmenter. Ou, comme le dit Shannon, la quantité d'informations dans l'univers va décroître. C'est la raison pour laquelle la réception de nos téléphones mobiles est aussi mauvaise.

Je suis très sérieux quand j'affirme qu'il s'agit de l'une des observations les plus importantes de la science. C'est un magnifique exemple de la façon dont – grâce à la puissance de la pensée pure – nous pouvons prévoir le comportement de l'univers. Dire que les choses probables se produisent souvent est une tautologie. Grâce à cette tautologie – que nous avons appréhendée par le biais de la pensée pure –

nous pouvons aussi constater que le degré d'entropie de l'univers va augmenter. Il s'agit de la seconde loi de la thermodynamique – l'une des découvertes fondamentales des sciences physiques.

Tout ceci devient très intéressant lorsqu'on peut calculer le niveau d'entropie d'un système donné. C'est la raison pour laquelle le concept d'entropie fut introduit pour la première fois en 1872 par un physicien allemand du nom de Boltzmann. Il mit au point une méthode mathématique pour mesurer le degré d'entropie dans un système physique. Plus particulièrement, il démontra la chose suivante. Supposons que notre système physique est un certain gaz composé de nombreuses molécules gazeuses. Boltzmann démontra alors que, plus la vitesse moyenne de déplacement des molécules gazeuses était grande, plus l'entropie du système était petite. Réciproquement, plus la vitesse moyenne de déplacement des molécules gazeuses était petite, plus l'entropie du système était importante.

En se basant sur la deuxième loi de la thermodynamique – à savoir que le degré de l'entropie doit augmenter – Bolzmann en déduisit que les gaz devaient finalement passer d'un état rapide à un état lent.

Or, il est établi que ce que nous appelons la « chaleur » est en réalité une mesure de la vitesse des molécules dans un système physique. Un système « chaud » est un système où les molécules se déplacent rapidement. Dans un système « froid », elles se déplacent lentement. Ainsi, Bolztmann établit, à partir de la seconde loi de la thermodynamique, que tous les systèmes doivent, au final, devenir plus froids. Mais la comparaison avec Archimède sera établie plus loin.

Pourquoi Blotzmann pose-t-il cette théorie en 1872 ? Parce qu'à l'époque, le comportement de la chaleur était un problème scientifique urgent. De nombreux concepts avaient déjà été démontrés en science – mais pas le comportement de la chaleur. Durant les deux siècles précédant l'époque de Boltzmann, les scientifiques s'étaient appliqués avec ardeur à développer les réalisations d'Archimède.

Newton avait démontré, à partir de fondements mathématiques purs, la façon dont les planètes devaient se comporter. L'univers était ainsi composé de points – de centres de gravité – qui exerçaient une force gravitationnelle les uns sur les autres. C'était la théorie unifiée du mouvement, où tout était réduit à des outils basiques de géométrie et de calcul. La théorie fut publiée en 1687, dans le *Principia* de Newton. Et depuis 1687, tous les scientifiques tentèrent d'imiter les réalisations de Newton – pour produire des théories mathématiques auxquelles se réduisent des phénomènes physiques variés.

Au début du XIXe siècle, l'électricité suivit le modèle de la gravité, analysée grâce à des techniques mathématiques quelque peu comparables à celles de Newton lui-même. En 1872, le phénomène physique central qui résistait toujours aux scientifiques était la chaleur. Bolztmann, dans son étude, apporta une contribution fondamentale aux mathématiciens des sciences physiques. Il complétait le programme de Newton.

Si ce n'est qu'il ne s'agissait pas de Newton – mais d'Archimède – comme Newton serait le premier à l'admettre. En 1687, Newton était lui-même l'héritier d'une longue tradition. Son illustre prédécesseur était Galilée. Newton et Galilée aspiraient tous deux à faire revenir la science à son sommet archimédien. Ils espéraient reprendre les outils mathématiques d'Archimède et en extraire autant de principes physiques que possible. Le programme newtonien visant à réduire des systèmes physiques à des représentations géométriques obéissant aux lois mathématiques faisait partie de la vision de la science par Archimède. Ainsi, sans Archimède, il n'y aurait eu ni Galilée ni Newton. Pas plus, en cette matière, que Boltzmann ou Shannon. Et donc, pas d'imagerie non plus.

Le « grand livre »

« La philosophie est écrite dans ce grand livre, toujours ouvert sous nos yeux (je parle de l'univers). Mais on ne peut l'appréhender sans avoir reconnu les caractères et comprit le langage au préalable. Il est écrit dans le langage des mathématiques, dont les caractères sont les triangles, les cercles et autres figures géométriques. Sans ces outils, il nous est impossible, à nous humains, d'en comprendre un traître mot et progresser sans eux revient à errer en vain dans un labyrinthe obscur. »

Tels furent les mots de Galilée, en 1623, dans l'esprit de la science d'Archimède. Cette métaphore du grand livre de l'univers continue de guider nos pas. Nous pensons l'univers comme un livre dont les secrets restent à découvrir. Et pour atteindre ce but, nous avons besoin des mathématiques. Pour l'histoire des sciences, Archimède est d'autant plus fondamental qu'il a démontré comment mettre cette métaphore en pratique. C'est lui qui le premier décrypta le livre de l'univers – dont le langage était mathématique.

En 1623, quand Galilée écrivit ces mots, tous les manuscrits d'Archimède avaient disparu. Le Codex B fut perdu au xive siècle, le Codex A au xvie siècle environ, quand Galilée était encore enfant. Il ne restait qu'une seule copie, encore cachée aux yeux du monde. Les moines qui l'utilisaient ne comprirent jamais les symboles géométriques qu'elle renfermait.

En 1687, quand le *Principia* de Newton fut publié, ce codex – le Palimpseste d'Archimède – était toujours enfoui en Terre sainte. Il était à mille lieues du scientifique anglais cloîtré dans ses quartiers du Trinity College, à Cambridge.

En 1872, quand Ludwig Boltzmann publia son étude sur la deuxième loi de la thermodynamique, le Palimpseste d'Archimède était déjà à Istanbul. Il allait bientôt être découvert, brièvement, par Heiberg. Mais en 1948, il fut perdu de nouveau. Lorsque Shannon posa sa définition mathématique de l'information, le manuscrit était certainement à l'abandon dans un appartement parisien.

Cinquante ans plus tard, il refit surface. À présent, la science était prête. La science inspirée par Archimède avait rejoint la science moderne, aujourd'hui capable de déchiffrer le moindre de ses mots. Grâce à elle, nous avions enfin une idée de l'envergure extraordinaire de cet homme.

Une dernière précaution cependant s'impose. Nous n'avons pas encore tout déchiffré dans le Palimpseste. Il reste quelques lacunes dans notre transcription. Mais nous restons optimistes. Tout en écrivant ce livre, je m'emploie à étudier les dernières images du SLAC des contrefaçons, et il apparaît que la transcription de Heiberg de la proposition I de la *Méthode* nécessite d'importantes révisions. La science inspirée d'Archimède ne cesse jamais de progresser. Ce phénomène est sans fin : la science revient à la réalité physique pour considérer ses fondements mathématiques et, de cette façon, nous allons de découverte en découverte. La science d'Archimède continue d'avancer et un jour, elle rattrapera Archimède.

Remerciements

Lire le Palimpseste d'Archimède s'avéra bien plus complexe que la prose de ce livre ne le laisse supposer. En réalité, nous ne pouvons citer toutes les personnes qui nous ont aidés. N'en choisir que quelques-unes peut paraître injuste pour les autres, mais certains apportèrent une contribution si substantielle que nous ne pouvons conclure ce livre sans les nommer. Sachant que cette liste est incomplète, nous tenons à exprimer notre gratitude envers toutes les personnes qui ont généreusement contribué à ce projet. Une grande partie du travail ayant été réalisée durant les nuits, les week-ends et les vacances, nous devons également remercier de nombreuses veuves et orphelins, en particulier Carol Christens-Barry, Dale Stewart, Daniel et Donald Potter, Elisabetta Gaiani et Sofia Bergmann, Hanneke Wilson et Lucretia Toth. Un grand merci à Uwe Bergmann, Serafina Cuomo, Patricia Easterling, Roger Easton, Jr, Lázló Horváth, Geoffrey Lloyd, Abigail Quandt, Ken Saito et Nigel Wilson pour leur aide précieuse dans l'écriture de ce livre. Toute erreur factuelle ou interprétation erronée est de notre fait. De nombreux amis nous ont aidés à clarifier notre propos, tels que Richard Ash, Christopher Collison, Charlie Duff, Susan Elderkin, Guy Deutscher, Richard Leson, Amanda Mann et Jean-François Vilain. Le succès de cet ouvrage dépend également d'un bon éditeur et, par chance, nous avions à nos côtés la fantastique Francine Brodyn, des éditions Weidenfeld & Nicolson.

MANAGEMENT ET ADMINISTRATION
Ken Dean
Barbara Fegley
Kirstin Lavin
Richard Leson
Griffith Mann
Amy Mannarino
Joan Elizabeth Reid
Harold Stevens
Mike Toth
Gary Vikan
Lynn Wolfe

RESTAURATION ET TRAITEMENT
Kevin Auer
George Chang
Jane Down
Gil Furoy
Jennifer Giaccai
Paul Hepworth
Erin Loftus
Amy Lubick
Maureen McDonald
Mike McKee
Elizabeth Moffatt
Elissa O'Loughlin
Abigail Quandt
Jane Sirois
Scott Williams
Gregory Young
Anthea Zeltzman

SCIENCE ET IMAGERIE
Allyson Aranda
Mike Attas
Uwe Bergmann
Bill Christens-Barry
David Day
Charles Dickinson

Roger Easton, Jr
Alex Garchtchenko
Martin George
Jason Gislason
Douglas Golz
Gene Hall
Tom Hostetler
Keith Knox
Matthew Latimer
Bob Morton
Nick Morton
Tara Nylese
Emanuele Salerno
Bruce Scruggs
Derek Walvoord

DONNÉES ET TECHNOLOGIE
DE L'INFORMATION
Martina Bagnoli
Diane Bockrath
Doug Emery
Cathleen Fleck
Andy Johnston
Joe McCourt
Carl Malamud

UNIVERSITAIRES
Fabio Acerbi
Colin Austin
Chris Carey
Persi Diaconis
Patricia Easterling
Mike Edwards
Zoltán Farkas
Eric Handley
Jud Herrman
Susan Holmes
László Horváth
John Lowden

Gyula Mayer
Henry Mendell
Stephen Menn
Tamás Mészáros
Stefano Parenti
Georgi Parpulov
Erik Petersen
Marwan Rashed

Peter Rhodes
Ken Saito
Robert Sharples
Richard Sorabji
Natalie Tchernetska
Stephen Todd
Nigel Wilson
David Whitehead

Lectures complémentaires

Ceux qui souhaitent en savoir davantage sur le Palimpseste d'Archimède, son imagerie, sa restauration et son étude, peuvent consulter le site *www.archimedes-palimpseste.org*, sur lequel un grand nombre de données sont à la disposition des lecteurs. Ils peuvent également consulter les publications citées ci-dessous.

ENCYCLOPÉDIES

Gillispie, C. C. (ed.), *Dictionary of Scientific Biogaphy,* New York, 1975.

Hornblower, S. et A. Spawforth (eds.), *Oxford Classical Dictionary*, Oxford, 1996.

The Catholic Encyclopedia, sur *www.newadvent.org*.

MATHÉMATIQUES ANCIENNES

Ceux qui souhaitent en savoir plus sur la science grecque antique peuvent commencer par des ouvrages accessibles :

Lloyd, G.E.R., *Les Débuts de la science grecque*, éd. La Découverte, Paris, 1990.

Lloyd, G.E.R., *La Science grecque après Aristote*, éd. La Découverte, Paris, 1990.

Ceux qui s'intéressent plus spécifiquement aux réalisations de géométrie grecque devraient commencer avec :

Knorr, W.R., *The Ancient Tradition of Geometric Problems*, New York, 1986.

ARCHIMÈDE

Le meilleur livre généraliste sur les réalisations scientifiques d'Archimède est appelé à servir de référence pour de longues années à venir.

Dijksterhuis, E.J., *Archimède*, 1956, édition révisée, Princeton, 1987.

L'ouvrage suivant est en trois volumes, écrits en grec, avec une traduction latine et une introduction. Il peut être difficile à lire. Pourtant, il est important de le mentionner, car nous nous sommes souvent référés à cette œuvre :

Heiberg, J. L., *Archimedes, Opera Omnia*, Leipzig, 1910-15.

Pour ceux qui veulent en savoir plus sur le calcul et ses concepts :

Boyer, C. B., *The History of the Calculus and its Conceptual Development*, New York, 1959.

HYPÉRIDE

Les discours d'Hypéride connus avant les découvertes du Palimpseste sont édités avec une traduction anglaise dans la collection Loeb Classical Library :

Burtt, J. O., *Minor Attic Orators*, vol. II, Cambridge, MA, 1954.

TRANSMISSION MANUSCRITE DES CLASSIQUES

Pour la transition du rouleau au codex :

Roberts, C. H. et T. C. Skeat, *The Birth of the Codex*, Londres, 1983.

Pour ceux qui s'intéressent aux écritures grecques, les ouvrages suivants constituent une bonne introduction :

Barbour, R. : *Greek Literary Hands* AD 400-1600, Oxford, 1981.

Easterling P. et C. Handley (eds.), *Greek Scripts : An illustrated Introduction*, Londres, 2001.

Metzger, B. M., Manuscripts of the Greek Bible : *An Introduction to Greek Paleography*, New York, 1981.

*

Pour un aperçu général de l'histoire de l'écriture, les lecteurs peuvent se référer à :

Sirat C., *Writing as Handwork : A History of Handwriting in Mediterranean and Western Culture*, Turnhout, 2006.

Il existe de nombreuses études de la fabrication des manuscrits. Voici un ouvrage de base, contenant une bibliographie :

Brown M. P., *Understanding Medieval Manuscripts : A Guide to Technical Terms*, Malibu, CA, 1994.

Tout n'est pas pertinent pour Archimède, mais pour les lecteurs qui voudraient se plonger dans le monde fascinant des manuscrits médiévaux, la meilleure introduction générale disponible est :

De Hamel, C., *A History of Illuminated Manuscripts*, Londres, 1987.

En ce qui concerne la transmission des textes anciens à travers les étapes de l'impression, voici les livres indispensables :

Reynolds, L. D. et N. G. Wilson, *Scribes and Scholars*, 3e édition, Oxford, 1991.

Wilson, N. G., *Scholars of Byzantium*, Londres, 1983.

Une œuvre majeure, centrée sur l'histoire des textes d'Archimède dans l'Europe de langue latine :

Clagett, M., *Archimedes in the Middle Ages*, Madison, WI, 1964-1984.

IMAGERIE ET TRAITEMENT DE L'IMAGE

Roger Easton recommande :

Baxes, G. A., *Digital Image Processing : Principles and Applications*, New York, 1994.

Falk, D. R., D. R. Brill et D. G. Stork, *Seeing the Light : Optics in Nature, Photography, Color, Vision, and Holography*, New York, 1986.

Pour les sources de lumière avancées, telles que le Centre d'accélération linéaire de Stanford, consultez le site *http ://www.lightsources.org*.

LE PALIMPSESTE

Les ouvrages principaux sur le Palimpseste d'Archimède depuis septembre 1998 sont listés ci-dessous, par ordre alphabétique.

Christens-Barry, W. A., J. R. Bernstein et M. Blackburn, « Imaging the Third Dimension of the Archimedes Palimpsest », *Proceedings of IS & T PICS Conference*, Montréal 2001, pp. 202-5.

Christie's, New York, « Le Palimpseste d'Archimède », catalogue de vente 9058, jeudi 29 octobre 1998.

Down, J. L., G. S. Young, R. S. William et M. A. MacDonald, « Analysis of the Archimedes Palimpseste », in V. Daniels, A. Donnithorne et P. Smith (eds.), *Works of Art on Paper, Books, Documents and Photographs*, The International Institute for Conservation, Contributions to the Baltimore Congress, 2-6 septembre 2002, Londres 2002, pp. 52-58.

Easton, R. L., Jr, et W. Noel, « The Multispectral Imaging of the Archimedes Palimpsest », *Gazette du livre médiéval*, 45, 2004, pp. 39-49.

Handley, E., « Eureka ? The conservation, imaging and study of the Archimedes Palimpsest », exhibition pamphlet, Trinity College, Cambridge, 21-2 et 25-9 juillet 2005.

Knox, K., C. Dickinson, L. Wei, R. L. Easton, Jr, et R. Johnston, « Multispectral Imaging of the Archimedes Palimpsest », *Proceedings of IS & T PICS Conference*, Montréal, 2001, pp. 206-210.

Lowden, J., « Archimedes into Icon : Forging an image of Byzantium », dans A. Eastmond et L. James (eds.), *Icon and Word : The Power of Images in Byzantium*, Londres, 2003, pp. 233-260.

Netz, R., *Archimedes : Translation and Commentary, with a Critical Edition of the Diagrams and a Translation of Eutocius, Commentaries*, vol. I : « The Sphere and the Cylinder », Cambridge, 2004.

Netz R., *Archimedes : Translation and Commentary, with a Critical Edition of the Diagrams and a Translation of Eutocius, Commentaries*, vol. II : « Advanced Geometrical Works », Cambridge – à paraître.

Netz, R., *Archimedes : Translation and Commentary, with a Critical Edition of the Diagrams and a Translation of Eutocius, Commentaries*, vol. III : « The Mathematical-Physical Works », Cambridge – à paraître.

Netz, R., « Archimedes and Mar Saba : a Preliminary Notice », in J. Patrich (ed.), *The Sabaite Heritage : The Sabaite Factor in the Ortodox Church : Monastic Life, Liturgy, Theology, Literature, Art and Archaeology* (2002), pp. 195-199.

Netz, R., « The Origin of Mathematical Physics : New Light on an Old Question », *Physics Today*, juin 2000, pp. 31-36.

Netz, R., F. Acerbi et N. Wilson, « Towards a Reconstruction of Archimedes' Stomachion », *Sciamus*, 5, 2004, pp. 67-99.

Netz, R., K. Saito et N. Tchernetska, « A New Reading of Method Proposition 14 : Preliminary Evidence from the Archimedes Palimpsest (part I) », *Sciamus*, 2, 2001, pp 9-29.

Netz, R., K. Saito et N. Tchernetska, « A New Reading of Method Proposition 14 : Preliminary Evidence from the Archimedes Palimpsest (part II) », *Sciamus*, 3, 2002, pp. 109-125.

Noel, W., « The Archimedes Palimpsest, Old Science Meets New Science », *Proceedings of IS & T PICS Conference*, Montréal, 2001, pp. 199-201.

Parenti, S, « The Liturgical Tradition of the Euchologicon "of Archimedes" », *Bollettino della Badia Greca di Grottaferrata*, IIIs. 2 (2005), pp. 69-87.

Quandt, A., « The Archimedes Palimpseste : Conservation Treatment, Digital Imaging and Transcription of a Rare Medieval Manuscript », in V. Daniels, A. Donnithorne et P. Smith (eds), *Works of Art on Paper : Books, Documents and Photographs*, The International Institute for Conservation, Contributions to the Baltimore Congress, 2-6 septembre 2002, Londres, 2002, pp. 165-170.

Tchernetska, N., « New Frangments of Hyperides from the Archimedes Palimpsest », *Zeitschrift für Papyrologie und Epigraphik*, vol. 154, 2005, pp. 1-6.

Wilson, Nigel, « Archimedes : the Palimpsest and the Tradition », *Byzantinische Zeitschrift*, 92, 1999, pp. 89-101.

Wilson, Nigel, « The Archimedes Palimpsest : A Progress Report », dans « A Catalogue of Greek Manuscripts at the Walters Art Museum and Essays in Honor of Gary Vikan », *Journal of the Walters Art Museum*, 62, 2004, pp. 61-68.

Wilson, Nigel, « The Secrets of Palimpsests », *L'Erasmo*, 25, 2005, pp. 70-75.

Wilson, Nigel, *Archimedes' On Floating Bodies* I 1-2, édité avec une traduction anglaise, Oxford, 2004.

Young, G., « Quantitative Image Analysis in Microscopical Thermal Stability Mesurements », Canadian Conservation Institute Newsletter, 31 juin 2003, pp. 10-11.

Table des matières

*Photocomposition Nord Compo
Villeneuve-d'Ascq*